数据科学与大数据技术专业系列规划教材

Python Big Data Applications

Python 大数据

应用基础

吕会红 邱静怡 / 主编　李穗丰 黄宏涛 / 副主编

人民邮电出版社

北京

图书在版编目（CIP）数据

Python大数据应用基础 / 吕会红，邱静怡主编. --
北京：人民邮电出版社，2020.9（2023.7重印）
数据科学与大数据技术专业系列规划教材
ISBN 978-7-115-54386-8

Ⅰ．①P… Ⅱ．①吕… ②邱… Ⅲ．①软件工具－程序
设计－高等学校－教材 Ⅳ．①TP311.561

中国版本图书馆CIP数据核字(2020)第120107号

内 容 提 要

本书通过大量的实例讲述 Python 程序设计基础，同时结合 Python 语言的特性，讲解各类基于
Python 的大数据应用实例。本书全部例题代码适用于 Python 3.6 及更高版本。

全书共 13 章，主要内容包括大数据及 Python 概述、Python 基础知识、程序流程控制结构、常用
组合数据类型、函数与模块、面向对象程序设计、文件相关操作、数据预处理和数据分析、使用 NumPy
进行数据分析、使用 Pandas 处理结构化数据、使用 NumPy 和 Pandas 进行预处理、使用 scikit-learn 进
行机器学习，以及综合案例。

本书适合作为普通高等院校非计算机专业大数据相关课程的教材，也可以作为相关职业培训及大
数据技术从业人员的参考书。

◆ 主　编　吕会红　邱静怡
　　副主编　李穗丰　黄宏涛
　　责任编辑　许金霞
　　责任印制　王 郁 陈 犇

◆ 人民邮电出版社出版发行　　北京市丰台区成寿寺路 11 号
　　邮编　100164　电子邮件　315@ptpress.com.cn
　　网址　https://www.ptpress.com.cn
　　三河市君旺印务有限公司印刷

◆ 开本：787×1092　1/16
　　印张：19.25　　　　　　　　2020 年 9 月第 1 版
　　字数：471 千字　　　　　　　2023 年 7 月河北第 5 次印刷

定价：59.80 元

读者服务热线：(010)81055256　印装质量热线：(010)81055316
反盗版热线：(010)81055315
广告经营许可证：京东市监广登字 20170147 号

最早提出大数据时代到来的是全球知名咨询公司麦肯锡，其认为"数据已经渗透到每个行业和业务领域，已成为当前重要的生产因素。人们对于海量数据的挖掘和运用，预示着生产率的新一轮增长和消费者盈余浪潮的到来"。我国也提出了实施国家大数据战略的重要决策，先后发布了《促进大数据发展行动纲要》《大数据产业发展规划（2016—2020 年）》等重要文件。大数据的战略意义不在于掌握庞大的数据信息，而在于将这些含有意义的数据进行专业化的处理，并将这些数据服务于目前的生产和生活。党的二十大报告指出，我们要坚持以推动高质量发展为主题，构建新一代信息技术、人工智能、生物技术、新能源、新材料、高端装备、绿色环保等一批新的增长引擎。随着移动互联网的快速发展，大数据技术已经应用到各行各业，学习和掌握大数据技术已经成为人们迫切的现实需求。

本书从程序设计基础入手，详细讲述了 Python 语言的基础知识，并对 Python 的重要程序包进行了科学、准确和全面的介绍。通过基于 Python 进行数据处理、分析和挖掘的实例，读者能深刻理解 Python 的精髓和应用技巧。同时，本书还拓展了利用 scikit-learn 实现机器学习的相关内容，以提升读者利用 Python 进行数据分析与挖掘的能力。

本书特点：

1. 零起点，入门快

本书以初学者为主要读者对象，全面阐述了 Python 语言的基础知识，并结合实例详细讲解了利用 Python 进行数据分析的原理与方法，力求使读者快速掌握 Python 编程的方法。

2. 实例丰富，强化动手能力

本书通过大量的实例介绍了 Python 程序设计基础，同时结合 Python 语言的特性，讲解了各类基于 Python 的大数据应用实例。这些实例指导性强，涵盖了整个交互式大数据处理和分析的全流程，且所有实例均在 Anaconda 3 中运行通过。

3. 编写思路符合学习规律

本书编者长期在教学一线，有着丰富的教学实践经验。本书的编写既按照读者学习的一般规律由浅入深、循序渐进，又配以大量的图片说明和实例讲解，能够使读者快速地学习和掌握大数据应用的基础知识。

本书是"广东外语外贸大学 2018 年度校级教材建设项目——大学计算机基础（人工智能方向）系列教材"之一，也是 2017 年广东省本科高校教学质量与教学改革工程项目在线开放课程（MOOC）项目的成果。本书的编写分工如下：第 1 章、第 8 章～第 9 章由吕会红编写，第 2 章～第 3 章、第 5 章、第 7 章由李穗丰编写，第 4 章、第 6 章由黄宏涛编写，第 10 章～第 13 章由邱静怡编写，陈仕鸿教授参与本书的组织和指导工作。在此向所有参加本书编写的同事及帮助和指导过我们工作的朋友们表示衷心的感谢！本书在编写过程中参阅了许多文献和在线资料，在此一并表示感谢。

由于计算机技术发展迅速，加之编者水平有限，书中难免会有不妥之处，恳请读者批评指正。

作者

2020 年 5 月

第 1 章　大数据及 Python 概述

大数据时代悄然来临，大数据技术已经应用到各行各业。特别是随着移动互联网的发展，大数据技术已经渗透到了生活的方方面面，学习和掌握大数据技术已经成为迫切的现实需求。本章将介绍大数据的发展历程、基本概念、主要影响、应用领域、关键技术和研究现状，并阐述大数据处理与 Python 语言之间的紧密关系。

1.1　大数据的发展和现状

随着计算机技术全面融入社会生活，信息爆炸已经积累到了开始引发变革的程度，它不仅使世界充斥着比以往更多的信息，而且其增长速度也在加快。互联网（社交、搜索、电商）、物联网（传感器、智慧地球）、车联网、GPS、医学影像、安全监控、金融（银行、股市、保险）、电信（通话、短信）都在疯狂产生着数据。根据 IDC（互联网数据中心）监测，人类产生的数据量正在呈指数级增长，大约每两年翻一番，这个速度将会继续保持下去。这意味着人类在最近两年产生的数据量相当于之前产生的全部数据量。大量新数据源的出现则导致了非结构化、半结构化数据爆发式地增长。这些由我们创造的信息背后产生的数据早已经远远超越了目前人力所能处理的范畴，大数据时代已经到来。

1.1.1　大数据的产生

从采用数据库作为数据管理的主要方式开始，人类社会的数据产生方式大致经历了三个阶段，而正是数据产生方式的巨大变化才最终促进了大数据的产生。

1. 运营式系统阶段

由于数据库的出现使得数据管理的复杂度大大降低，所以在实际使用中，数据库大多被作为运营系统的数据管理子系统，如超市的销售记录系统、银行的交易记录系统、医院病人的医疗记录等。

人类社会数据量第一次大的飞跃正是始于运营系统开始广泛使用数据库之时。这个阶段的最主要特点是，数据的产生往往伴随着一定的运营活动，而且数据是记录在数据库中的，例如，商店每售出一件产品就会在数据库中产生一条相应的销售记录。这种数据的产生方式是被动的。

2．用户原创内容阶段

互联网的诞生促使人类社会数据量出现第二次大的飞跃，但是真正的数据爆发产生于 Web 2.0 时代，而 Web 2.0 的最重要标志就是用户原创内容。这类数据近几年一直呈现爆炸式增长，主要有以下两个方面原因。

一是以博客、微博和微信为代表的新型社交网络的出现和快速发展，使得用户产生数据的意愿更加强烈。

二是以智能手机、平板电脑为代表的新型移动设备的出现，这些易携带、全天候接入网络的移动设备使得人们在网上发表自己意见的途径更为便捷。

这个阶段的数据产生方式是主动的。

3．感知式系统阶段

人类社会数据量第三次大的飞跃最终导致了大数据的产生，今天我们正处于这个阶段。这次飞跃的根本原因在于感知式系统的广泛使用。

随着技术的发展，人们已经有能力制造极其微小的带有处理功能的传感器，并开始将这些设备广泛地布置于社会的各个角落，通过这些设备来对整个社会的运转进行监控。这些设备会源源不断地产生新数据，这种数据的产生方式是自动的。

简单来说，数据产生经历了被动、主动和自动三个阶段。这些被动、主动和自动产生的数据共同构成了大数据的数据来源，但其中自动式的数据才是大数据产生的最根本原因。

1.1.2 大数据的发展历程

从大数据的发展历程来看，大数据的发展历程可划分为萌芽阶段、发展阶段、爆发阶段和成熟阶段四个阶段。

1．大数据萌芽阶段（1980 年～2008 年）

1980 年，美国著名未来学家阿尔文·托夫勒的《第三次浪潮》一书中将"大数据"称为"第三次浪潮的华彩乐章"，正式提出"大数据"一词。在这一阶段，各行各业已经意识到，行业服务的提升需要更大量的数据处理，而且这种处理的数据量超出了当时主存储器、本地磁盘，甚至远程磁盘的承载能力，呈现出"海量数据问题"的特征。但是由于缺少基础理论研究和技术变革能力，人类对大数据的讨论只是昙花一现。随着数据挖掘理论和数据库技术的逐步成熟，一批商业智能工具和知识管理技术开始被应用，如数据仓库、专家系统、知识管理系统等。

2．大数据发展阶段（2009 年～2011 年）

在这一阶段，Web 2.0 应用迅猛发展，非结构化数据大量产生，传统处理方法难以应对，处理海量数据已经成为整个社会迫在眉睫的事情。全球范围内开始进行大数据的研究探索和实际运用，带动了大数据技术的快速突破，大数据解决方案逐渐走向成熟，形成了并行计算与分布式系统两大核心技术，谷歌的 GFS 和 MapReduce 等大数据技术受到追捧，Hadoop 开始大行其道。2009 年，联合国全球脉冲项目开始利用大数据预测疾病暴发；2009 年，美国联邦政府开始通过 Data.gov 网站进行大规模的数据公开，希望以此促进数据发展；2010 年，肯尼斯·库克尔发表了长达 14 页的大数据专题报告，系统分析了当前社会中的数据问题；2011年，麦肯锡发布了关于"大数据"的报告，正式定义了大数据的概念，引发各行各业对大数据的重新讨论；2011 年 12 月，工业和信息化部发布的《物联网"十二五"发展规划》正式提出海量数据存储、数据挖掘、图像视频智能分析等大数据技术。这一阶段，技术进步的巨大鼓舞重新唤起了人们对大数据的热情，人们开始对大数据及其相应的产业形态进行新一轮的探索创新，推动大数据走向应用发展的新高潮。

3．大数据爆发阶段（2012 年～2016 年）

以美国公开发布《大数据研究和发展倡议》为标志，大数据成了各行各业讨论的时代主题，对数据的认知更新引领着思维变革、商业变革和管理变革，大数据应用规模不断扩大。以英国发布的《英国数据能力发展战略规划》、日本发布的《创建最尖端 IT 国家宣言》、韩国提出的"大数据中心战略"为代表，世界范围内开始针对大数据制定相应的战略和规划。2013年是我国大数据元年，此后以大数据为核心的产业形态在我国逐渐展开，并尝试社会的各个领域探索与落地实践。这一阶段，大数据产业发展良莠不齐，地方政府、社会企业、风险企业等各种机构，不切实际一窝蜂发展大数据产业，一些别有用心的机构则有意炒作并通过包装大数据概念来谋取不当利益。在此过程中，获取数据能力薄弱、处理非结构化数据准确率低、数据共享存在障碍等缺陷逐渐暴露，人们开始对大数据进行质疑。

4．大数据成熟阶段（2017 年至今）

这一阶段，大数据应用渗透到各行各业，数据驱动决策，信息社会智能化程度大幅提高。与大数据相关的政策、法规、技术、教育、应用等发展因素开始走向成熟，计算机视觉、语音识别、自然语言理解等技术的成熟消除了数据采集障碍，政府和行业推动的数据标准化进程逐渐展开减少了跨数据库数据处理的阻碍，以数据共享、数据联动、数据分析为基本形式的数字经济和数据产业蓬勃发展，市场上逐渐形成了涵盖数据采集、数据分析、数据集成、数据应用的完整的成熟的大数据产业链，以数据利用的服务形式贯穿到生活的方方面面，有力提高了经济社会发展智能化水平，有效增强了公共服务和城市管理能力。

1.1.3　大数据国内外发展现状

党的二十大会议报告提出关于网络强国和数字中国建设要求，近年来，大数据成为新兴的热点问题，大数据已经渗透到人类经济社会的每个角落，在科技、商业领域得到了日益广泛的关注。大数据相关技术、产品、应用和标准不断发展，逐渐形成了包括数据资源与 API、开源平台与工具、数据基础设施、数据分析、数据应用等板块构成的大数据生态系统，并持续发展和不断完善，其发展热点呈现了从技术向应用、再向治理的逐渐迁移。

1．国外发展现状

许多国家的政府和国际组织都认识到了大数据的重要作用，纷纷将开发利用大数据作为夺取新一轮竞争制高点的重要抓手，实施大数据战略，对大数据产业发展有着积极的促进作用。

美国政府将大数据视为强化美国竞争力的关键因素之一，把大数据研究和生产计划提高到国家战略层面。根据前期计划，美国希望利用大数据技术实现在多个领域的突破，包括科研教学、环境保护、工程技术、国土安全、生物医药等。

欧盟目前在大数据方面的活动主要涉及四个方面的内容：研究数据价值链战略因素；资助"大数据"和"开放数据"领域的研究和创新活动；实施开放数据政策；促进公共资助科研实验成果和数据的使用及再利用。

英国在 2017 年议会期满前，开放有关交通运输、天气和健康方面的核心公共数据库，并在五年内投资 1000 万英镑建立世界上首个"开放数据研究所"；政府将与出版行业等共同尽早实现对得到公共资助产生的科研成果的免费访问，英国皇家学会也在考虑如何改进科研数据在研究团体及其他用户间的共享和披露；英国研究理事会将投资 200 万英镑建立一个公众可通过网络检索的"科研门户"。

法国为促进大数据领域的发展，将以培养新兴企业、软件制造商、工程师、信息系统设计师等为目标，开展一系列的投资计划。在发布的《数字化路线图》中表示，将大力支持"大数据"在内的战略性高新技术，法国软件编辑联盟曾号召政府部门和私人企业共同合作，投入 3 亿欧元资金用于推动大数据领域的发展。法国生产振兴部部长、数字经济部副部长和投资委员在第二届巴黎大数据大会结束后的第二天共同宣布了将投入 1150 万欧元用于支持 7 个未来投资项目。这足以证明法国政府对于大数据领域发展的重视。法国政府投资这些项目的目的在于"通过发展创新性解决方案，并将其用于实践，来促进法国在大数据领域的发展"。

日本为了提高信息通信领域的国际竞争力、培育新产业，同时应用信息通信技术应对抗灾救灾和核电站事故等社会性问题。2013 年 6 月，安倍内阁正式公布了新 IT 战略——"创建最尖端 IT 国家宣言"。"宣言"全面阐述了 2013 年~2020 年期间以发展开放公共数据和大数据为核心的日本新 IT 国家战略，提出要把日本建设成为一个具有"世界最高水准的广泛运用信息产业技术的社会"。日本著名的矢野经济研究所预测，2020 年度日本大数据市场规模有望超过 10000 亿日元。

据经济参考报记者梳理国内外权威机构最新统计数据，至 2022 年，全球大数据市场规模将达到 800 亿美元，年均实现 15.37%的增长。近两年来，大数据发展浪潮席卷全球。全球各经济社会系统采集、处理、积累的数据增长迅猛，大数据全产业市场规模逐步提升。大数据将对人类生活产生深远影响，大数据是未来科技浪潮发展不容忽视的巨大推动力量，全球大数据产业将会一直得到强劲发展。

2.国内发展现状

作为人口大国和制造大国，我国数据产生能力巨大，大数据资源极为丰富。随着数字中国建设的推进，各行业的数据资源采集、应用能力不断提升，将会导致更快更多的数据积累。我国互联网大数据领域发展态势良好，市场化程度较高，一些互联网公司建成了具有国际领先水平的大数据存储与处理平台，并在移动支付、网络征信、电子商务等应用领域取得国际先进甚至领先的重要进展。

随着政务信息化的不断发展，各级政府积累了大量与公众生产生活息息相关的信息系统和数据，并成为最具价值数据的保有者。如何利用这些数据，更好地支持政府决策和提供便民服务，进而引领促进大数据事业发展，是事关全局的关键。2015 年 9 月，国务院发布《促进大数据发展行动纲要》，其中重要任务之一就是"加快政府数据开放共享，推动资源整合，提升治理能力"，并明确了时间节点：2017 年跨部门数据资源共享共用格局基本形成；2018年建成政府主导的数据共享开放平台，打通政府部门、企事业单位间的数据壁垒，并在部分领域开展应用试点；2020 年实现政府数据集的普遍开放。随后，国务院和国务院办公厅又陆续印发了系列文件，推进政务信息资源共享管理、政务信息系统整合共享、互联网+政务服务试点、政务服务一网一门一次改革等，推进跨层级、跨地域、跨系统、跨部门、跨业务的政务信息系统整合、互联、协同和数据共享，用政务大数据支撑"放管服"改革落地，建设数字政府和智慧政府。目前，我国政务领域的数据开放共享已取得了重要进展和明显效果。据有关统计，截至 2019 年上半年，我国已有 82 个省级、副省级和地级政府上线了数据开放平台，涉及 41.93%的省级行政区、66.67%的副省级城市和 18.55%的地级城市。我国已经具备加快技术创新的良好基础。在科研投入方面，前期通过国家科技计划在大规模集群计算、服务器、处理器芯片、基础软件等方面系统性部署了研发任务，成绩斐然。"十三五"期间在国家重点研发计划中实施了"云计算和大数据"重点专项。当前科技创新 2030 大数据重大项目正在紧锣密鼓地筹划、部署中。我国在大数据内存计算、协处理芯片、分析方法等方面突破了一些关键技术，特别是打破"信息孤岛"的数据互操作技术和互联网大数据应用技术已处于国际领先水平；在大数据存储、处理方面，研发了一些重要产品，有效地支撑了大数据应用；国内互联网公司推出的大数据平台和服务，处理能力跻身世界前列。国家大数据战略实施以来，地方政府纷纷响应联动、积极谋划布局。各地方政府纷纷出台促进大数据发展的指导政策、发展方案、专项政策和规章制度等，使大数据发展呈蓬勃之势。

1.2 大数据的概念

随着大数据时代的到来，"大数据"已经成为互联网信息技术行业的流行词汇。大数据是一个较为抽象的概念，正如信息学领域大多数新兴概念，大数据至今尚无确切、统一的定义。在维基百科中关于大数据的定义为：大数据是指利用常用软件工具来获取、管理和处理数据所耗时间超过可容忍时间的数据集。互联网数据中心（Internet Data Center，IDC）对大数据做出的定义是：大数据一般会涉及 2 种或 2 种以上数据形式；它要收集超过 100TB的数据，并且是高速、实时数据流；或者是从小数据开始，但数据每年会增长 60%以上。这个定义给出了量化标准，但只强调数据量大、种类多、增长快等数据本身的特征。研究机构 Gartner 给出了这样的定义：大数据是需要新处理模式才能具有更强的决策力、洞察力和流程优化力的海量、高增长率和多样化的信息资产。这也是一个描述性的定义，在对数据描述的基础上加入了处理此类数据的一些特征，用这些特征来描述大数据。尽管对大数据的概念还未达成共识，但是学术界、产业界和政府部门已经对大数据有了基本认识，认为大数据有四个基本特征：数据量（Volume）大，数据类型（Variety）繁多，数据要求处理速度（Velocity）快，数据价值（Value）密度低，这些特性使得大数据区别于传统的数据概念。大数据的概念与"海量数据"不同，后者只强调数据的量，而大数据不仅用来描述大量的数据，还更进一步指出数据的复杂形式、数据的快速时间特性以及对数据的分析、处理等专业化处理，最终获得有价值信息的能力。

1.2.1 数据量大

大数据聚合在一起的数据量是非常大的，数据量大是大数据的基本属性。一般来说，超大规模数据是指 GB 级数据，海量数据是指 TB 级数据，而大数据则是指 PB 级及其以上的数据。存储容量单位的定义如表 1-1 所示。

表 1-1   存储容量单位的定义

单位	换算关系	字节数（二进制）	字节数（十进制）
KB(Kilobyte)	1KB=1024B	2^{10}	10^3
MB(Megabyte)	1MB=1024KB	2^{20}	10^6
GB(Gigabyte)	1GB=1024MB	2^{30}	10^9
TB(Tarabyte)	1TB=1024GB	2^{40}	10^{12}
PB(Petabyte)	1PB=1024TB	2^{50}	10^{15}
EB(Exabyte)	1EB=1024PB	2^{60}	10^{18}
ZB(Zettabyte)	1ZB=1024EB	2^{70}	10^{21}
YB(Yottabyte)	1YB=1024ZB	2^{80}	10^{24}

导致数据规模激增的原因有很多，首先是随着互联网络的广泛应用，使用网络的人、企业、机构增多，数据获取、分享变得相对容易。以前，只有少量的机构可以通过调查、取样等方法获取数据，同时发布数据的机构也很有限，人们难以在短期内获取大量的数据。而现在用户可以通过网络非常方便地获取数据，同时用户在有意地分享和无意地单击、浏览过程中都可以快速地提供大量数据。其次是随着各种传感器获取数据能力的大幅提高，使得人们获取的数据越来越接近原始事物本身，描述同一事物的数据量激增。早期的单位化数据，对原始事物进行了一定程度的抽象处理，数据维度低，数据类型简单，多采用表格的形式来收集、存储、整理，数据的单位、量纲和意义基本统一，存储、处理的只是数值而已，因此数据量有限，增长速度慢。而随着应用的发展，数据维度越来越高，描述相同事物所需的数据量越来越大。以当前最为普遍的网络数据为例，早期网络上的数据以文本和一维的音频为主，维度低，单位数据量小。近年来，图像、视频等二维数据大规模涌现，而随着三维扫描设备以及动作捕捉设备的普及，数据越来越接近真实的世界，数据的描述能力不断增强，而数据量本身必将以几何级数增长。此外，数据量大还体现在人们处理数据的方法和理念发生了根本的改变。早期，人们对事物的认知受限于获取、分析数据的能力，一直利用采样的方法，以少量的数据来近似地描述事物的全貌，样本的数量可以根据数据获取、处理能力来设定。不管事物多么复杂，通过采样得到部分样本，数据规模变小，都可以利用当时的技术手段来进行数据管理和分析，如何通过正确的采样方法以最小的数据量尽可能地分析整体属性成了当时的重要问题。

随着技术的发展，样本数目逐渐逼近原始的总体数据，并且在某些特定的应用领域，采样数据可能远不能描述整个事物，可能丢掉大量重要细节，甚至可能得到完全相反的结论，因此，当今有直接处理所有数据而不是只考虑采样数据的趋势。使用所有的数据可以带来更高的精确性，从更多的细节来解释事物属性，同时必然使得要处理的数据量显著增多。

物联网、云计算、移动互联网、车联网、手机、平板电脑、个人计算机（PC）、气候信息、公开的信息，如杂志、报纸和文章、交易记录、网络日志、病历、军事监控、视频和图像、档案及大型电子商务，以及遍布地球各个角落的各种各样的传感器是数据来源，或者承载的方式不断更新与发展、大型科学研究设备产生的数据，以及社交媒体的快速发展，构成了大数据持续产生的生态环境。尤其是近年来，随着互联网技术的发展，来自人们的日常生活，特别是来自互联网服务而产生的大量数据迅猛增加。全球数据量出现爆炸式增长，数据成了当今社会增长最快的资源之一。各种数据产生速度之快，产生数量之大，已经远远超出人类可以控制的范围，"数据爆炸"成为大数据时代的鲜明特征。根据 IDC 的监测统计，即使在遭遇金融危机的 2009 年，全球信息量也比 2008 年增长了 62%，达到 80 万 PB（1PB 约等于 100 万 GB），到 2011 年全球数据总量已经达到 1.8ZB（1ZB 约等于 10000 亿 GB），并且以每两年翻一番的速度飞速增长，2020 年全球数据存储量将达到 40ZB，到 2030 年将达到 2500ZB。

1.2.2　数据类型繁多

数据类型繁多，复杂多变是大数据的重要特性。大数据的数据来源众多，科学研究、企业应用和 Web 应用等都在源源不断地生成新的数据。生物大数据、交通大数据、医疗大数据、电信大数据、电力大数据、金融大数据等，都呈现出"井喷式"增长，所涉及的数量十分巨大，已经从 TB 级别跃升到 PB 级别。大数据的数据类型丰富，包括结构化数据和非结构化数据，其中，前者占 10% 左右，主要是指存储在关系数据库中的数据；后者占 90% 左右，种类繁多，主要包括邮件、音频、视频、微信、微博、位置信息、链接信息、手机呼叫信息、网络日志等。

以往的数据尽管数量庞大，但通常是事先定义好的结构化数据。结构化数据是将数据抽象为便于计算机存储、处理、查询的数据。结构化数据在抽象的过程中，忽略了一些在特定的应用下需考虑的细节，抽取了有用的信息。处理此类结构化的数据，只需事先分析好数据的意义以及数据间的相关属性，构造表结构来表示数据的属性。数据都以表格的形式保存在数据库中，数据格式统一，以后不管再产生多少数据，只需根据其属性，将数据存储在合适的位置，就可以方便地处理、查询，一般不需要为新增的数据显著地更改数据聚集、处理、查询方法，限制数据处理能力的只是运算速度和存储空间。这种关注结构化信息，强调大众化、标准化的属性使得处理传统数据的复杂程度一般呈线性增长，新增的数据则可以通过常规的技术手段处理。

而随着互联网络与传感器的飞速发展，非结构化数据大量涌现，非结构化数据没有统一的结构属性，难以用表结构来表示，在记录数据数值的同时还需要存储数据的结构，增加了数据存储、处理的难度。而时下在网络上流动着的数据大部分是非结构化数据，人们上网看新闻，发送文字邮件，上传下载照片、视频，发送微博等，产生的都是非结构化数据，同时，遍及工作、生活中各个角落的传感器也时刻产生各种半结构化、非结构化数据。这些结构复杂，种类多样，同时规模又很大的半结构化、非结构化数据逐渐成为主流数据。在数据规模急剧增长的同时，数据类型也越来越复杂，包括结构化数据、半结构化数据、非结构化数据等多种类型，其中采用传统数据处理手段难以处理的非结构化数据已占数据总量的 90% 左右，并且非结构化数据的增长速度比结构化数据快 10～50 倍。在数据激增的同时，新的数据类型层出不穷，已经很难用一种或几种规定的模式来表征日趋复杂、多样的数据形式，这样的数据已经不能用传统的数据库表格实现整齐的排列、表示。结构化数据、非结构化数据和半结构化数据的比较如表 1-2 所示。

表 1-2　　　　　　结构化数据、非结构化数据和半结构化数据的比较

对比项	结构化数据	非结构化数据	半结构化数据
定义	具有数据结构描述信息的数据	不方便用固定结构来表现的数据	处于结构化数据和无结构的数据之间的数据
结构和内容的关系	先有结构，再有数据	只有数据，无结构	先有数据，再有结构
示例	各类表格	图形、图像、音频、视频信息	HTML 文档，它一般是自描述的，数据的内容和结构混在一起

大数据正是在这样的背景下产生的，大数据与传统数据相比，处理方式最大的不同就是重点关注非结构化信息，大数据关注包含大量细节信息的非结构化数据，强调小众化，体验化的特性，使得传统的数据处理方式面临巨大的挑战。类型繁多的异构数据，给数据处理和分析技术提出了新的挑战，也给人类带来了新的机遇。

1.2.3　处理速度快

要求数据的快速处理，是大数据区别于传统海量数据处理的重要特性之一。大数据时代的数据产生速度非常迅速，快速增长的数据量要求数据处理的速度也要相应的提升，才能使得大量的数据得到有效的利用，否则不断激增的数据不但不能为解决问题带来优势，反而成了快速解决问题的负担。同时，数据不是静止不动的，而是在互联网络中不断流动的，并且通常这样的数据价值是随着时间的推移迅速降低的，如果数据尚未得到有效的处理，就失去了价值，大量的数据就没有意义了。此外，在许多应用中要求能够实时处理新增的大量数据，比如有大量在线交互的电子商务应用，就具有很强的时效性，大数据以数据流的形式产生、快速流动、迅速消失，但是数据流量通常是不平稳的，会在某些特定的时段突然激增，数据的涌现特征明显，而用户对于数据的响应时间通常非常敏感。心理学实验证实，从用户体验的角度，瞬间（Moment，3 秒）是可以容忍的最大极限；对于大数据应用而言，很多情况下都必须在 1 秒或者瞬间内形成结果，否则处理结果就是过时和无效的。这种情况下，大数据要求快速、持续地实时处理。因此大数据时代的很多应用，都需要基于快速生成的数据给出实时分析结果，用于指导生产和生活实践，数据处理和分析的速度通常要达到秒级响应，这一点和传统的数据挖掘技术有着本质的不同，后者通常不要求给出实时分析结果。对不断激增的海量数据的实时处理，是大数据与传统海量数据处理技术的关键差别之一。

1.2.4　价值密度低

数据价值密度低是大数据关注的非结构化数据的重要属性。大数据虽然看起来很美，但是，价值密度却远远低于传统关系数据库中已经有的那些数据。

在大数据时代，很多有价值的信息都是分散在海量数据中的。传统的结构化数据，依据特定的应用，对事物进行了相应的抽象，每一条数据都包含该应用需要考量的信息；而大数据为了获取事物的全部细节，不对事物进行抽象、归纳等处理，直接采用原始的数据，保留了数据的原貌，并且通常不对数据进行采样，直接采用全体数据。由于减少了采样和抽象，

呈现所有数据和全部细节信息，可以分析更多的信息，但也引入了大量没有意义的信息，甚至是错误的信息。因此相对于特定的应用，大数据关注的非结构化数据的价值密度偏低，以当前广泛应用的监控视频为例，在连续不间断监控过程中，大量的视频数据被存储下来，如果没有意外事件发生，连续不断产生的数据都是没有任何价值的。当发生意外情况时，例如偷盗等，也只有记录了事件过程的那一小段视频是有价值的数据。对于某一特定的应用，比如获取犯罪嫌疑人的体貌特征，有效的视频数据可能仅仅有一两秒，大量不相关的视频信息增加了获取这有效的一两秒数据的难度。但是大数据的数据密度低是指相对于特定的应用，有效的信息相对于数据整体是偏少的；信息有效与否也是相对的，对于某些应用是无效的信息对于另外一些应用则会成为最关键的信息；数据的价值也是相对的，有时一条微不足道的细节数据可能造成巨大的影响，比如网络中的一条几十个字符的微博，就可能通过转发而快速扩散，导致相关的信息大量涌现，其价值不可估量。因此为了保证对于新产生的应用有足够的有效信息，通常必须保存所有数据，这样就使得一方面数据的绝对数量激增，另一方面数据包含有效信息量的比例不断减少，数据价值密度偏低。

1.3　大数据的应用

随着 5G 时代的到来，大数据应用得到迅速的发展，并且得到很多人的关注。大数据无处不在，包括金融、汽车、零售、餐饮、电信、能源、政务、医疗、体育、娱乐等在内的社会各行各业都已经留下大数据的印迹。

虽然大数据在不同领域有不同的应用，但是总的来说，大数据的应用主要体现在三个方面：分析预测、决策制订和技术创新。同时，大数据也在很大程度上推动了人工智能的发展。

在大数据的应用中，分析预测是比较早的落地应用之一，同时也能够比较直观地获得价值，所以当前大数据的场景分析依然是比较重要的落地应用。分析预测涉及的行业非常多，比如舆情分析、流感预测、金融预测、销售分析等，随着传统行业信息化改造的推进，数据分析将是比较常见的大数据应用。

决策制订通常是大数据应用的重要目的，销售部门需要根据数据分析来制订产品的销售策略，设计部门需要根据数据分析来制订产品的设计策略，生产部分需要根据数据分析来优化生产流程，人事部门需要根据数据分析来衡量员工的工作价值从而制订考核策略，财务部门需要根据数据分析来制订财务策略，等等。通常来说，数据分析的一个重要的目的就是制订相应的策略。

大数据应用的另一个重要方面就是能够全面促进企业创新，不仅体现在技术创新上，也体现在管理创新上。通过数据能够挖掘出更多关于产品和市场的信息，这些信息会指导企业设计相应产品来满足市场的需求；同时在企业管理方面，以数据为驱动的管理方式会最大限度地调动员工的能动性，因为数据能够直观地呈现出每名员工的工作价值，"真忙"和"假忙"会一目了然。

最后，大数据技术经过多年的发展已经趋于成熟，也逐渐形成了一个较为清晰的产业链，包括数据的采集、整理、分析、呈现等，不同的环节往往有众多的参与者，随着大数据逐渐应用于广大传统行业，大数据的应用场景会得到进一步的拓展，大数据的价值也将逐渐提升。

1.4 大数据的关键技术

当人们谈到大数据时，往往并非只是指数据本身，而是数据和大数据技术这两者的综合。所谓大数据技术，是指伴随着大数据的采集、传输、处理和应用等相关技术，是一系列使用非传统的工具来对大量的结构化、半结构化和非结构化数据进行处理，从而获得分析和预测结果的一系列数据处理和分析技术。

大数据处理关键技术一般包括：大数据采集技术、大数据预处理技术、大数据存储及管理技术、大数据分析及挖掘技术、大数据展现和应用技术（大数据检索、大数据可视化、大数据应用、大数据安全和隐私保护等），如图 1-1 所示。

图 1-1 大数据处理关键技术

1.4.1 大数据采集技术

大数据采集技术是指通过射频识别数据、传感器数据、社交网络交互数据及移动互联网数据等方式获得各种类型的结构化、半结构化及非结构化的海量数据。因为数据源多种多样，数据量大，产生速度快，所以大数据采集技术也面临着许多技术挑战，必须保证数据采集的可靠性和高效性，还要避免重复数据。

大数据的数据源主要有运营数据库、社交网络和感知设备三大类。针对不同的数据源，所采用的数据采集方法也不相同。

1.4.2 大数据预处理技术

大数据预处理技术主要是指对已接收的数据进行辨析、抽取、清洗、填补、平滑、合并、规格化及检查一致性等操作。因为获取的数据可能具有多种结构和类型，数据抽取的主要目的是将这些复杂的数据转化为单一的或者便于处理的结构，以达到快速分析处理的目的。

通常数据预处理包含三个部分：数据清理、数据集成及数据规约。

1．数据清理

数据清理主要包含遗漏值处理（缺少感兴趣的属性）、噪声数据处理（数据中存在错误或偏离期望值的数据）和不一致数据处理。

遗漏数据可用全局常量、属性均值、可能值填充或者直接忽略该数据等方法处理。噪声数据可用分箱（对原始数据进行分组，然后对每一组内的数据进行平滑处理）、聚类、计算机人工检查和回归等方法去除噪声。对于不一致数据则可进行手动更正。

2．数据集成

数据集成是指把多个数据源中的数据整合并存储到一个一致的数据库中。这一过程中需要着重解决三个问题：模式匹配、数据冗余、数据值冲突检测与处理。

由于来自多个数据集合的数据在命名上存在差异，因此等价的实体常具有不同的名称。对来自多个实体的不同数据进行模式匹配是处理数据集成的首要问题。

数据冗余可能来自数据属性命名的不一致，可以利用皮尔逊积矩来衡量数值属性，对于离散数据可以利用卡方检验来检测两个属性之间的关联。

数据值冲突问题主要表现为，来源不同的统一实体具有不同的数据值。数据变换的主要过程有平滑、聚集、数据泛化、规范化及属性构造等。

3．数据规约

数据规约主要包括维规约、数据压缩、数值规约和概念分层等。使用数据规约技术可以实现数据集的规约表示，使得数据集变小的同时仍然近于保持原数据的完整性。

在规约后的数据集上进行挖掘，依然能够得到与使用原数据集近乎相同的分析结果。

1.4.3 大数据存储及管理技术

大数据存储及管理的主要目的是用存储器把采集到的数据存储起来，建立相应的数据库，并进行管理和调用。

在大数据时代，从多渠道获得的原始数据常常缺乏一致性，数据结构混杂，并且数据不断增长，造成了单机系统的性能不断下降，即使不断提升硬件配置也难以跟上数据增长的速度，从而导致传统的处理和存储技术失去可行性。

大数据存储及管理技术重点研究复杂结构化、半结构化和非结构化大数据的存储及管理技术，解决大数据的可存储、可表示、可处理、可靠性及有效传输等几个关键问题。

1.4.4 大数据分析及挖掘技术

大数据处理的核心就是对大数据进行分析，只有通过分析才能获取很多智能的、深入的、有价值的信息。越来越多的应用涉及大数据。这些大数据的属性，包括数量、速度、多样性等都引发了大数据不断增长的复杂性，所以，大数据的分析方法在大数据领域显得尤为重要，可以说是判断最终信息是否有价值的决定性因素。

利用数据挖掘进行数据分析的常用方法主要有分类、回归分析、聚类、关联规则等，分别从不同的角度对数据进行挖掘。

1．分类

分类是找出数据库中一组数据对象的共同特点，并按照分类模式将其划分为不同的类。其目的是通过分类模型，将数据库中的数据项映射到某个给定的类别。它可以应用到客户的分类、客户的属性和特征分析、客户满意度分析、客户的购买趋势预测等。

2．回归分析

回归分析反映的是事务数据库中属性值在时间上的特征。该方法可产生一个将数据项映射到一个实值预测变量的函数，发现变量或属性间的依赖关系。其主要研究问题包括数据序列的趋势特征、数据序列的预测及数据间的相关关系等。它可以应用到市场营销的各个方面，如客户寻求、保持和预防客户流失活动、产品生命周期分析、销售趋势预测及有针对性的促销活动等。

3. 聚类

聚类是把一组数据按照相似性和差异性分为几个类别。其目的是使得属于同一类别的数据间的相似性尽可能大，不同类别中的数据间的相似性尽可能小。它可以应用于客户群体的分类、客户背景分析、客户购买趋势预测、市场的细分等。

4. 关联规则

关联规则是描述数据库中数据项之间所存在的关系的规则，即根据一个事务中某些项的出现可推导出另一些项在同一事务中也会出现（即隐藏在数据间的关联或相互关系）。在客户关系管理中，通过对企业的客户数据库里的大量数据进行挖掘，可以从大量的记录中发现有趣的关联关系，找出影响市场营销效果的关键因素，为产品定位、定价，客户寻求、细分与保持，市场营销与推销，营销风险评估和诈骗预测等决策支持提供参考依据。

1.4.5　大数据展现与应用技术

我国数字经济的快速发展，规模不断壮大，数字治理格局日益完善，已覆盖到人民生活的方方面面。在大数据时代下，数据呈井喷式增长，分析人员将这些庞大的数据汇总并进行分析，而分析出的成果如果是密密麻麻的文字，那么就没有几个人能理解，所以我们就需要将数据可视化。可视化技术是最佳的结果展示方式之一，其通过清晰的图形图像展示直观地反映出最终结果。以图表甚至动态图的形式将数据更加直观地展现给用户，从而减少用户的阅读和思考时间，以便很好地做出决策。

大数据技术能够将隐藏于海量数据中的信息和知识挖掘出来，为人类的社会经济活动提供依据，从而提高各个领域的运行效率，大大提高整个社会经济的集约化程度。在我国，大数据将重点应用于三大领域：商业智能、政府决策、公共服务。例如：商业智能技术，政府决策技术，电信数据信息处理与挖掘技术，电网数据信息处理与挖掘技术，气象信息分析技术，环境监测技术，警务云应用系统（道路监控、视频监控、网络监控、智能交通、反电信诈骗、指挥调度等公安信息系统），大规模基因序列分析比对技术，Web 信息挖掘技术，多媒体数据并行化处理技术，影视制作渲染技术，其他各种行业的云计算和海量数据处理应用技术，等等。

如今的网络攻击，往往是通过各种手段获得政府、企业或者个人的私密数据，因此在大数据时代，数据的收集与保护成为竞争的着力点。从隐私的角度来看，大数据时代把网络大众带入一种开放透明的"裸奔"环境。在大数据获得开放的同时，也给人们带来了对数据安全的隐忧。我们在从大数据中挖掘潜在的巨大商业价值和学术价值的同时，需要构建隐私数据保护体系和数据安全体系，有效保护个人隐私和数据安全。

需要指出的是，大数据技术是许多技术集合体。这些技术也并非全部都是新生事务，诸如关系数据库、数据仓库、ETL、OLAP（联机分析处理）、数据挖掘、数据隐私和安全、数据可视化等已经发展多年的技术，在大数据时代得到不断补充、完善、提高后又有了新的升华，也可以视为大数据技术的一个组成部分。对于这些技术，本书重点阐述数据处理和分析的方法。

1.5 大数据分析的现状和步骤

随着计算机存储能力的提升和复杂算法的发展，近年来的数据量呈指数型增长，这些趋势使科学技术发展日新月异，商业模式发生了颠覆式变化。《分析的时代：在大数据的世界竞争》是 2016 年 12 月麦肯锡全球研究院（MGI）发表的一份报告。五年前 MGI 就指出大数据分析在基于定位的服务、美国零售业、制造业、欧盟公共部门及美国健康医疗领域有很大的增长潜力。数据正在被商业化，来自网络、智能手机、传感器、相机、支付系统以及其他途径的数据形成了一项资产，产生了巨大的商业价值。苹果、亚马逊、Facebook、谷歌、通用微软以及阿里巴巴集团利用大数据分析及自己的优势改变了竞争的基础，建立了全新的商业模式。稀缺数据的所有者利用数字化网络平台在一些市场近乎垄断，只需用独特方式将数据整合分析，提供有价值的数据分析，几乎可以"赢家通吃"。2011 年全球的数据储量就达到 1.8ZB，与 2011 年相比 2015 年大数据储量增长了近 4 倍，未来十年，全球数据储量还将增长十倍，大数据成为提升产业竞争力和创新商业模式的新途径。大数据在企业中得到了充分的应用并实现了巨大的商业价值。梅西百货的 SAS 系统可以根据 7300 种货品的需求和库存实现实时定价。零售业寡头摩尔玛通过最新的搜索引擎 Polaris，利用语义数据技术使得在线购物的完成率提升了 10%～15%。

我国信息数据资源 80% 以上掌握在各级政府部门手里，但很多数据却与世隔绝"深藏闺中"，成为极大的浪费。2015 年 9 月，国务院印发《促进大数据发展行动纲要》，明确要求"2018 年年底前建成国家政府数据统一开放平台"；2017 年 5 月，国务院办公厅又印发《政务信息系统整合共享实施方案》，进一步推动政府数据向社会开放。

大数据可以把人们从旧的价值观和发展观中解放出来，从全新的视角和角度理解世界的科技进步和复杂技术的涌现，变革人们关于工作、生活和思维的看法。大数据的应用十分广泛，通过对大规模数据的分析，利用数据整体性与涌现性、相关性与不确定性、多样性与非线性、并行性与实时性研究大数据在公共交通、公共安全、社会管理等领域的应用。大数据与云计算、物联网一起使得很多事情成为可能，将会是新的经济增长点。大数据随着以数据科学为核心的计算机技术的迅猛发展，推动了社会科学与自然科学等跨领域跨学科、多学科交叉研究的发展。因此掌握大数据分析技术和方法具有深刻而广泛的意义。

1.5.1 大数据分析的现状

2011 年，麦肯锡全球研究院（MGI）指出大数据分析将在五大领域有很大的增长潜力，分别是基于定位的服务（Location-based Service）、美国零售业（US Retail）、制造业（Manufacturing）、欧盟公共部门（The EU Public Sector）及美国健康医疗领域（US Health Care）。2016 年，MGI 再次考量这个议题，发现当年预测的大数据分析能实现的潜在价值，在五个领域取得的进步是不均衡的。基于定位的服务实现了 2011 年所预测的潜在价值的 50%～60%，而在欧盟公共部门领域和美国健康医疗领域，大数据分析只实现了 10%～20% 的预测潜在价值，主要的障碍在于分析、技术人才的缺乏，数据处理、整合以及共享的问题等，如图 1-2 所示。

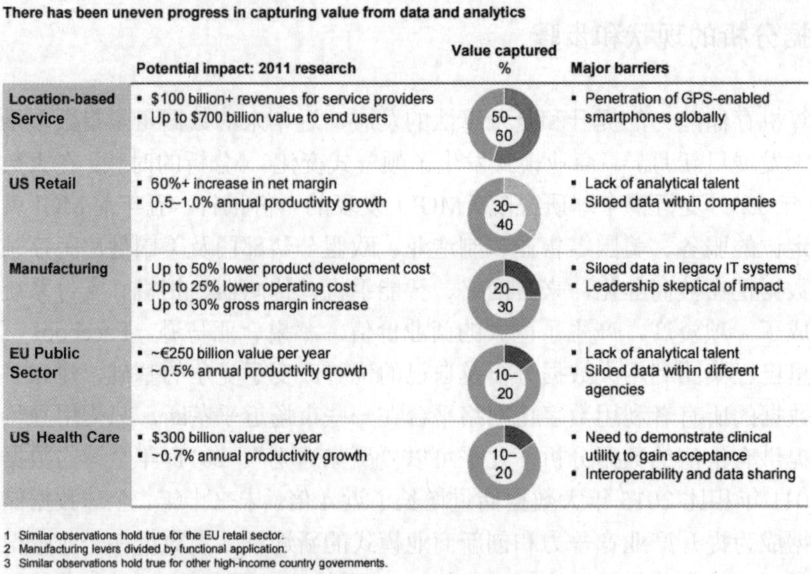

There has been uneven progress in capturing value from data and analytics

	Potential impact: 2011 research	Value captured %	Major barriers
Location-based Service	▪ $100 billion+ revenues for service providers ▪ Up to $700 billion value to end users	50–60	▪ Penetration of GPS-enabled smartphones globally
US Retail	▪ 60%+ increase in net margin ▪ 0.5–1.0% annual productivity growth	30–40	▪ Lack of analytical talent ▪ Siloed data within companies
Manufacturing	▪ Up to 50% lower product development cost ▪ Up to 25% lower operating cost ▪ Up to 30% gross margin increase	20–30	▪ Siloed data in legacy IT systems ▪ Leadership skeptical of impact
EU Public Sector	▪ ~€250 billion value per year ▪ ~0.5% annual productivity growth	10–20	▪ Lack of analytical talent ▪ Siloed data within different agencies
US Health Care	▪ $300 billion value per year ▪ ~0.7% annual productivity growth	10–20	▪ Need to demonstrate clinical utility to gain acceptance ▪ Interoperability and data sharing

1 Similar observations hold true for the EU retail sector.
2 Manufacturing levers divided by functional application.
3 Similar observations hold true for other high-income country governments.

资料来源：《分析的时代：在大数据的世界竞争》

图 1-2 大数据分析应用的五大领域

伟大的数据分析可以从最平凡普通的数据中看到洞见，而不好的分析则会摧毁高质量数据的潜在价值，因此分析人才的缺乏正在加剧数据分析的成本。一些行业由于某些特征（比如低效匹配，信息不对称以及人为偏差和错误）会受到影响，比如保险行业的买方和卖方信息不对称，健康医疗行业个性化服务不足，智慧城市的建立需要更精准的预测，等等，而解决这些问题的方法就是大量引入数据。正交数据（Orthogonal Data）的引入可以提升现有的商业模式，比如在个性化出行方面，超大规模的平台可以进行供给和需求的实时匹配，Uber、Lyft 以及中国的滴滴出行使得大量汽车闲置资产得以充分利用。麦肯锡预测，到 2030 年，移动出行服务（如出行共享和汽车共享）将占全球客车总里程的 15%～20%。消费者可以减少汽车购买、燃油和停车。如果移动出行服务在低里程城市车辆使用者中达到 10%～30%，则到 2025 年潜在经济影响可以达到 8450 亿美元甚至 2.5 万亿美元。

1.5.2　大数据分析创造价值的步骤

数据分析创造价值的第一步是获得数据，获取关于一个现有问题的所有数据，其中一个要求是从不同渠道整合统一大量存在的数据，但事实上很多组织机构对于如何整合数据无法建立一个正确的架构。零售银行业就是一个拥有大量客户交易信息、财务状况以及人口数据的行业。但很少有机构可以充分利用这些数据，因此大规模数据整合在零售银行业存在巨大的潜力。发达市场的零售银行业的潜在经济影响可以达到 1100 亿～1700 亿美元，新兴市场的数字相应为 600 亿～900 亿美元。

第二步是机器学习（Machine Learning），及其子类深度学习（Deep Learning）。机器学习就是赋予机器学习的能力以此让它完成直接编程无法完成的操作，从实践的意义上来说，机器学习是一种通过利用数据，训练出模型，然后使用模型预测的方法。传统的机器学习方法有回归、支持向量机（SVM）以及 K-Means 聚类算法。机器学习适合用来解决三类问题：分类、预测以及生成问题。深度学习，是机器学习的一个前沿，通过更多神经元和层块（因此称为"深度"）来解决更复杂的问题。深度学习仍处在初期，在自然语言学习领域可以有很大的潜力。关于自动化的研究发现，45%的工作可以随着现代技术的进步而自动化，而这些工作约等于 14.6 万亿美元的工资。在全球范围内单是提高自然语言的能力就会有潜在的 3 万亿美元的工资影响。

1.6　Python 在大数据应用中的重要性

当进入大数据领域后，每个大数据领域及大数据分析领域的从业人员都在努力寻找适合自己的编程语言，选择一种适合或有利的语言是至关重要的。

Python 是面向对象的编程语言，拥有大量的几乎支持所有领域应用开发的成熟扩展库。Python 的特点是：使用简单、应用广泛，并且在大数据领域也有所应用，主要用于数据采集、数据分析以及数据可视化等。

Python 拥有一套功能强大的软件包，可满足各种数据科学和分析需求。它的优势在于资源丰富，拥有坚实的数值算法、图标和数据处理基础设施，建立了非常良好的生态环境。并不是所有的企业都能自己生产用于决策辅助的数据，更多的互联网企业大部分都是靠爬虫来抓取互联网数据进行分析。而 Python 在网络爬虫领域有着强势地位，Python 的战略定位就是做一种简单、易用又专业、严谨的通用言语组合。

同时，Python 在 Web 前端开发等领域也有广泛应用。从学习难易度来看，作为一个为"优雅"而生的语言，Python 语法简捷而清晰，对底层做了很好的封装，是一种很容易上手的高级语言。更重要的是，Python 的包装能力、可组合性、可嵌入性都很好，可以把各种复杂的数据包装在 Python 模块里，利用接口就可以完成复杂的数据处理操作。

1.7　Python 与数据分析的关系

数据分析是指运用适当的统计分析方法或者工具对收集来的大量数据进行整理和归纳，将它们加以汇总和理解并消化，提取有价值信息，从中发现因果关系、内部联系和业务规律，以求最大化地开发数据的功能，发挥数据的作用，形成有效结论的过程。

数据分析的三个方面：第一是目标。数据分析的关键在于设立目标，专业上的说法叫作"有针对性"，其实就是对业务需求的把握。第二是方法。数据分析的方法包括描述性分析、统计分析、数据挖掘和大数据分析四种。不同的分析方法所使用的情景和功能都是不一样的，这需要在做数据分析时结合具体的情况选择使用。第三是结果。数据分析的最终目的是要得出分析的结果，结果对目标解释的强弱，以及结果的应用效果。

1.7.1　数据分析

自古以来，人们观察世界中的对象，对观察得到的数据进行分析，从而发现各种规律和法则，例如开普勒通过观测天体数据发现了开普勒定律。通过记录过去发生的事情，人们可以推断得到一些可能的规律，这些规律可以解释当前发生的事情，并可用于对未来进行预测。在这个过程中，数据是十分宝贵的材料，其背后蕴藏着能够指导未来的知识。

1. 海量数据背后蕴藏的知识

随着计算机数据库技术的发展成熟和计算机的普及深化，各行各业每天都在产生大量的数据。例如，社交网络媒体每天产生的数据惊人。根据新浪微博数据中心于 2019 年 3 月 15 日发布的《2018 微博用户发展报告》中的 2018 年第四季度财报显示，微博月活跃用户 4.62 亿，连续三年增长 7000 多万；微博垂直领域数量扩大至 60 个，月阅读量过百亿领域达 32 个。微博数据显示，2020 年春节期间内的信息流的曝光量相比 2019 年同比增长一倍，微博方面表示，自新冠肺炎疫情发生以来，平均每天超过 2 亿网友通过微博关注最新疫情、获取防治服务、参与公益捐助，微博上疫情话题数量不断增长，即将突破 25 万，阅读量高达 7545 亿。管理者希望能从数据中获得隐藏在数据中的有价值信息来帮助决策，运用大数据推动经济发展，完善社会治理，提升政府服务和监管能力。

2. 数据分析与数据挖掘的关系

传统的统计分析是在已定假设、先验约束上，对数据进行整理、筛选和加工，由此得到一些信息。而这些信息要得到进一步的认知，则需要有效的预测和决策，这个过程就是数据挖掘的过程。统计分析是把数据变成信息的工具，数据挖掘则是把信息变成认知的工具。广义上的数据分析则是指整个处理信息过程，即从数据到认知。本书是指广义上的数据分析，将数据分析部分放入数据预处理阶段，即数据经整理、筛选、加工转为信息的过程；将数据挖掘部分放在数据分析与知识发现阶段，即将信息进一步处理，获得认知，并进行预测和决策的过程。

3. 机器学习和数据分析的关系

机器学习是人工智能的核心研究领域之一，最初的目的是让机器具有学习能力，从而拥有智能，目前机器学习公认的定义是利用经验来改善计算机系统自身的性能。由于"经验"在计算机系统中主要以数据形式存在，因此机器学习需要对数据进行分析。数据分析主要利用机器学习领域提供的技术来分析海量数据，从而找出有用的知识。

1.7.2 数据分析的基本步骤

数据分析的步骤为：明确分析目的和思想/提出假设→数据收集→数据预处理→数据分析与知识发现→数据后处理 5 个阶段，具体如下。

1. 明确分析目的和思想/提出假设

常常有人拿着数据问这些数据可以做什么分析？这是典型的为了分析而分析。数据分析的前提需要先明确分析目的，这样分析才有意义。

数据分析首先明确分析目的，然后梳理分析思路，并搭建分析框架，把分析目的分解成若干个不同的分析要点，即如何具体开展数据分析，需要从哪几个角度进行分析，采用哪些分析指标。

2. 数据收集

主动收集数据的方法包含抽样、测量、编码、核对等操作，这是信息化时代到来前数据收集的主要方式。如今随着传感器、数码相机等电子设备的普及，我们可以很方便地快速获取大量数据。这些数据与传统数据相比，存在数据量庞大、数据冗余且信息价值密度低等特点。如何从这些数据中得到所需要的信息是目前数据分析的重点和难点，也是本书的关注点之一。

3．数据预处理

数据预处理完成从数据到信息的转化过程：首先对数据进行初步的统计分析，得到数据的基本档案；其次分析数据质量，从数据的一致性、完整性、准确性和及时性等 4 个方面进行分析；然后根据发现的数据质量问题对数据进行清洗，包括缺失值处理、噪声处理等；最后对其进行特征抽取，为后续的数据分析工作做准备。

4．数据分析与知识发现

数据分析与知识发现则是将预处理的数据进行进一步分析，完成从信息到认知的转化过程。从整理后的数据中学习和发现知识，主要分为有监督学习和无监督学习。有监督学习分析包括分类分析、关联分析和回归分析；无监督学习分析包括聚类分析和异常检测。

5．数据后处理

数据后处理主要包括提供数据给决策支撑系统、数据可视化等。本书主要关注数据可视化的一些内容。

1.7.3　Python 与数据分析

自从 1991 年诞生以来，Python 现在已经成为最受欢迎的动态编程语言之一。由于拥有大量的 Web 框架（比如 Rails（Ruby）和 Django（Python）），最近几年非常流行使用 Python 和 Ruby 进行网站建设工作。Python 常被称作脚本（Scripting）语言，因为它可以用于编写简短而粗糙的小程序（也就是脚本）。在众多解释型语言中，Python 最大的特点是拥有一个巨大而活跃的科学计算（Scientific Computing）社区。进入 21 世纪以来，在行业应用和学术研究中采用 Python 进行科学计算的势头越来越猛。在数据分析、交互、探索性计算以及数据可视化等方面，Python 几乎可以媲美于其他开源和商业领域特定编程语言/工具，如 R、MATLAB、SAS、Stata 等。与这些语言相比，Python 具有以下优点。

1．Python 作为黏合剂

作为一个科学计算平台，Python 的成功部分源于其能够轻松地集成 C、C++以及 Fortran 代码。大部分现代计算环境都利用了一些 Fortran 和 C 的功能库来实现线性代数、优选、积分、快速傅里叶变换以及其他诸如此类的算法，利用 Python 可以方便地"黏合"那些已经用了 30 多年的遗留软件系统。许多企业和国家实验室也是这么做的，例如 Cython 项目已经成为 Python 领域中创建编译型扩展以及对接 C、C++代码的一大途径。

2．Python 是面向生产的

很多组织通常都会用一种类似于领域特定的计算语言（如 MATLAB 和 R）对新的想法进行研究、原型构建和测试，然后将这些想法移植到某个更大的生产系统中去（可能是用 Java、

C#或 C++编写的）。Python 不仅适用于研究和原型构建，还可以直接运用到生产系统中，这将会给企业带来非常显著的经济效益。

3．强大的第三方库的支持

Python 是多功能的语言，数据统计更多的是通过第三方的库来实现，常用的有 NumPy、SciPy、Pandas、scikit-learn、Matplotlib 等。Python 是开源的，许多人共同维护，新的需求可以很快付诸实施。

尽管 Python 非常适合构建计算密集型科学应用程序以及几乎各种各样的通用系统，但它对于不少应用场景仍然力有不逮。由于 Python 是一种解释型编程语言，因此大部分 Python 代码都要比用编译型语言（比如 Java 和 C++）编写的代码运行慢得多。在某些要求延迟非常小的应用程序中（例如高频交易系统），为了尽最大可能地优化性能，使用诸如 C++这样低生产率的语言进行编程也是值得的。

对于高并发、多线程的应用程序而言（尤其是拥有许多计算密集型线程的应用程序），Python 并不是一种理想的编程语言。因为 Python 有全局解释器锁（Global Interpreter Lock，GIL）是计算机程序设计语言解释器用于同步线程的工具，使得在同一进程内任何时刻仅有一个线程在执行。GIL 是一种防止解释器同时执行多条 Python 字节码指令的机制。这并不是说 Python 不能执行真正的多线程并行代码，只不过这些代码不能在单个 Python 进程中执行。比如说，Cython 项目可以集成 OpenMP（一个用于并行计算的 C 框架）以实现并行处理循环进而大幅度提高数值算法的速度。

1.7.4 数据分析相关的 Python 库

Python 之所以这么流行，这么好用，就是因为 Python 提供了大量的第三方的库，开箱即用，非常方便。Numpy、Pandas、scikit-learn 和 Matplotlib 是本书用到的最主要的 4 个 Python 库。

1．NumPy

NumPy 是一个基础的科学计算库，它是 SciPy、Pandas、scikit-learn、Matplotlib 等许多科学计算与数据分析库的基础。NumPy 的最大贡献在于它提供了一个多维数组对象的数据结构，可以用于数据量较大情况下的数组与矩阵的存储和计算。除此之外，它还提供了具有线性代数、傅里叶变换和随机数生成等功能的函数。

2．Pandas

Pandas 是一个构建在 NumPy 之上的高性能的数据分析模块。它的基本数据结构包括 Series 和 DataFrame，分别处理一维和多维数据。Pandas 能够对数据进行排序、分组、归并等操作，也能够进行求和、求极值、求标准差、计算协方差矩阵等统计计算。Pandas 提供了大量的函数用于生成、访问、修改、保存不同类型的数据，处理缺失值、重复值、异常值，并能够结合另一个扩展库 Matplotlib 进行数据可视化。

3．scikit-learn

scikit-learn 是一个构建在 NumPy、SciPy 和 Matplotlib 上的机器学习库，包括多种分类、回归、聚类、降维、模型选择和预处理算法与方法，例如支持向量机、最近邻、朴素贝叶斯、LDA、特征选择、K-means、主成分分析、网格搜索、特征提取等。

4．Matplotlib

Matplotlib 是一个绘图库，其功能非常强大，可以绘制许多图形，包括直方图、折线图、饼图、散点图、函数图像等二维或三维图形，甚至可以绘制动画。Matplotlib 不仅在数据可视化领域有重要的应用，也常用于科学计算可视化。

下面再介绍 4 个科学计算/数据分析常用的扩展库。

（1）SciPy。SciPy 同样是一个科学计算库。与 NumPy 相比，它包含了统计计算、最优化、值积分、信号处理、图像处理等多个功能模块，涵盖了更多的数学计算函数，是一个更加全面的 Python 科学计算工具库。

（2）Scrapy。对于研究网络爬虫的读者来说，Scrapy 可能是再熟悉不过的了，Scrapy 是一个简单、易用的网页数据提取框架，几行代码就能够快速构建一个网络爬虫。在进行数据分析时，Scrapy 可以用于自动化地从网页上获得需要分析的数据，而不需要人工进行数据的获取与整理。

（3）NLTK。NLTK（Natural Language Toolkit）是一个强大的自然语言处理库，NLTK 能够用于进行分类、分词、相似度计算、词干提取、语义推理等多种自然语言处理任务，提供了针对 WordNet、Brown 等超过 50 个语料库和词汇资源的接口。

（4）Statsmodels。Statsmodels 是从 SciPy 中独立出来的一个模块（原本为 Scipy.stats)，它是一个统计学计算库，主要功能包括线性回归、方差分析、时间序列分析、统计学分析等。

思考与练习

1．大数据现象是怎样形成的？
2．简述大数据的定义及特点。
3．大数据的关键技术有哪些？
4．简述数据分析的基本步骤。
5．数据分析相关的 Python 库有哪些？

第2章 Python 基础知识

自从世界上第一代电子计算机 ENIAC 于 1946 年问世以来，伴随着计算机硬件的不断更新换代，计算机程序设计语言也有了很大的发展，在过去的几十年间，大量的程序设计语言被发明、被取代、被修改或组合在一起，在这个过程中，一共产生了两百多种不同的语言。其中，Python 就是其中的佼佼者。

本章将介绍 Python 的一些基础知识，主要包括 Python 编程过程中涉及的一些基本的概念及知识。

2.1 Python 概述

本节介绍 Python 的发展历史与特点，下载、安装和使用 Python，以及下载、安装和使用集成开发环境 Anaconda3。

2.1.1 Python 语言的发展历程

Python 是一门跨平台、开源、免费的解释型高级动态编程语言。Python 最初被用于编写自动化脚本（Shell），随着版本的不断更新和语言新功能的添加，越来越多地被用于独立的、大型项目的开发。

Python 的发明者是吉多·范罗苏姆（Guido van Rossum，如图 2-1 所示），荷兰人。1982 年 Guido 从阿姆斯特丹大学获得了数学和计算机硕士学位，并于同年加入荷兰数学和计算机科学研究院（Centrum Wiskunde & Informatica，CWI）。

1989 年圣诞节期间，Guido 决定开发一个新的脚本解释程序，作为 ABC 语言的一种继承（ABC 语言是由 Guido 参与设计，专门为非专业程序员设计的教学语言，但由于各种原因，ABC 的推广并不成功）。Guido 综合了 ABC 语言的优点，并且结合了 UNIX Shell 和 C 语言的习惯，创造了一种新的语言——Python。之所以选中 Python（大蟒蛇）作为该编程语言的名字，是因为 Guido 是 Monty Python 喜剧团体的爱好者之一。

图 2-1　吉多·范罗苏姆（Guido van Rossum）

1991 年，第一个 Python 编译器/解释器诞生，它是用 C 语言实现的，并能够调用 C 语言的库文件。从一诞生，Python 就具有类（Class）、函数（Function）、异常处理（Exception），包含列表（List）、字典（Dictionary）在内的核心数据类型，以及以模块为基础的扩展系统。

最初的 Python 完全由 Guido 本人开发。随着 Python 越来越受 Guido 同事的欢迎，Guido 的同事迅速反馈使用意见，并参与到 Python 的改进工作中。Guido 和他的部分同事构成了 Python 的核心团队。Python 隐藏许多机器层面上的细节，交给编译器处理，Python 程序员可以专注于思考程序的逻辑，而不是具体的实现细节。这一特征使得 Python 开始流行，尤其是在非计算机专业领域得到了广泛的关注。

Python 的开发者来自不同领域，他们将不同领域的优点带给 Python。例如 Python 标准库中的正则表达式参考 Perl，而 Lambda、Map、Filter、Reduce 等函数参考了 Lisp。Python 本身的一些功能以及大部分的标准库来自社区。Python 的社区不断扩大，进而拥有了自己的 newsgroup、网站以及基金。从 Python 2.0 开始，Python 也从 maillist 的开发方式，转为完全开源的开发方式。形成社区气氛，工作被整个社区分担，Python 也开始高速发展。

到了今天，Python 的框架已经确立。Python 语言以对象为核心组织代码，支持多种编程范式，采用动态类型，自动进行内存回收。Python 支持解释运行，并能调用 C 语言库进行拓展。Python 既具有强大的标准库，也拥有丰富的第三方扩展包。

Python 已经成为最受欢迎的程序设计语言之一。在 2020 年 4 月的编程语言指数排行榜（见图 2-2）中，Python 位居第三位。

Apr 2020	Apr 2019	Change	Programming Language	Ratings	Change
1	1		Java	16.73%	+1.69%
2	2		C	16.72%	+2.64%
3	4	^	Python	9.31%	+1.15%
4	3	v	C++	6.78%	-2.06%
5	6	^	C#	4.74%	+1.23%
6	5	v	Visual Basic	4.72%	-1.07%
7	7		JavaScript	2.38%	-0.12%
8	9	^	PHP	2.37%	+0.13%
9	8	v	SQL	2.17%	-0.10%
10	16	^	R	1.54%	+0.35%
11	19	^	Swift	1.52%	+0.54%
12	18	^	Go	1.36%	+0.35%
13	13		Ruby	1.25%	-0.02%
14	10	v	Assembly language	1.16%	-0.55%
15	22	^	PL/SQL	1.05%	+0.26%
16	14	v	Perl	0.97%	-0.30%
17	11	v	Objective-C	0.94%	-0.57%
18	12	v	MATLAB	0.93%	-0.36%
19	17	v	Classic Visual Dasic	0.03%	-0.23%
20	27	^	Scratch	0.77%	+0.28%

图 2-2　2020 年 4 月的编程语言排行榜（TOP 20）

2.1.2　Python 的特点

Python 主要具有以下优点。

（1）简单易学。

Python 遵循"简单、优雅、明确"的设计哲学。Python 语法简洁、清晰，摒弃了 C 语言中非常复杂的指针，有相对较少的关键字和一个明确定义的语法，简单易学。Python 最大的优点是具有伪代码的本质，它使我们在开发 Python 程序时，专注的是解决问题，而不是语言本身。

（2）面向对象。

Python 既支持面向过程编程，也支持面向对象编程。在面向过程的语言中，程序是由过程或可重用代码的函数构建起来的。在面向对象的语言中，程序是由表示数据的属性和表示特定功能的方法组合而成的对象构建起来的。与其他主要的语言如 C++ 和 Java 相比，Python 以一种非常强大又简单的方式实现面向对象编程。

（3）解释型语言。

Python 是一种解释型语言，可以在程序开发期节省相当多的时间，因为它不需要编译和链接。Python 解释器可以交互使用，因此用户很容易体验 Python 语言的特性，从而编写发布用的程序，或者进行自下而上的开发。

（4）跨平台。

Python 具有良好的跨平台特性，可以运行于 Windows、UNIX、Linux、Android 等大部分操作系统平台。Python 是一种解释性语言，开发工具首先将 Python 编写的源代码转换成为字节码的中间形式，运行时，解释器再将字节码翻译成适合于特定环境的机器语言并运行。这使得 Python 程序更易于移植。

（5）免费和开源。

Python 是自由/开放源代码软件（Free/Libre and Open Source Software，FLOSS）之一。Python 遵循 GPL（GNU General Public License）协议，用户可以自由地发布这个软件的副本，阅读它的源代码，对它做改动，把它的一部分用于新的自由软件中。在开源社区中有许多优秀的专业人士来维护、更新、改进 Python 语言。这也是 Python 如此优秀的原因之一。

（6）可扩展性。

Python 具有良好的可扩展性。Python 可以调用使用 C、C++ 等语言编写的程序，可以调用 R 语言中的对象以利用其专业的数据分析能力。如果需要一段关键代码运行得更快或者希望某些算法不公开，就可以把部分程序用 C 或 C++ 语言编写，然后在 Python 程序中调用它们。

（7）丰富的库资源。

Python 具有丰富的标准库，这些库涵盖了文件 I/O、GUI、网络编程、数据库访问等大部分应用场景。除了内置的标准库外，Python 还有大量的第三方库，因此，可以快速构建相关应用程序。

任何编程语言都有缺点，Python 也不例外。Python 的缺点主要有以下 2 点。

（1）运行速度慢。

Python 是解释型语言，其代码在执行时会被逐行翻译成 CPU 能理解的机器码，这个翻译过程非常耗时，所以较慢，而 C 语言是运行前直接编译成 CPU 能执行的机器码，所以非常快。Python 程序的运行速度相比 C 语言确实慢很多，跟 Java 相比也要慢一些。但是这里所指的运行速度慢，在大多数情况下用户是无法直接感知到的。在通常情况下 Python 已经完全可以满足用户对程序速度的要求，除非用户要写对速度要求极高的程序，如搜索引擎等，这种情况下，当然还是建议用 C 语言去实现的。

（2）源代码不能加密。

Python 是解释型语言，其源码是以明文方式存放的。不像编译型语言的源程序会被编译成目标程序，Python 直接运行源程序，因此对源代码加密比较困难。

2.1.3　Python 的下载、安装与使用

1．Python 2.x 和 Python 3.x

众所周知，Python 官方网站同时发行 Python 2.x 和 Python 3.x 两个不同系列的版本，并且相互之间不兼容。这两个系列的版本除了输入/输出方式不同，许多内置函数的实现和使用方式也有较大的区别，Python 3.x 在增加了许多新标准库的同时，也对 Python 2.x 的标准库进行了一定程度的重新拆分和整合。

Python 2.x 是 Python 的早期版本，2010 年推出的 Python 2.7 被确定为最后一个 Python 2.x 版本。从 2020 年元旦开始，Python 软件基金不会再为 Python 2.x 提供任何支持。

Python 3.x 是现在和未来主流的版本，相对于 Python 的早期版本，Python 3.0 在设计的时候没有考虑向下兼容，许多早期 Python 版本设计的程序都无法在 Python 3.0 上正常执行。总体来看，Python 3.x 的设计理念更加合理、高效和人性化，全面普及和应用是必然的，越来越多的扩展库也以非常快的速度推出了与最新 Python 版本相适应的版本。

2．下载 Python 的安装程序

Python 最新源代码、二进制文档、新闻信息等可以在 Python 官方网站查到。用户可以根据所使用的操作系统，选择适合不同操作系统、不同版本的安装文件。

下载运行在 64 位 Windows 系统的 Python 3.7.6 的步骤如下。

（1）打开 Python 官方网站，选择下载栏目，单击相应版本下载链接，如图 2-3 所示。

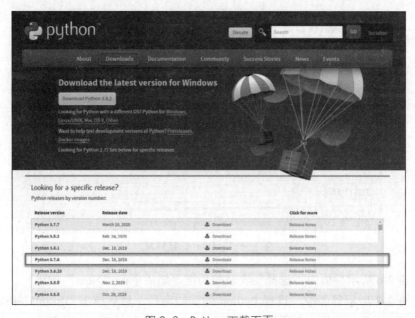

图 2-3　Python 下载页面

（2）在下载文件列表中，选择适合 64 位 Windows 系统的可执行安装程序，如图 2-4 所示。单击链接，即可下载相应安装程序。

Files

Version	Operating System	Description	MD5 Sum	File Size	GPG
Gzipped source tarball	Source release		3ef90f064506dd85b4b4ab87a7a83d44	23148187	SIG
XZ compressed source tarball	Source release		c08fbee72ad5c2c95b0f4e44bf6fd72c	17246360	SIG
macOS 64-bit/32-bit installer	Mac OS X	for Mac OS X 10.6 and later	0dfc4cdd9404cf0f5274d063eca4ea71	35057307	SIG
macOS 64-bit installer	Mac OS X	for OS X 10.9 and later	57915a926caa15f03ddd638ce714dd3b	28235421	SIG
Windows help file	Windows		8b915434050b29f9124eb93e3e97605b	8158109	SIG
Windows x86-64 embeddable zip file	Windows	for AMD64/EM64T/x64	5f84f4f62a28d3003679dc693328f8fd	7503251	SIG
Windows x86-64 executable installer	Windows	for AMD64/EM64T/x64	cc31a9a497a4ec8a5190edecc5cdd303	26802312	SIG
Windows x86-64 web-based installer	Windows	for AMD64/EM64T/x64	f9c11893329743d77801a7f49612ed87	1363000	SIG
Windows x86 embeddable zip file	Windows		accb8a137871ec632f581943c39cb566	6747070	SIG
Windows x86 executable installer	Windows		9e73a1b27bb894f87fdce430ef88b3d5	25792544	SIG
Windows x86 web-based installer	Windows		c7f474381b7a8b90b6f07116d4d725f0	1324840	SIG

图 2-4　选择下载的文件

3．安装 Python

下面以在 64 位 Windows 10 操作系统上安装 Python 3.7.6 版本为例，简要介绍 Python 开发环境的安装过程，步骤如下。

（1）双击安装程序 Python-3.7.6-amd64.exe，运行安装程序。在出现的安装界面（见图 2-5）中，确定选中"Add Python 3.7 to Path"复选框。然后单击"Customize installation"，选择自定义安装。

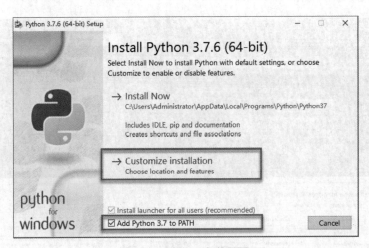

图 2-5　Python 安装界面

（2）在图 2-6 所示界面中，选择要安装的功能，然后单击"Next"按钮。

（3）在图 2-7 所示界面中，设置 Python 的安装路径，然后单击"Install"按钮，开始安装进程。安装成功后，在图 2-8 所示界面中，单击"Close"按钮，结束安装。

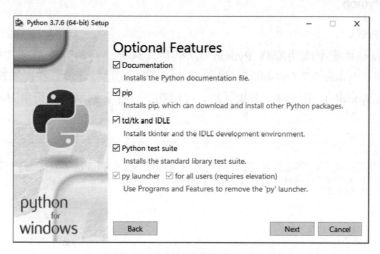

图 2-6　Python 可安装的功能选项

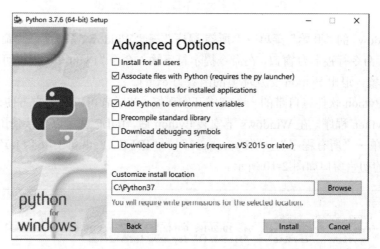

图 2-7　设置 Python 安装路径

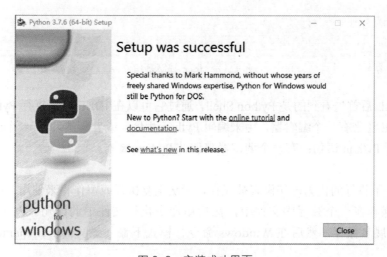

图 2-8　安装成功界面

4．使用 Python

（1）交互方式。

在 Windows 系统上成功安装 Python 3.7.6 后，选择"开始"菜单→"所有程序"→"Python3.7"→"Python 3.7（64-bit）"，进入 Python 交互式运行环境。在提示符">>>"下输入：print("Hello World!")，按 Enter 键执行后，可以在下一行看到输出字符串 Hello World!，如图 2-9 所示。

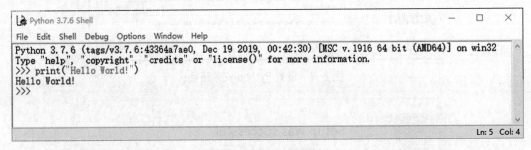

图 2-9　交互方式下输出 Hello World!

选择 Windows 的"开始"菜单→"所有程序"→"Windows 系统"→"命令行提示符"，进入 Windows 命令行控制台窗口，在命令提示符下输入命令"Python"，同样可以进入 Python 交互式运行环境。退出 Python 交互环境的函数为 exit()。

IDLE 是 Python 软件包自带的一个集成开发环境，初学者可以利用它方便地创建、运行、测试和调试 Python 程序。在 Windows 下安装 Python 后，IDLE 就可以直接使用，操作为：选择"开始"菜单→"所有程序"→"Python 3.7"→"IDLE（Python 3.7 64-bit）"，启动 IDLE。IDLE 启动后的初始窗口如图 2-10 所示。

图 2-10　IDLE 初始窗口

启动 IDLE 后首先看到的是 Python Shell，通过它可以在 IDLE 内部执行 Python 命令。除此之外，IDLE 还带有一个编辑器，用来编辑 Python 程序（或者脚本）；有一个交互式解释器用来解释执行 Python 语句；有一个调试器来调试 Python 脚本。

（2）代码文件方式。

交互方式下执行的代码语句没有被保存，无法重复执行或留作将来使用。可以将 Python 的程序代码保存在一个源程序文件中，然后用命令执行文件中的语句。Python 源代码文件以.py 为扩展名保存，然后在 Windows 命令行模式下输入"python filename.py"命令执行操作。

　　用户也可以使用 IDLE 集成开发工具编写源代码，然后在集成开发工具中运行、调试源程序，从而得到运行结果。

　　【例 2.1】使用 IDLE 集成开发工具，创建源程序文件 T2.1.py，实现打印输出 "Hello World! ""Hello Python! "。

　　（1）启动 IDLE，选择 "File" → "NewFile" 命令，打开一个新的文档窗口。

　　（2）在新打开的文档窗口输入源程序代码，如图 2-11 所示。

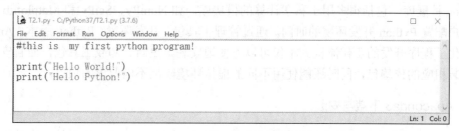

图 2-11　【例 2.1】的源代码

　　（3）选择 "File" → "Save" 命令，以 "T2.1.py" 为文件名保存。

　　（4）选择 "Run" → "Run Module" 命令运行程序，得到如图 2-12 所示的运行结果。

图 2-12　【例 2.1】的运行结果

5．Python 脚本语言书写规范

　　使用任何一种语言编写程序时都要有一定的规范，使用 Python 编写程序时，应该注意以下书写规范。

　　（1）Python 使用缩进来界定不同层次、级别的语句，同一级别的语句必须严格使用相同的缩进，否则解释器会报错。一般可以使用制表符或者空格键来进行缩进，但是不能同时使用制表符和空格来进行缩进，同时，由于不同编辑器的制表符大小可能不一致，所以通常建议统一使用四个空格符来进行一次缩进。

　　（2）如果要对语句进行解释，可使用 "#"，但 "#" 后面只允许单行文字解释，如果需要多行解释，则可以使用三个单引号括住文字首尾。

　　（3）通常一条语句写在一行，如果语句过长，可以在行末使用反斜线（\）将后面内容写到下一行。

　　（4）如果要将多条语句写在同一行，可以使用分号（;）隔开。

　　（5）一般代码块或者函数没有明显的开始标志和结束标志，通常使用冒号（:）和代码自身缩进来区分。其中冒号（:）可以将代码的头部和主体分开。

2.1.4　Anaconda 开发环境的安装和使用

Python 的集成开发环境能够帮助使用者提高开发效率、加快开发的速度。除了 Python 官网提供的 IDLE 开发环境，还有 PyCharm、Eclipse+PyDev、Eric、WinIDE 等。

Anaconda 是一个方便的 Python 包管理和环境管理软件，一般用来配置不同的项目环境。其包含了 Anaconda、Python 等 180 多个科学包及其依赖项。Anaconda 本身集成了大量常用的 Python 扩展库，包括很多用于科学计算的模块库，如 NumPy、SciPy 和 Matplotlib 等，节约了用户配置 Python 开发环境的时间。通过管理工具包、开发环境、Python 版本，Anaconda 大大简化了程序开发的工作流程。不仅可以方便地安装、更新、卸载工具包，而且安装时能自动安装相应的依赖包，同时还能使用不同的虚拟环境隔离不同要求的项目。

1．Anaconda3 下载与安装

Anaconda 的官方网站提供了运行在 Windows、Linux 和 macOS X 系统，支持不同版本 Python 的安装程序。国内用户也可以到清华大学 tuna 镜像站下载安装包。

双击 Anaconda3 的安装文件，启动安装程序。安装过程中推荐选择"Install For: 'Just Me（recommended）'"（见图 2-13）；可以设置 Anaconda3 的安装目录（目标路径不能包含空格，也不能是"Unicode"编码），如图 2-14 所示。在"Advanced Installation Options"中不要勾选"Add Anaconda to my PATH environment variable"，因为如果勾选，将会影响其他程序的使用，除非打算使用多个版本的 Anaconda 或者多个版本的 Python，否则便勾选"Register Anaconda as my default Python 3.7"，如图 2-15 所示。

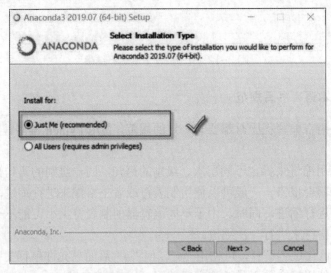

图 2-13　Anaconda3 安装

安装好 Anaconda3 后，在开始菜单里可以找到该程序。

2．Anaconda3 组件介绍

安装 Anaconda3 之后在开始菜单里可以看到 Anaconda Navigator、Spyder、Anaconda

Prompt、Jupyter Notebook 几个组件，下面分别简单介绍一下。

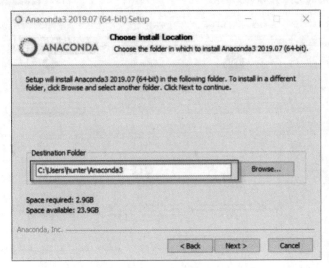

图 2-14　设置 Anaconda3 安装目录

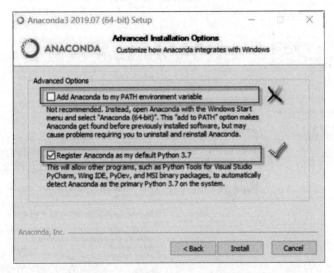

图 2-15　设置 Anaconda3 的安装选项

（1）Anaconda Navigator (Anaconda3)。

Navigator 是 Anaconda 用于管理工具包和环境的可视化的管理界面，如图 2-16 所示。Navigator Home 可以看到有一些应用工具（Application），有些是 Lauch 状态，代表已经安装，可以直接单击打开使用；有些是 Install 状态，可以单击安装后使用。选择"File"→"Quit"命令，可以退出 Navigator。

（2）Spyder (Anaconda3)。

Spyder 就是 Anaconda 中 Python 的 IDE，可以通过"开始"菜单→"Anaconda3-64bit"→"Spyder (Anaconda3)"打开，也可以通过 Navigator 打开。图 2-17 所示是一个简单的"Hello world"的示例及运行结果。选择"File"→"Quit"命令，可以退出 Spyder。

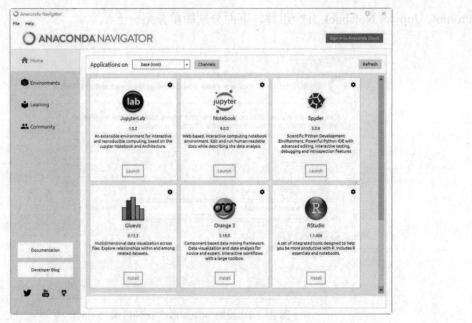

图 2-16　Anaconda Navigator 界面

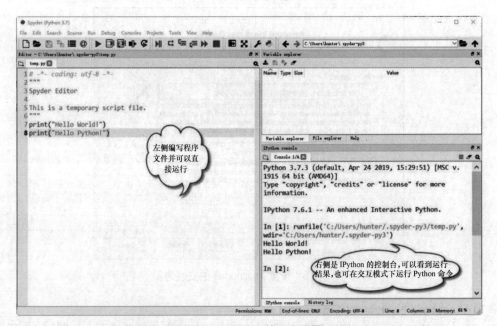

图 2-17　Spyder 的用户界面

（3）Jupyter Notebook (Anaconda3)。

Jupyter Notebook 是基于 Web 的交互式计算环境，可以编辑易于人们阅读的文档，用于展示数据分析的过程。Jupyter Notebook 是一个非常强大的工具，可以将代码和它的输出集成到一个文档中，并且结合了可视的叙述性文本、数学方程和其他丰富的媒体。其直观的工作流促进了迭代和快速的开发，使得 Notebook 在当代数据科学、分析和科学研究中越来越受欢迎。

启动 Jupyter Notebook 后，在右上角单击"New"，然后选择"Python3"（见图 2-18）进入交互开发环境，在单元格内输入代码块后单击运行按钮即可运行并得到结果（见图 2-19）。

图 2-18　Jupyter Notebook 启动界面

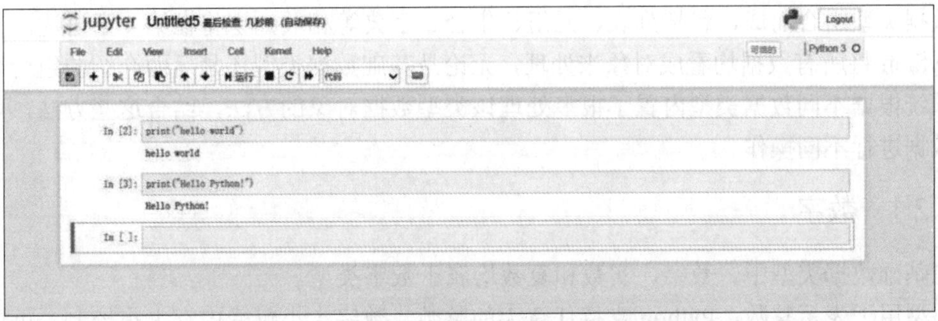

图 2-19　Jupyter Notebook 的交互式编程界面

（4）Anaconda Prompt (Anaconda3)。

Anaconda 有两种管理方式，Navigator 是可视化界面模式，那么与之对应的就是命令行模式。Anaconda Prompt 是一个 Anaconda 的终端（Anaconda 管理器），可以便捷地操作 Anaconda 环境，如图 2-20 所示。

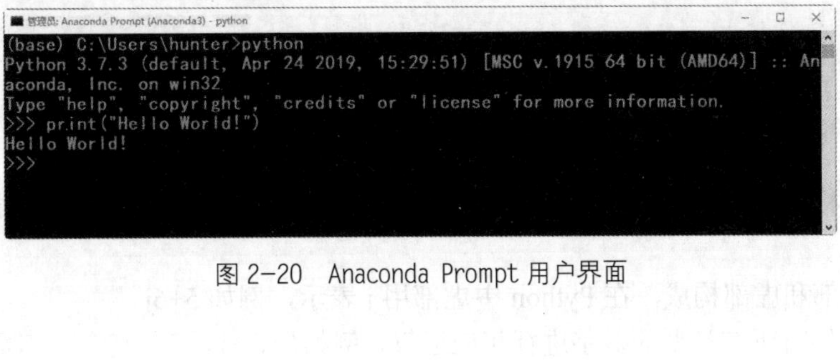

图 2-20　Anaconda Prompt 用户界面

2.2　基础数据类型

从计算机的角度来讲，所谓数据，是指能被计算机存储和处理的、反映客观实体信息的物理符号。数字、文字（又称符号）、表格、图形等都被称为数据。多媒体技术出现后，计算机能存储和处理的信息类型越来越广泛，如声音、图像、动画等也被纳入数据的范畴。

通常计算机程序设计语言将数据按其性质进行分类，每一类称为一种数据类型（Data Type）。Python 常用的基础数据类型有：布尔型（Boolean）、字符串（String）、整数型（Integer）、浮点型（Float）、复数（Complex）等，表 2-1 列出了这几种基础数据类型。

表 2-1 基础数据类型

数据类型	关键字	说明
布尔型（Boolean）	bool	值为 True 或 False，用于循环或判断
字符串（String）	str	表示字符或字符串，例如 "hello world"
整数型（Integer）	int	表示整数，例如 3、8
浮点型（Float）	float	表示带小数点的数字，例如 15.6
复数（Complex）	complex	表示复数，例如 2+3j

另外，除了这些基础数据类型之外，Python 还支持多种组合类型数据，这些数据通常由基本数据类型组合而成，包括列表、元组、集合、字典等相关知识将在第 4 章讲述。

Python 将所有数据均看成对象来处理，无论是基础数据类型还是后面介绍的组合数据类型，系统根据不同数据类型内置了很多处理该类型数据对象的方法，结合这些方法，可以对各类数据进行不同操作。

2.2.1 数字

在基础数据类型中，数字、实数和复数均属于数字类型。

整型用于表示整数，Python 支持任意大的整数，数字大小仅受内存大小控制。可以使用二进制、八进制、十进制以及十六进制表示。其中十进制直接表示，二进制则必须以 0b 开头，八进制以 0o 开头，十六进制以 0x 开头。例如：

```
>>> 123                    #十进制
123
>>> 0b123                  #二进制，无效数据
SyntaxError: invalid syntax
>>> 0b101010               #二进制
42
>>> 0o123                  #八进制
83
>>> 0x123                  #十六进制
291
```

浮点型也称为实型，用于表示小数。浮点数可以直接表示，也可以使用科学计数法表示，例如：5.2e12。

复数由实部和虚部构成，在 Python 中虚部用 j 表示，例如 5+6j。

Python 支持对所有类型的数字进行相应运算，例如加、减、乘、除等。但需要注意的是，由于精度问题，实数之间的运算可能会有一定的误差，应避免在实数之间直接进行相等测试，而应该以两个实数之间的差值是否足够小作为判断依据。

同时，为方便辨认，Python 支持在单个数字之间使用下画线"_"隔开每一个数字，其作用类似于千分位分隔符。例如：

```
>>> 12_345_000          #使用下画线方便辨认
12345000
```

2.2.2　字符串

字符串由若干字符构成，Python 可以使用单引号、双引号、三双引号以及三单引号作为界定符表示字符串，例如'hello'、"hello"、'''hello'''均表示字符串"hello"。但是，单引号和双引号不能表示多行字符串，如果需要表示多行字符串，可以使用三单引号，例如：

```
>>> '''BEI JING 2008
CHINA
WORLD'''                #多行字符串的表示
'BEI JING 2008\nCHINA\nWORLD'
>>>
```

同时，在字符串中可以使用一些转义字符，转义字符是在某字符前添加 "\"，该字符将被解释为另一种含义。常用转义字符如表 2-2 所示。

表 2-2　　　　　　　　　　　　　常用转义字符

转义字符	含义	转义字符	含义
\b	退格标志	\\	代表\自身
\f	换页符	\'	代表单引号自身
\n	换行符	\"	代表双引号自身
\t	水平制表符	\v	垂直制表符
\r	回车符		

```
>>> print( 'Jack said \"I\'m jack\".')     #输出字符串，使用\代表普通字符，而不是界定符
Jack said "I'm jack".
>>> print('abc\tefg')                       #输出字符串，\t 代表一个制表位的位置
abc efg
```

1．字符串的引用与切片

从处理方法看，Python 将字符串看成与列表、原组、字典等一样的可迭代的序列，可以对字符串中的字符进行单个引用或多个引用（切片）。

要引用字符串中的字符，需要了解 Python 中序列的索引，通常序列都支持双向索引。以字符串 "Python" 为例，如图 2-21 所示，自左向右第一个元素下标为 0，第二个元素下标为 1，以此类推；自右向左第一个元素下标为−1，第二个元素下标为−2，以此类推。

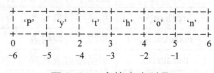

图 2-21　字符串索引号

通过索引可以便捷地实现字符的引用以及字符串的切片。例如：

```
>>> s="Python"          #定义一字符串变量 s
>>> s[1]                #s[i]引用索引为 i 的字符
'y'
>>> s[-1]
'n'
>>> s[2:4]              #s[i:j]引用第 i 到第 j 个字符
'th'
```

```
>>> s[-4:]                    #引用索引第 i 至结尾的字符
'thon'
>>> s[:4]                     #引用索引从头至 i 的字符
'Pyth'
>>>
```

2．字符串常用操作

Python 为字符串对象提供了大量的方法来对字符串进行操作，通常使用方法的方式为：对象名.方法名（参数）

这些方法通常不改变字符串本身，只是返回对字符串操作的结果。表 2-3 列出了对字符串操作的常用方法。

表 2-3　　　　　　　　　　　　　　对字符串操作的常用方法

方法	作用
capitalize()	将字符串首字母大写
lower()	将字符串改为小写
upper()	将字符串改为大写
swapcase()	将字符串大小写互换
title()	将字符串每个单词首字母大写
rind()	返回一个字符串在某字符串中首次出现的位置，如不存在返回-1
index()	返回一个字符串在某字符串中首次出现的位置，如不存在返回异常
rfind()	返回一个字符串在某字符串中最后一次出现的位置，如不存在返回-1
rindex()	返回一个字符串在某字符串中最后一次出现的位置，如不存在返回异常
count()	返回一个字符串在某字符串中首次出现的次数，如不存在返回 0
split()	返回一个以指定字符为分隔符，将某字符串从左开始分隔后的列表对象
rsplit()	返回一个以指定字符为分隔符，将某字符串从右开始分隔后的列表对象
join()	将列表中多个字符串进行连接。返回一个新字符串
strip()	删除字符串两端空格
rstrip()	删除字符串右端空格
lstrip()	删除字符串左端空格
replace()	用某字符串替换字符串中指定字符或字符串
maketrans()	生成字符映射表
translate()	根据映射表转换字符串
startwith()	判断字符串是否以指定字符串开始
endswith()	判断字符串是否以指定字符串结束
isalnum()	判断字符串是否是数字或字母
isalpha()	判断字符串是不是字母
isdigit()	判断字符串是不是数字字符
isdecimal()	判断字符串是不是数值
isnumeric()	判断字符串是不是数字，包括汉字数字或罗马数字
isspace()	判断字符串是不空白字符

方法	作用
isupper()	判断字符串是否大写
islower()	判断字符串是否小写
center()	返回指定宽度并将字符串居中
ljust()	返回指定宽度并将字符左对齐
rjust()	返回指定宽度并将字符右对齐
zfill()	返回指定宽度、左侧以 0 填充

现对部分方法举列，代码如下。

```
>>> s="hello,world"              #定义字符串
>>> s.find("o")                  #查找字符"o"第一次出现的位置
4
>>> s.find("o",5)               #从第 5 个字符开始查找字符"o"在字符串第一次出现的位置
7
>>> s.find("o",1,3)             #在第 1~3 个字符中查找字符串"o",没找到返回-1
-1
>>> s.index("o")                #在第 1~3 个字符中查找字符串"o",没找到返回异常
4
>>> s.index("o",1,3)
Traceback (most recent call last):
  File "<pyshell#18>", line 1, in <module>
    sindex("o",1,3)
NameError: name 'sindex' is not defined
>>> s.count("o")                #统计字符"o"出现的次数
2
>>>s.split(",")                 #返回以","分隔的字符串构成的列表
['hello', 'world']
>>> s.isalnum()                 #因为字符串有",",返回 False
False
>>> s="helloworld"             #全是字母数字,返回 True
>>> s.isalnum()
True
```

2.3　常量与变量

在 Python 程序中，没有经过赋值，直接使用的确定的数据都是常量，常量意味着其值是固定的，不能改变；相反，在程序设计中，通常使用变量来存储可以改变的值，所以变量可以存储一些临时结果。

与其他如 VB、C++等程序设计语言不同，Python 采取的是一种动态赋值的方式，也就是说程序员是不需要预先声明变量及其类型的，而是通过对变量进行赋值创建变量的，系统会根据所赋的值自动判断变量的数据类型。这就意味着变量不但可以随时改变值，也可以随时改变类型。例如：

```
>>> a=123                    #定义变量 a 并赋值
>>> type(a)                  #使用内置函数 type()查看变量的数据类型
```

```
<class 'int'>
>>> a="abcd"
>>> type(a)
<class 'str'>
>>>
```

在赋值的时候，除了对单变量赋值，也可以对双变量或者多变量赋值。例如：

```
>>>a=b=c=5          #相当于三个变量均等于5
>>>a,b=5,6          #相当于a=5;b=6
```

另外，Python 对变量进行赋值是基于值的内存管理模式，也就是说变量本身并不直接存储变量的值，而是存储值的内存地址，系统通过该内存地址找到变量的值。所以，如果两个变量的值一样，它们的值的内存地址也是一样的。例如：

```
>>> a=10
>>> id(a)                    #查找变量 a 的值的内存地址
140733020230976
>>> b=a
>>> id(b)
140733020230976             #经过赋值，a 和 b 的值的内存地址是一样的
>>> a=11
>>> id(a)
140733020231008             #重新赋值后，a 的值的内存地址变了
>>> id(b)
140733020230976             #b 没有再次赋值，b 的值的内存地址没有变
>>>b=11
>>> id(b)
140733020231008             #b 重新赋予与 a 相等的值后，b 的内存地址也和 a 一样了
>>>
```

要删除变量可使用命令"del 变量名"实现，例如：

```
>>> a=123
>>> print(a)
123
>>> del a
>>> print(a)                 #因为变量被删除，所以显示未被定义
Traceback (most recent call last):
  File "<pyshell#38>", line 1, in <module>
    print(a)
NameError: name 'a' is not defined
>>>
```

在给变量命名时，要注意以下 4 点变量命名的要求。

（1）变量名只能是字母、数字、下画线。

（2）变量名只能以字母或下画线开头，其中以下画线开头的变量具有特殊含义，仅在特殊场合使用。

（3）变量名不能和系统保留的关键字相同，比如 while、string 等。

（4）变量名是区分大小写的。

2.4 运算符与表达式

在 Python 中经常使用的运算符包括算术运算符、关系运算符、逻辑运算符、位运算符、

成员和身份运算符及赋值运算符等。

通过各种运算符、常量或变量连接在一起的式子称为表达式。

2.4.1　算术运算符

算术运算符有：+、−、*、/、//、%、**，具体含义如表 2-4 所示。

表 2-4　　　　　　　　　　　　　　算术运算符

运算符	功能	例子	结果
+	两个数相加	5+10	15
−	两个数相减	10−5	5
*	两个数相乘	3*5	15
/	用一个数除以另一个数	10/4	2.5
//	两个数相除取整	10//4	2
%	求模运算，返回相除的余数	21%2	1
**	求幂运算	2**3	8

在这些运算符中，运算符"+"和"*"均可用于字符串操作。运算符"+"用于将两个字符串连接成新的字符串；运算符"*"用于字符串的重复。例如：

```
>>> s1="你好，中国！"
>>> s2="我爱中国"
>>> s1+s2
'你好，中国！我爱中国'
>>> s1*3
'你好，中国！你好，中国！你好，中国！'
>>>
```

2.4.2　关系运算符

关系运算也称比较运算，它表示不等式的真或假，主要用于数值、日期等数值之间的比较。常用的比较操作符有：大于（>）、小于（<）、大于等于（>=）、小于等于（<=）、等于（==）或不等于（!=）。具体含义如表 2-5 所示。

表 2-5　　　　　　　　　　　　　　关系运算符

运算符	功能	例子	结果
<	小于	1<2 3<2	True False
<=	小于等于	2<=2 3<=2	True False
==	等于	2=2 3=2	True False
>=	大于等于	3>=2 2>=3	True False
>	大于	3>2 2>3	True False
!=	不等于	3!=2 2!=2	True False

2.4.3 逻辑运算符

逻辑运算符主要用于某些条件判断，包括逻辑与（and）、逻辑或（or）以及逻辑非（not）。具体含义如表 2-6 所示。

and 是逻辑与，and 两端的条件均为真时，运算结果才为真。

or 是逻辑或，or 两端的条件只要有一个条件为真，结果即为真。

not 是逻辑非，not 后边的条件为真，结果为假，反之，not 后面的条件为假，结果为真。

表 2-6   逻辑运算符

运算符	功能	例子	结果
and	逻辑与	True and True True and False False and False	True False False
or	逻辑或	True or True True or False False or False	True True False
not	逻辑非	not True not False	False True

2.4.4 位运算符

位运算符将数字转换为二进制后按位进行运算，最后将结果再次转换为十进制数字返回。位运算符有左移运算符（<<）、右移位运算符（>>）、按位与运算符（&）、按位或运算符（|）以及按位取反运算符（~）。具体含义如表 2-7 所示。

表 2-7   位运算符

运算符	功能	例子	结果
<<	将数的所有二进制左移一位，右侧空出的以 0 补齐	2<<1 2<<2	4 (10→100，左移一位) 8 (10→1000，左移两位)
>>	将数的所有二进制右移一位，左侧空出的位以 0 补齐	8>>1 8>>2	4 (1000→100，右移一位) 2 (1000→10，右移两位)
&	按位进行与的操作，相当于 and	3&4	0 (11 and 100 低位对齐按位与)
|	按位进行或的操作，相当于 or	3|4	7 (11 or 100 低位对齐按位或)
~	按位取反，最终结果为-(x+1)	~4	–5

2.4.5 成员和身份运算符

成员运算符有 in 和 not in，主要用于判断某个对象是否属于另一个对象的元素；身份运算符有 is 和 is not，主要用于判断两个对象是不是同一个，即它们的值是否存储于同一内存单元中。具体含义如表 2-8 所示。

表 2-8   成员和身份运算符

运算符	功能	例子	结果
in	在指定对象中寻找指定的值,找到返回 True,否则返回 False	"b" in "abcd"	True
not in	与 in 作用相反	"c" not in "abcd"	False
is	判断两个变量是否一样,是则返回 True,否则返回 False	a=2 b=2 a is b	True
is not	与 is 作用相反	a=2 b=2 a is not b	False

2.4.6 赋值运算符

通常在编程过程中,我们使用等号(=)进行赋值,Python 允许等号(=)与其他算术运算符组合生成复合赋值运算符,通常包括+=、–=、*=、/=、//=、%=、**=等。具体含义如表 2-9 所示。

表 2-9   赋值运算符

运算符	功能	例子	结果
+=	加法赋值	a+=b	等价于 a=a+b
–=	减法赋值	a–=b	等价于 a=a–b
*=	乘法赋值	a*=b	等价于 a=a*b
/=	除法赋值	a/=b	等价于 a=a/b
//=	整除赋值	a//=b	等价于 a=a//b
%=	求模赋值	a%=b	等价于 a=a%b
**=	求幂赋值	a**=b	等价于 a=a**b

在一个表达式中,如果同时使用了多种运算符,则这些运算符是有优先级的,大致的优先级如下。

算术运算符>位运算符>关系运算符>赋值运算符>成员和身份运算符>逻辑运算符。

由于运算符众多,一般还是建议使用括号()来界定运算优先顺序,这样既可以避免不必要的判断,还可以使程序更加清晰。

2.5 常用 Python 内置函数

内置函数是 Python 核心模块内置的对象之一,它将一些编程过程中常用的函数封装在对象__builtins__中,不需要导入就能直接引用。使用内置函数 dir()可以查看所有内置函数。该语法如下。

```
>>> dir(__builtins__)
```

如果需要查看某个内置函数或对象的具体用法,可以使用 help(对象名)查看。例如:

```
>>> help(sqrt)
Help on built-in function sqrt in module math:
```

```
sqrt(x, /)
Return the square root of x.
>>>
```

内置函数通常包含三个要素：函数名、参数、返回值。

内置函数的使用格式如下。

函数名（参数列表）

说明：

- 参数列表表示用逗号隔开的值或表达式，不同函数的参数个数不同，有些函数没有参数。

- 一般函数都有一个返回值，即函数的运算结果。通常函数返回值的类型是固定的，并且在调用时赋值给一个变量。

内置函数由于不需要额外导入，所以运行速度相对较快。本书将对一些常用的内置函数进行介绍。

2.5.1 基本输入/输出函数

输入函数 input()和输出函数 print()是编程过程中使用最频繁的几个函数之一。输入函数主要接收用户的键盘输入，输出函数则将一些数据或结果以指定格式输出到终端。

1．input()函数

功能：接收来自键盘的输入

格式：input([promt])。

input()函数将所有键盘输入均存储为字符串类型数据，可以使用转换函数将键盘输入自行转换成其他类型。同时，提示符 promt 可选。

示例如下。

```
>>> a=input()                    #无提示符输入语句
12
>>> type(a)                      #显示变量 a 的类型
<class 'str'>
>>> b=input("请输入姓名: ")      #有提示符输入语句
请输入姓名：张三
>>> type(b)
<class 'str'>
```

2．print()函数

功能：将指定对象以指定格式输出到终端。

格式：print(*values, sep=' ', end='\n', file=sys.stdout, flush=False)。

说明：

- 参数*values：指定输出的对象，如多个对象同时输出，则以逗号隔开。

- 参数 sep=' '：指定当输出多个对象时，各个值之间的分隔方式，不设置时默认为空格，也可以自定义，例如：

```
>>> print("abc","def")              #分隔符默认为空格
abc def
>>> print("北京","2008",sep="**")        #自定义分隔符
北京**2008
>>> print("北京","2008",sep="\n")
北京
2008
>>>
```

- 参数 end='\n'：指定输出后的结束符，不设置时默认为换行符，也可以自己定义，如占位符'\t'、空格' '等。
- 参数 file=sys.stdout：指定输出设备，不设置时默认为显示终端，后期可结合文件操作将结果输出到某个文件中。
- 参数 flush=False：指定输出是否刷新，不设置时默认为 False，不刷新，值为 True 时刷新。

除此之外，print()函数亦具有 C 语言 printf 语句类似的格式化输出功能。这就需要用到标记转换说明符%，可在%后添加相应符号指定一些输出格式。其输入方式如下。

%[转换标志][最小字段宽度].[精度值][转换类型字符]

说明：

- 转换标志：–表示左对齐；+表示在转换值之前要加上正负号；"（空白字符）表示正数之前保留空格；0 表示转换值若位数不够则用 0 填充。
- 最小字段宽度：转换后的字符串至少应该具有该值指定的长度。如果是*，则长度会从元组中读出。
- 精度值：如果转换的是实数，精度值就表示出现在小数点后的位数。如果转换的是字符串，那么该数字就表示最大字段宽度。如果是*，那么精度将从元组中读出。
- 转换类型字符：规定相关对象强制转换显示格式，具体如表 2-10 所示。

表 2-10 转换类型字符

转换类型	含义
d,i	带符号的十进制整数
o	不带符号的八进制
u	不带符号的十进制
x	不带符号的十六进制（小写）
X	不带符号的十六进制（大写）
e	科学计数法表示的浮点数（小写）
E	科学计数法表示的浮点数（大写）
f,F	十进制浮点数
g	如果指数大于–4 或者小于精度值则和 e 相同，其他情况和 f 相同
G	如果指数大于–4 或者小于精度值则和 E 相同，其他情况和 F 相同
C	单字符（接受整数或者单字符字符串）
r	字符串（使用 repr()转换任意 Python 对象)
s	字符串（使用 str()转换任意 Python 对象）

其用法和 C 语言的 printf 类似，示例如下。

```
>>> a="北京"                                    #a 为字符串
>>> b=2008                                      #b 为整型
>>> print("%s 年举办奥运会的地点是%s"%(b,a))    #将变量 b 转换为字符串形式显示

2008 年举办奥运会的地点是北京

>>> c=10/3
>>> print('%6.4f' % c)                          #显示宽度为 6 个字符，精确到 4 位小数

3.3333
>>> print('%011.4f' % c)                        #显示宽度 11 个字符，精确到 4 位小数，左侧用 0 填充

000003.3333
>>>
```

2.5.2　常用转换函数

转换函数可以实现各种对象类型的相互转换。常用转换函数如表 2-11 所示。

表 2-11　　　　　　　　　　　　　　　　常用转换函数

函数	功能	举例	结果
int(x)	返回各种类型数字的整数部分，或者将数字构成的字符串转换为整数返回	int(10.5) int("123")	10 123
float(x)	把整数或字符串转换为浮点数并返回	float(123)	123.0
bin(x)	把整数 x 转换为二进制	bin(16)	1111
hex(x)	把整数 x 转换为十六进制	hex(16)	F
oct(x)	把整数 x 转换为八进制	oct(16)	20
str(obj)	将对象直接转换为字符串	str(123)	"123"

2.5.3　常用数学函数

因为 Python 将大部分数学函数置于标准库 math 中，所以内置函数中，常用数学函数并不多，主要包括 abs()、round()、max()、min()、sum()等 5 个函数。

1．abs()函数。

功能：返回变量 x 的绝对值或复数 x 的模。

格式：abs(x)。

例如：abs(-5.6)返回 5.6。

2．round()函数

功能：对 x 进行四舍五入，如果不指定小数位数，则返回整数。

格式：round(x[,小数位数])。

例如：round(-5.6)返回-6。

3. max()与 min()函数

功能：分别返回给定对象的最大值或者最小值。

格式：max(x, y, z, ……); min(x, y, z,……)。

参数中的给定对象，既可以是数字、字符串，也可以是列表、元组、字典等其他可迭代对象。还可以加入参数 key 设置比较大小的依据。示例如下。

```
>>> max("sabde")                        #对单个字符串中的字符取最大值
's'
>>> max(3,50,100,9)                      #多个对象求最大值
100
>>> max("abcd","def","efg")             #按默认方式求最大值
'efg'
>>> max("abcd","def","efg",key=len)     #按字符串长度求最大值
'abcd'
```

4. sum()函数

功能：计算指定序列的和。

格式：sum(iterable[, start])。

其中参数 iterable 为列表、元组等可迭代对象，start 则指定相加的初值，如未指定，则默认为 0。示例如下。

```
>>> sum((2, 3, 4), 1)                    # 计算元组中所有元素的和后再加 1
10
>>> sum([0,1,2,3,4], 2)                  # 计算列表中所有元素的和后再加 2
12
```

2.5.4 其他常用函数

1. list()和 tuple()函数

功能：将指定序列分别转换为列表和元组（列表和元组相关内容可参考第 4 章）。

格式：list（序列）；tuple（序列）。

示例如下。

```
>>> list("abcdef")                       #将字符串序列转化为列表
['a', 'b', 'c', 'd', 'e', 'f']
>>> list((1,2,3,4))                      #将元组转化为列表
[1, 2, 3, 4]
>>> tuple("abcdef")                      #将字符串序列转化为元组
('a', 'b', 'c', 'd', 'e', 'f')
```

需要注意的是，如果序列是一个已经赋值的变量，list()和 tuple()函数并不改变变量的数据类型。例如：

```
>>> s="abcdef"                           #对变量 s 赋值
>>> list(s)                              #生成列表
['a', 'b', 'c', 'd', 'e', 'f']
>>> s                                    #显示 s 仍是字符串
'abcdef'
```

2．type()函数

功能：返回对象数据类型。

格式：type(obj)。

例如：type("123")返回 str。

3．id()函数

功能：返回对象的内存地址。

格式：id(obj)。

4．range()函数

功能：按照指定方式创建一个整数等差序列。

格式：range(start, stop[, step])。

其中，参数 start 指定序列起始数字，stop 指定序列最大数字，step 指定步长，不指定步长默认为 1。示例如下。

```
>>> list(range(1,10,2))              #建立1~10的步长为2的等差序列并转换为列表
 [1, 3, 5, 7, 9]
```

range()函数经常用在循环编程中作为循环是否结束的判断标志。

5．sorted()函数

功能：对所有可迭代的对象进行排序操作。

格式：sorted(iterable, key=None, reverse=False)。

其中，第一个参数是必需的，参数 key 和 reverse 可根据需要设置，key 可以定义排序的依据，reverse 则定义升序或者降序，true 为降序，默认为升序。示例如下。

```
>>>a = [5,7,6,3,4,1,2,10]            #将列表赋予a
>>> b = sorted(a)
>>> a
[5, 7, 6, 3, 4, 1, 2,10]
>>> b
[1, 2, 3, 4, 5, 6, 7,10]
>>> sorted(a,key=str)                #将列表中的元素看成字符串来排序
 [1, 10, 2, 3, 4, 5, 6, 7]
```

从案例可以看出，sorted()函数并不改变变量本身，其只是按照指定方式返回排序的值。

以上是部分系统内置函数使用方法。事实上除了系统内置函数之外，我们还可以通过导入一些标准模块及第三方库，使用各种类型和各种功能的函数，相关知识将在第 5 章讲述。

思考与练习

1．简述 Python 语言有的优点和缺点。

2．简述解释型语言和编译型语言之间的区别。

3．登录 Python 官网，下载并安装最新版本 Python。利用 IDLE 创建 Python 程序，实现打印输出"I love Python!"。

4．找出下面代码中的错误。示例如下。

```
#Display two ,messages
print('welcome to Python')
    Print('Python is fun').
```

1. 在 Python 中用，下面程序输出结果是。Python 5.0... 实现

输出的是 'I love Python'。

4. 找出下面分析中的错误，并改正。

```
times = float(input ...
print ("welcome to python ...
```

第3章 程序流程控制结构

在程序设计过程中，通常会用到三种结构的程序流程来控制程序的走向，分别为顺序结构、分支结构和循环结构。

顺序结构是按顺序组织程序，只需先把处理过程的各个步骤详细列出，再把有关命令按照处理的逻辑顺序自上而下排列起来。

分支结构又称选择结构或条件结构，是根据条件执行不同的代码。

循环结构又称重复结构，是根据某个条件表达式为真而多次执行同一段代码，直到条件表达式为假。

图 3-1 所示是使用流程图表示的三种程序流程控制结构。

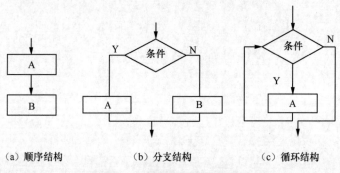

（a）顺序结构　　　　　（b）分支结构　　　　　（c）循环结构

图 3-1　三种程序流程控制结构

本章将主要讲述以上三种程序流程控制结构的实现。

3.1　顺序结构

顺序结构是按程序中命令编写的先后顺序依次执行的结构，即程序代码从左至右、自顶而下顺序运行。顺序结构是最简单、最基本的一种结构。使用顺序结构的语句主要有赋值语句、输入语句、输出语句等。

【例 3.1】根据提示输入某位同学的三门课程的成绩，求它们的平均分并输出。

示例如下。

```
name=input("请输入学生姓名：")
s1=float(input("请输入第一门课的成绩："))
```

```
s2=float(input("请输入第一门课的成绩: "))
s3=float(input("请输入第一门课的成绩: "))
aver=(s1+s2+s3)/3
print("%s 三门课的平均成绩为: %.2f"%(name,aver))  #格式化输出, 成绩保留小数点 2 位
```

程序运行结果如图 3-2 所示。

```
===================== RESTART: D:/Python基础程序/3-1.py ====================
请输入学生姓名:张三
请输入第一门课的成绩: 76.8
请输入第一门课的成绩: 85
请输入第一门课的成绩: 90
张三三门课的平均成绩为: 83.93
>>>
```

图 3-2　【例 3.1】的运行结果

【例 3.2】 输入圆的半径,计算圆的周长和面积并输出。

示例如下。

```
import math                            #导入标准库 math
radius = input("请输入圆的半径: ")
radius_float = float(radius)
circ = 2  * math.pi * radius_float
area = math.pi * radius_float ** 2
print("圆的周长为: ", circ)
print("圆的面积为: ", area)
```

程序运行结果如图 3-3 所示。

```
===================== RESTART: D:/Python基础程序/3-2.py =====================
请输入圆的半径: 25
圆的周长为:  157.07963267948966
圆的面积为:  1963.4954084936207
>>>
```

图 3-3　【例 3.2】的运行结果

3.2　分支结构

分支结构又称选择结构或条件结构,是根据条件表达式值的不同而选择执行不同的代码。一段程序在需要判断程序走向或者执行路径的时候需要使用分支结构。分支结构通常使用 if 语句来实现,有单分支结构、双分支结构和多分支结构等形式。

3.2.1　单分支结构

单分支结构流程图如图 3-4 所示。这是最简单的选择结构语句。其语句格式如下。

if 条件表达式:

　语句块

语句功能:当<表达式>的值为 True 或非零时,执行语句块中的代码后继续往下执行上一等级代码,否则跳出语句块直接执行上一等级代码。

说明:

- Python 通常认为非 0 值为 True, 0 为 False。

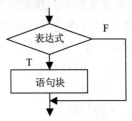

图 3-4　单分支结构流程图

- 表达式中关系运算符是可以连用的，例如 1<2<3 等价于 1<2 and 2<3，结果为 True。
- 由于该语句没有明确的结束标志，所以严格通过对齐来判断代码等级。

【例 3.3】输入变量 s 的值，输出其绝对值。

示例如下。

```
s=int(input("请输入任意一个整数: "))
if s<0:
        s=-s
print("该数的绝对值是: ",s)
```

程序运行结果如图 3-5 所示。

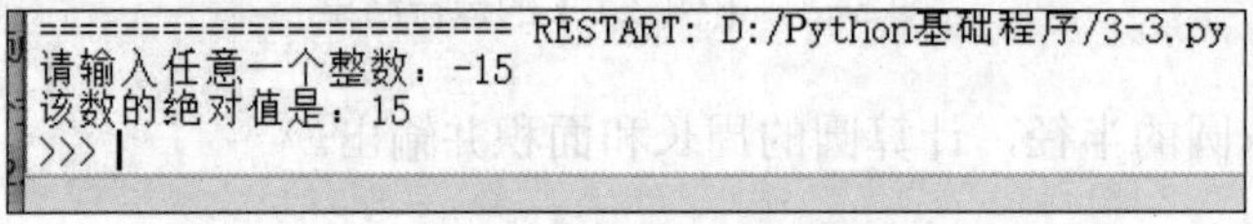

```
======================== RESTART: D:/Python基础程序/3-3.py
请输入任意一个整数: -15
该数的绝对值是: 15
>>>
```

图 3-5 【例 3.3】的运行结果

【例 3.4】通过键盘输入三个数，使用条件语句实现从大到小排序并输出。

示例如下。

```
num1 = int(input("请输入第一个数: "))
num2 = int(input("请输入第二个数: "))
num3 = int(input("请输入第三个数: "))
if num1<num2:
        num1, num2 = num2,num1          #两个变量值互换
if num1 < num3:
        num1,num3 = num3,num1
if num2<num3:
        num2,num3 = num3,num2

print("三个数从大到小为: " , num1,num2,num3)
```

程序运行结果如图 3-6 所示。

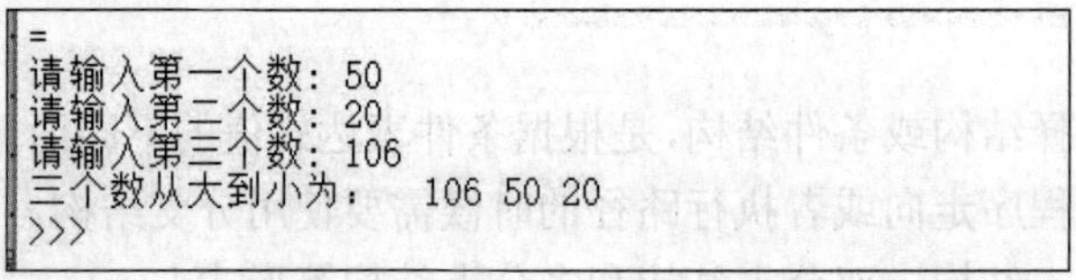

```
=
请输入第一个数: 50
请输入第二个数: 20
请输入第三个数: 106
三个数从大到小为:   106 50 20
>>>
```

图 3-6 【例 3.4】的运行结果

3.2.2 双分支结构

单分支结构只能对一种情况进行选择，双分支结构则能完成两种情况的选择。例如：if（如果）绿灯亮是真，车就可以通行，else（否则）车辆要等待行人通过。这种情况可以通过 if…else…语句来实现。

其语句格式如下。

if 条件表达式：

    <语句块 1>

else：

    <语句块 2>

双分支结构流程图如图 3-7 所示。

说明：

语句块 1 和语句块 2 严格通过缩进来表示。

【例 3.5】输入一个整数判断其奇偶性。

示例如下。

图 3-7 双分支结构流程图

```
num=int(input("请输入任意一个整数: "))
if num%2==0:
        print("%d 是偶数! "%num)          #格式化输出
else:
        print(str(num)+"是奇数")          #使用连接符号将两字符串连接在一起
```

程序运行结果如图 3-8 所示。

```
======================== RESTART: D:/Python基础程序/3-5.py =
请输入任意一个整数: 15
15是奇数
>>>
```

图 3-8 【例 3.5】程序运行结果

3.2.3 多分支结构

在编写程序过程中，当语句分支多于两个时，则需要使用多分支结构。

多分支结构语法格式如下。

if<表达式 1>：

　　<语句块 1>

elif<表达式 2>:

　　<语句块 2>

......

elif<表达式 *n*>:

　　<语句块 *n*>

else:

　　<语句块 *n*+1>

......

多分支结构流程图如图 3-9 所示。

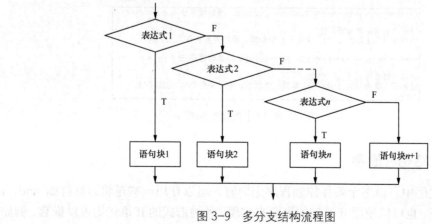

图 3-9 多分支结构流程图

说明：

- 执行时，先计算<表达式1>的值，若为真，则执行<语句块1>，并跳过其他分支语句执行<语句块n+1>后续的语句（根据缩进自动判断）；若为假，则计算<表达式2>的值，依此类推，直到找到一个为真的条件时，才执行相应的语句块，然后执行<语句块n+1>后续的语句（根据缩进自动判断）。
- 当 if 语句内有多个表达式的值为真时，只执行第一个为真的表达式后的语句块。
- else 语句并不是必需的。

【例 3.6】某商场为了促销，采取阶梯打折的优惠办法，每位顾客一次购物

- 1000 元以下，不打折。
- 1000 元以上，按 9 折优惠。
- 2000 元以上，按 8 折优惠。
- 4000 元以上，按 7.5 折优惠。
- 8000 元以上，按 6.5 折优惠。

编写程序，输入购物款金额 x，计算并输出优惠后的价格 y。

示例如下。

```
x=float(input("请输入顾客消费金额："))
if x>8000:
    y=x*0.65
    zk="65 折"
elif x>4000:
    y=x*0.75
    zk="75 折"
elif x>2000:
    y=x*0.85
    zk="85 折"
elif x>1000:
    y=x*0.9
    zk="90 折"
else:
    y=x
    zk="不打折"
print("该顾客消费金额为%.2f，享受%s 优惠，最终需要支付%.2f 元"%(x,zk,y))
```

程序运行结果如图 3-10 所示。

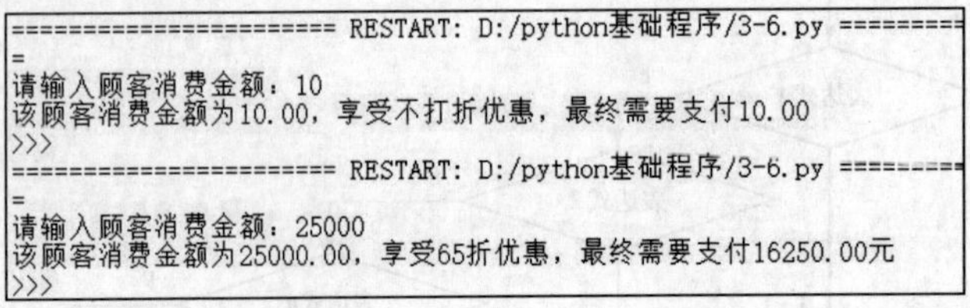

```
===================== RESTART: D:/python基础程序/3-6.py =========
=
请输入顾客消费金额：10
该顾客消费金额为10.00，享受不打折优惠，最终需要支付10.00
>>>
===================== RESTART: D:/python基础程序/3-6.py =========
=
请输入顾客消费金额：25000
该顾客消费金额为25000.00，享受65折优惠，最终需要支付16250.00元
>>>
```

图 3-10 【例 3.6】的运行结果

3.2.4 分支结构的嵌套

如果在一段代码中，由多个条件控制程序走向时，可以使用一些逻辑运算符如 and、or 实现多个条件判断，也可以使用 if 语句的嵌套来实现。各种形式的 if 语句均可以嵌套。例如：

```
if 条件表达式:
        <语句块 1>
    if 条件表达式:
            <语句块 2>
    else:
            <语句块 3>
else:
        <语句块 4>
```

【例 3.7】输入学生学号及绩点，判断学生是否具备交换生资格。（假设只有专业为"商务英语"及"高翻"且绩点在 3.7 以上的学生才有资格，其中学号为 11 位字符串，"商务英语"和"高翻"专业的学号第 5~6 位分别为 05 及 06）。

示例如下。

```
id=input("请输入学生学号: ")
score=float(input("请输入学生成绩:"))
if id[4:6]=="05" or id[4:6]=="06":
        if score>3.7:
                print("该学生具备交换生资格! ")
        else:
                print("对不起,该学生不具备交换生资格! ")
else:
print("对不起,该学生不具备交换生资格! ")
```

程序运行结果如图 3-11 所示。

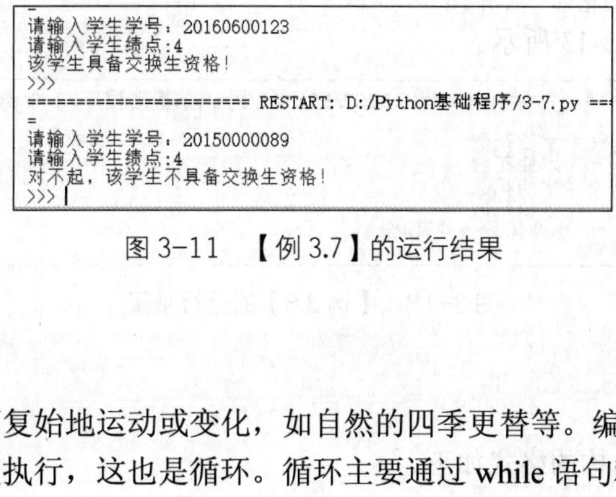

```
请输入学生学号: 20160600123
请输入学生绩点:4
该学生具备交换生资格!
>>>
======================= RESTART: D:/Python基础程序/3-7.py ===
=
请输入学生学号: 20150000089
请输入学生绩点:4
对不起,该学生不具备交换生资格!
>>>
```

图 3-11　【例 3.7】的运行结果

3.3　循环结构

循环是指事物周而复始地运动或变化，如自然的四季更替等。编写程序的过程中，需要对某一代码段进行重复执行，这也是循环。循环主要通过 while 语句和 for 语句实现。

3.3.1　while 语句

while 语句编写循环结构的格式如下。

```
<循环变量赋初值>
while   <条件表达式>:
    循环体
    <循环变量再计算>
[else:
    <语句块 1>]
```

其流程图如图 3-12 所示。

说明：

- 该语句中，只要条件表达式为真，循环体代码一直执行，直到条件表达式结果为假才跳出循环。

- while 语句通常用在循环次数不确定的循环结构中，通过对循环变量的再计算来改变循环条件表达式的值。

- else 语句是非强制结构，可以根据情况决定是否添加，详见例 3.12。

【例 3.8】编写一个程序，统计水仙花数的个数并求出所有水仙花数（注：水仙花数是指一个 3 位数，各位数字的 3 次幂之和等于它本身）。

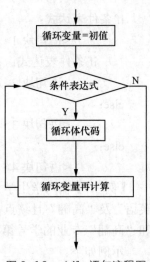

图 3-12　while 语句流程图

示例如下。

```
num = 100                    #循环变量赋初值
i=0                          #统计个数变量
while num <= 999 :
    n100 = num//100          #取出百位上的数
    n10 = (num//10)%10
    n = num%10
    if(num == n100**3 + n10**3 + n*n*n):
        print("数字这是一个水仙花数 ")
        i+=1                 #如果是水仙花数，则加 1，相当于 i=i+1
    num = num +1
print("经统计，水仙花数一共有%d 个"%i)
```

程序运行结果如图 3-13 所示。

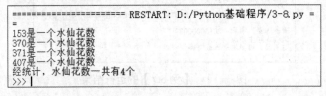

```
======================= RESTART: D:/Python基础程序/3-8.py ==
153是一个水仙花数
370是一个水仙花数
371是一个水仙花数
407是一个水仙花数
经统计，水仙花数一共有4个
>>>
```

图 3-13　【例 3.8】的运行结果

3.3.2　for 语句

for 语句编写循环结构的格式如下。

for 变量 in 序列或者迭代对象：

  <循环体>

[else：

  <语句块 1>]

其流程图如图 3-14 所示。

说明：

- for 语句循环依次遍历序列或可迭代对象中的所有元素，如 range 对象、列表、元组等。遍历完成，则循环结束。所以，for 循环通常用在循环次数确定的情况。

- 与 while 语句一样，else 语句非强制结构，可以根据情况决定是否添加。

【例 3.9】　计算 1～100 所有数之和并输出。

示例如下。

```
s=0
for i in range(1,101):
    s=s+i
print(s)
```

程序运行结果为：5050

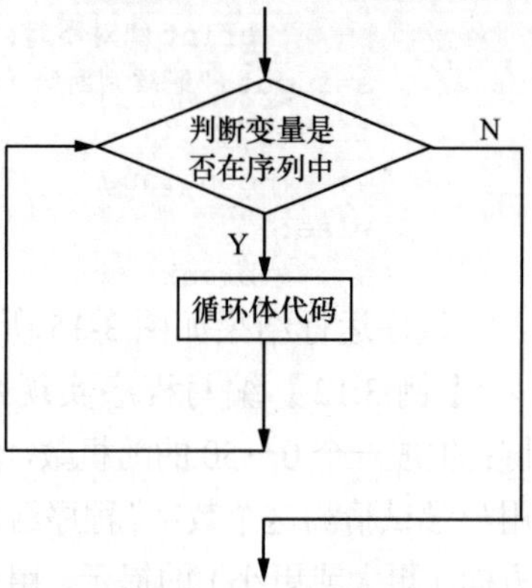

【例 3.10】使用 for 语句实现例 3.8。

示例如下。

```
i=0                              #统计个数变量
for num in range(100,1000):
    n100 = num//100              #取出百位上的数
    n10 = (num//10)%10
    n = num%10
    if(num == n100**3 + n10**3 + n*n*n):
            print("数字这是一个水仙花数 ")
            i+=1                 #如果是水仙花数，则加 1，相当于 i=i+1
num = num +1
print("水仙花数一共有%d 个"%i)
```

程序运行结果与例 3.8 一样。

图 3-14　for 语句循环结构流程图

3.3.3　循环控制语句

有些程序在循环执行过程中，有时需要中断循环，有时需要跳出循环重新执行，又或者该循环是一个死循环需要结束。此时，可以通过一些控制语句来实现这些功能，主要有 break 和 continue 语句。

break 语句可以使程序提前跳出循环体。它的作用是终止整个循环。当多个循环语句嵌套时，只终止它所在的循环。

continue 语句可以使程序直接跳出本轮循环，转而执行下一轮循环。所以，它不终止循环的执行，只是结束一轮循环而已。

说明：pass 语句属于空语句，它并不执行任何操作，一般用作占位语句，以保持程序结构的完整性。在编写大型程序时，程序员可以在还没有编写代码的部分（如某循环体）使用 pass 语句，这样可以使程序结构完整并正常运行。

【例 3.11】在例 3.7 中编写的程序每次只能查询一次，请编写新的程序实现根据用户需求进行查询。

示例如下。

```
while True:                      #设置循环条件永远为真
    id=input("请输入学生学号: ")
    score=float(input("请输入学生绩点:"))
    if id[4:6]=="05" or id[4:6]=="06":
        if score>3.7:
                print("该学生具备交换生资格! ")
        else:
                print("对不起，该学生不具备交换生资格! ")
    else:
```

```
        print("对不起, 该学生不具备交换生资格! ")
    s=input("继续判断吗（y/n): ")              #s 为是否继续判断的标志
    if s=="y":
        continue                              #继续判断则跳出此次循环, 继续下一次循环
    else:
        break                                 #如果否, 则跳出整个循环不执行循环
```

程序运行结果如图 3-15 所示。

【例 3.12】编写程序实现数字猜谜: 生成一个 0~50 的随机数, 然后让用户尝试猜测这个数字。程序给出猜测方向（更大或更小）的提示, 用户继续进行猜测, 直到用户猜测成功或输入一个 0~50 以外的数字才退出游戏。

示例如下。

图 3-15　【例 3.11】的运行结果

```
print('*******************************************')
print('*          0 到 50 猜数字游戏                * ')
print('*******************************************')

import random                                #导入 random
number=random.randint(0,50)                  #随机生成一个介于 0~50 的整数
guess=int(input("请输入 0 至 50 的数字: "))
while 0<=guess<=100:
    if guess>number:
        print("您猜得太高了")
    elif guess<number:
        print("您猜得太低了")
    else:
        print("您猜对了, 恭喜您")
        break
    guess=int(input("请输入 0 至 50 的数字: "))
else:
    print("你输入的数字超出范围, 无法继续, 该数字是: ",number)
```

程序运行结果如图 3-16 所示。

图 3-16　【例 3.12】的运行结果

3.3.4　循环嵌套

在实际编程过程中，一个循环体中允许嵌入另一个循环，这就是循环嵌套。在使用循环嵌套时，while 语句和 for 语句都可以使用，例如：

循环嵌套方式 1：

while　<条件表达式>：

　　　　for <变量> in <序列或可迭代对象>：

　　　　　　循环体

　　　　　　循环体

　　　　<循环变量再计算>

循环嵌套方式 2：

while　<条件表达式>：

　　　　while　<条件表达式>：

　　　　　　循环体

　　　　　　<循环变量再计算>

　　　　循环体

　　　　<循环变量再计算>

以上两种循环嵌套方式都是合法的，程序员可以根据实际情况灵活使用 while 语句和 for 语句。但是需要注意以下几点。

- 如果有多个控制变量，外层循环和内层循环的控制变量不能相同，以免造成混淆。
- 外层循环和内层循环必须严格执行标准的缩进，以保证逻辑清楚。
- 循环嵌套不能交叉，即一个循环体内必须完整包含另一个循环。

【例 3.13】编写程序，实现九九乘法表的打印输出。

示例如下。

```python
for i in range(1,10):
    for j in range(1,i+1):
        print(str(i) + "*" + str(j) +"="+str(i*j)+" ", end ="")
    print()
```

程序运行结果如图 3-17 所示。

```
======================== RESTART: D:/Python基础程序/3-13.py ============
==
1*1=1
2*1=2 2*2=4
3*1=3 3*2=6  3*3=9
4*1=4 4*2=8  4*3=12 4*4=16
5*1=5 5*2=10 5*3=15 5*4=20 5*5=25
6*1=6 6*2=12 6*3=18 6*4=24 6*5=30 6*6=36
7*1=7 7*2=14 7*3=21 7*4=28 7*5=35 7*6=42 7*7=49
8*1=8 8*2=16 8*3=24 8*4=32 8*5=40 8*6=48 8*7=56 8*8=64
9*1=9 9*2=18 9*3=27 9*4=36 9*5=45 9*6=54 9*7=63 9*8=72 9*9=81
>>> |
```

图 3-17　【例 3.13】的运行结果

【例 3.14】编写程序实现鸡兔同笼问题求解。（输入鸡兔总数以及脚的总数，分别求解鸡和兔的数量）。

示例如下。

```
while True:
        x=int(input("请输入鸡、兔总数:"))
        y=int(input("请输入脚的总数: "))
        if (y%2 != 0 or y < 2*x or y > 4*x):
                print("您输入的数目无解! ")
        else:
                for i in range(0,x+1):
                        for j in range(0,x+1):
                                if(i+j==x and 2*i+4*j==y):
                                        print("鸡有%d只"%i)
                                        print("兔有%d只"%j)
        s=input("重新输入吗（y/n): ")        #s 为是否继续判断的标志
        if s=="y":
                continue                        #继续判断则跳出此次循环，继续下一次循环
        else:
                break
```

程序运行结果如图 3-18 所示。

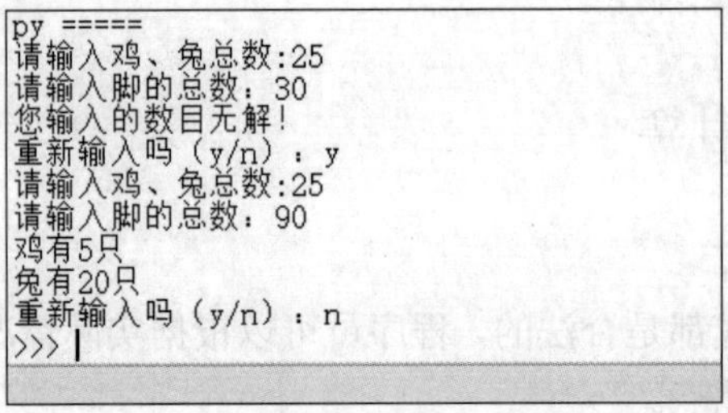

图 3-18 【例 3.14】的运行结果

思考与练习

1. for 语句循环和 while 语句循环之间能否互相转换？你认为哪种循环更具优势？

2. 编写程序，根据提示，从键盘输入一个年份，判断该年份是不是闰年。（闰年判断条件：能被 4 整除但不能被 100 整除或者能被 400 整除）

3. 编写程序，利用多分支结构实现将成绩从百分制变换到等级制。（条件：>=90 为 A；80～90 为 B；70～80 为 C；60～70 为 D；<60 为 E）

4. 编写程序，计算 0～1000 所有单数的和。

5. 编写程序，实现一个猜字谜游戏，该游戏要求为：生成一个 0～100 的随机数，由用户尝试猜测这个数字。程序给出猜测方向（更大或更小）的提示，用户继续进行猜测，直到用户猜测成功或输入一个 0～100 以外的数字退出游戏。

第4章 常用组合数据类型

Python 的数据类型主要分为基本数据类型和组合数据类型。基本数据类型主要包括数字型和布尔型。组合数据类型能够将多个同种类型或不同类型的数据组织起来，具有更强的数据操作功能。根据数据之间的关系，组合数据类型分为序列类型、映射类型和集合类型。

序列类型是一个元素向量，元素之间存在先后关系。常见的序列类型有列表（List）、元组（Tuple）和字符串（String）。映射类型是"键：值"数据项的组合，每个元素是一个键值对，字典（Dict）是典型的映射类型。集合类型是一个无序的元素集合，集合（Set）就是集合类型。

本章主要讲述几种常用的组合数据类型，如列表、元组、字典和集合等，以及这些数据类型的使用方法。

4.1 列表

列表（List）是最常用的组合数据类型，是由若干元素组成的有序可变序列。列表元素可以由任意类型的数据构成，既可以是整数、实数、布尔型等基本类型，也可以是字符串、列表、元组、字典、集合以及其他自定义类型。同一个列表中各元素的数据类型可以各不相同。列表可以添加、修改和删除其中的元素。

列表是一种十分灵活的数据类型，具有任意的长度、混合类型的特点，并提供了丰富的基础操作符和方法。当程序需要使用组合数据类型管理批量数据时，可使用列表类型。

列表的主要特征有以下 3 点。

（1）列表是可变的。可以向列表添加元素，也可以对已有元素进行修改和删除。

（2）列表是有序的。每个元素的位置是确定的，可以用索引访问每个元素。

（3）列表元素的数据类型是任意的。同一个列表的各元素可以是不同的数据类型。

4.1.1 列表的创建

列表的创建是用方括号括起所有元素，元素之间用逗号分隔。若使用一对空的方括号，则创建的是一个空列表。

示例如下。

```
>>> a=['January','February','March','April']
>>> type(a)                          #使用 type 函数查看列表类型
```

```
<class 'list'>
>>> b=[1997,"年",7,"月"]                    #列表各元素不同类型
>>> c=[]                                   #创建空列表
```

可以使用 list()函数将元组、range 对象、字符串或其他迭代对象转换为列表。直接使用 list()函数则返回一个空列表。

示例如下。

```
>>> alist=list(range(1,10))               #将 range 对象转换为列表
>>> alist
[1, 2, 3, 4, 5, 6, 7, 8, 9]
>>> blist=list("Hello World!")            #将字符串转换为列表
>>> blist
['H', 'e', 'l', 'l', 'o', ' ', 'W', 'o', 'r', 'l', 'd', '!']
>>> clist=list()                          #创建空列表
>>> clist
[]
>>> dlist=list((2,4,6,8,10))              #将元组转换为列表
>>> dlist
[2, 4, 6, 8, 10]
```

在 Python 中，如果一个列表的元素也是一个列表，则称为二维列表。例如：

```
>>>elist=[["huawei","xiaomi","apple"],["china","usa"]]
```

Python 对列表嵌套的层数没有限制，但嵌套的层数越多，则处理的复杂度越高。

4.1.2 列表的基本操作

1. 访问列表元素

创建列表后，可以使用整数作为下标来访问其中的元素，其中下标为 0 表示第 1 个元素，下标为 1 表示第 2 个元素……以此类推。列表还可以用负整数作为下标，其中下标为–1 表示最后一个元素，下标为–2 表示倒数第 2 个元素……以此类推。列表 test 的双向索引下标如图 4-1 所示。

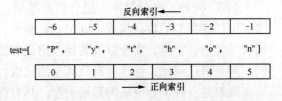

图 4-1 列表双向索引下标示意图

访问列表元素的格式为：列表名[索引下标]。如果指定下标超出了范围，则触发异常提示下标越界。

示例如下。

```
>>> test=list("Python")                   #创建列表对象
>>> test                                  #显示列表
['P', 'y', 't', 'h', 'o', 'n']
>>> test[5]                               #访问下标为 5 的元素
'n'
>>> test[6]                               #访问下标为 6 的元素，触发异常
Traceback (most recent call last):
  File "<stdin>", line 1, in <module>
IndexError: list index out of range
>>> test[-2]                              #访问下标为–2 的元素
'o'
```

在二维列表中，一级索引下标的含义与普通列表相同。例如，对于列表 test=[["Huawei", "china",1],["apple", "usa",2],["xiaomi","china",3]]，test[0]表示第一个元素["Huawei", "china",1]。对于列表中的每个列表元素，需要使用二级索引下标来表示。例如 test[1][0]表示第 2 个元素成员的第 1 个元素"apple"。

示例如下。

```
>>> test=[["Huawei","china",1],["apple","usa",2],["xiaomi","china",3]]
>>> test[0]
['Huawei', 'china', 1]
>>> test[1][0]
'apple'
```

2．修改列表元素

可以通过重新赋值修改列表中某个元素的值。示例如下。

```
>>> test=[1997,"年",6,"月"]
>>> test[2]=10
>>> test
[1997, '年', 10, '月']
```

3．移除列表元素

使用 **del** 命令可以移除列表中的元素。示例如下。

```
>>> test=[1997,"年",6,"月"]
>>> del test[2]
>>> test
[1997, '年', '月']
```

4．删除列表

当一个列表不再使用时，可以使用 **del** 命令将列表删除。示例如下。

```
>>> test=[1997,"年",6,"月"]
>>> del test                              #删除 test 列表对象
>>> test
Traceback (most recent call last):        #对象删除后无法访问，触发异常
  File "<pyshell#59>", line 1, in <module>
    test
NameError: name 'test' is not defined
```

5．遍历列表

列表创建后，逐一访问列表的元素称为列表的遍历。由于列表中一般有多个元素，遍历列表通常需要使用循环结构。一般来讲，有 4 种遍历列表元素的方法。

（1）使用 **in** 运算符遍历。

（2）使用 range()或 xrange()函数遍历。

（3）使用 iter()函数遍历。

iter()是一个迭代器函数，iter()函数的格式为：iter(object)。其中，object 为支持迭代的数据对象。

（4）使用 enumerate()函数遍历。

enumerate()函数用于将一个可迭代（可遍历）的数据对象（如列表、元组或字符串）组合为一个索引序列，利用 enumerate()函数可以同时获得数据元素和元素的索引下标，一般用在 for 循环当中。enumerate 函数的格式为：enumerate(sequence [,start=0])，其中 sequence 为一个序列、迭代器或其他支持迭代对象，start 为可选参数，表示下标起始位置，默认为 0。

【例 4.1】采用不同方法遍历列表元素示例。

示例如下。

```
xlist=["201921235","yuki",18,"guangdong"]
print("方法1:用in操作符")
for item in xlist:
        print(item,end=" ")
print()

print("方法2:用range()或xrange()函数")
listLen=len(xlist)
for i in range(listLen):
        print(xlist[i],end=" ")
print()

print("方法3:使用迭代器函数iter()")
for item in iter(xlist):
        print(item,end=" ")
print()

print("方法4:使用enumerate()函数")
for index,item in enumerate(xlist):
        print(index,item)
```

程序运行结果如图 4-2 所示。

```
方法1:用in操作符
201921235 yuki 18 guangdong
方法2:用range()或xrange()函数
201921235 yuki 18 guangdong
方法3:使用迭代器函数iter()
201921235 yuki 18 guangdong
方法4:使用enumerate()函数
0 201921235
1 yuki
2 18
3 guangdong
>>>
```

图 4-2 【例 4.1】的运行结果

4.1.3 列表常用方法

列表、元组、字典、集合有很多操作是通用的，而不同类型的对象又有一些特有的方法或者运算。列表常用方法如表 4-1 所示。

表 4-1 列表常用方法

方法	说明
append(x)	将 x 追加到列表尾部
extend(l)	将列表 l 的所有元素追加到列表尾部
insert(index, x)	在列表 index 位置插入 x，该位置后面所有元素后移并且在列表中的索引加 1
remove(x)	在列表中移除第一个值为 x 的元素，该元素之后所有元素前移并且索引减 1；如果列表中不存在 x，则抛出异常
pop(index)	移除并返回列表中下标为 index 的元素，如果不指定 index 则默认为-1，移除最后一个元素；如果移除的是中间位置的元素，则后面的元素索引减 1
clear()	清空列表，移除列表中的所有元素，保留列表对象
index(x)	返回列表中第一个值为 x 的元素的索引，若不存在值为 x 的元素，则触发异常

续表

方法	说明
count(x)	返回 *x* 在列表中出现的次数
sort(key=None,reverse=False)	对列表中的元素进行原地排序，key 用来指定排序规则，reverse 为 False 表示升序，reverse 为 True 表示降序
reverse(x)	对列表所有元素进行原地逆序，首尾互换
copy()	返回列表的浅复制

当列表增加或删除元素时，列表对象自动进行内存的扩展或收缩，从而保证相邻元素之间没有缝隙。Python 列表的这个内存自动管理功能可以大大减少程序员的负担，但插入和删除非尾部元素时，会涉及列表中大量元素的移动，严重影响程序运行的效率。另外，在非尾部位置插入或删除元素时，会改变该位置后面元素在列表中的索引，这对某些操作可能会导致意外的错误结果。因此，除非确实需要，一般应从列表尾部进行元素的追加和删除操作。

1．增加列表元素的方法

append()方法可以直接在列表尾部添加元素，运行速度较快，也是推荐使用的方法。示例如下。

```
>>> alist=[10,20,30]
>>> alist
[10, 20, 30]
>>> alist.append(100)
>>> alist
[10, 20, 30, 100]
```

insert()方法可以在列表的任意位置插入元素，由于列表具有自动内存管理功能，insert()方法会涉及插入位置之后所有元素的移动，会影响程序的运行速度。所以，除非必要，应尽量避免在列表中间位置插入或删除元素。示例如下。

```
>>> alist=[10,20,30]
>>> alist.insert(2,"Python")
>>> alist
[10, 20, 'Python', 30]
```

【例 4.2】比较列表 insert()方法和 append()方法的处理速度。

示例如下。

```
import time                            #引入 time 模块
a=[]
start1=time.time()                     #函数 time.time()用于获取当前时间戳
for i in range(100000):                #使用 insert 方法向列表 a 中插入多个元素
        a.insert(0,i)
print("Insert:",time.time()-start1)
b=[]
start2=time.time()
for i in range(100000):                #使用 append 方法向列表 b 添加多个元素
        b.append(i)
print("Append:",time.time()-start2)
```

程序运行结果如图 4-3 所示，可以看到两个方法的运行速度有很大差异，并且列表越长，运行的速度差越大。

```
========================= RESTART: C:\Python37\T4.02.PY =======================
Insert: 2.3015105724334717
Append: 0.0094020236666870117
>>>
```

图 4-3 【例 4.2】的运行结果

extend()方法可以将另一个列表的所有元素追加到当前列表尾部，即用一个列表扩展已有的列表。通过 extend()方法增加列表元素，不改变列表内存首地址，属于原地操作。示例如下。

```
>>> blist=[1, 3, 5, 7, 9]
>>> id(blist)
2347955293576
>>> clist=list("hello")
>>> clist
['h', 'e', 'l', 'l', 'o']
>>> blist.extend(clist)
>>> blist
[1, 3, 5, 7, 9, 'h', 'e', 'l', 'l', 'o']
>>> id(blist)
2347955293576
```

2. 移除列表元素的方法

pop()方法可以移除并返回指定位置（默认最后一个）上的元素。如果指定位置不是合法的索引，则触发异常；对空列表调用 pop()方法，也会触发异常。

remove()方法可以移除列表中第一个与指定值相等的元素，若列表中不存在该元素则触发异常。

clear()方法可以清空列表中的所有元素。

这三个方法都属于原地操作，不影响列表对象的内存地址。使用 del 命令也可以移除列表中指定位置的元素。示例如下。

```
>>> xlist=[10,20,30,40,20,30,50]
>>> xlist.pop()                      #使用 pop()方法移除并返回最后一个元素
50
>>> xlist
[10, 20, 30, 40, 20, 30]
>>> xlist.pop(1)                     #移除下标为 1 的元素
20
>>> xlist
[10, 30, 40, 20, 30]
>>> xlist.remove(30)                 #移除值为 30 的元素
>>> xlist
[10, 40, 20, 30]
>>> del xlist[0]                     #使用 del 命令移除 0 下标的元素
>>> xlist
[40, 20, 30]
>>> xlist.clear()                    #清空整个列表
>>> xlist.pop()                      #pop()方法触发异常
```

```
Traceback (most recent call last):
  File "<stdin>", line 1, in <module>
IndexError: pop from empty list
```

当需要移除列表中所有等于指定值的元素时，一般会使用"循环+remove()"的方法。

【例 4.3】移除列表中所有值为 1 的元素的错误示例。

示例如下。

```
xlist=[1,2,3,2,1,1,3,8,1]
print("xlist:",xlist)
for i in xlist:
    if i==1:
            xlist.remove(i)
print("after:",xlist)
```

程序运行结果如图 4-4 所示。该程序运行没有问题，但程序代码的逻辑是错误的，当出现有连续的值 1 时，循环结束，不能把所有值为 1 的元素都移除。

```
===================== RESTART: C:/Python37/T4.03.py =====================
xlist: [1, 2, 3, 2, 1, 1, 3, 8, 1]
after: [2, 3, 2, 3, 8, 1]
>>>
```

图 4-4　【例 4.3】的运行结果

例 4.3 代码运行没有出错，但是结果却是错的。出现此问题的原因是列表的自动内存管理功能。每当插入或移除一个元素后，该元素位置后面所有元素的索引就都改变了。

【例 4.4】移除列表中所有值等于 1 的元素的正确示例。

示例如下。

```
ylist=[1,2,3,2,1,1,3,8,1]
print("ylist:",ylist)
for i in ylist[::]:                          #使用切片
    if i==1:
            ylist.remove(i)
print("after:",ylist)
```

程序运行结果如图 4-5 所示。

```
===================== RESTART: C:/Python37/T4.04.py =====================
ylist: [1, 2, 3, 2, 1, 1, 3, 8, 1]
after: [2, 3, 2, 3, 8]
>>>
```

图 4-5　【例 4.4】的运行结果

3．统计元素出现次数的方法

count()方法用于返回列表中指定元素出现的次数，如果元素不存在，则返回 0。示例如下。

```
>>> zlist=[1,2,2,3,3,3,4,4,4,4]
>>> zlist.count(3)
3
>>> zlist.count(5)
0
```

4．返回元素首次出现位置的方法

index()方法用于返回指定元素在列表中首次出现的位置，如果该元素不在列表中则触发异常。示例如下。

```
>>> zlist=[1,2,2,3,3,3,4,4,4,4]
>>> zlist.index(4)
6
>>> zlist.index(5)
Traceback (most recent call last):
  File "<stdin>", line 1, in <module>
ValueError: 5 is not in list
```

列表对象的很多方法在特殊情况下会触发异常，为避免引发异常而导致程序崩溃，一般来说有两种方法：①使用选择结构确保列表中存在指定元素，然后调用有关的方法；②使用异常处理结构。

5．列表元素的排序方法

sort()方法用于按照指定的规则对所有元素进行排序，默认规则是所有元素按照从小到大排序。使用 reverse 参数，可指明是否要降序排序，当 reverse 为 True 时，表示降序排序。

reverse()方法用于将列表所有元素逆序或翻转，第一个元素与最后一个元素交换位置，第二个元素与倒数第二个元素交换位置，以此类推。

sort()方法和 reverse()方法分别对列表进行原地排序和逆序，都没有返回值。示例如下。

```
>>> xlist=list(range(10))
>>> xlist
[0, 1, 2, 3, 4, 5, 6, 7, 8, 9]
>>> import random                      #引入 random 模块
>>> random.shuffle(xlist)              #调用 shuffle()方法将 xlist 随机乱序
>>> xlist
[4, 6, 0, 9, 8, 5, 2, 1, 7, 3]
>>> xlist.reverse()
>>> xlist
[3, 7, 1, 2, 5, 8, 9, 0, 6, 4]
>>> xlist.sort()
>>> xlist
[0, 1, 2, 3, 4, 5, 6, 7, 8, 9]
>>> xlist.sort(reverse=True)
>>> xlist
[9, 8, 7, 6, 5, 4, 3, 2, 1, 0]
```

如果不想丢失列表原来的顺序，可以使用 Python 内置函数 sorted()和 reversed()。其中内置函数 sorted()返回排序后的新列表，参数 key 和 reverse 的含义与列表方法 sort()完全相同；内置函数 reversed()返回一个反转的迭代器。示例如下。

```
>>> xlist=list(range(10))
>>> random.shuffle(xlist)
>>> xlist
[6, 3, 2, 7, 1, 8, 0, 5, 9, 4]
>>> ylist=sorted(xlist)
>>> xlist
```

```
[6, 3, 2, 7, 1, 8, 0, 5, 9, 4]
>>> ylist
[0, 1, 2, 3, 4, 5, 6, 7, 8, 9]
>>> z=reversed(ylist)
>>> z
<list_reverseiterator object at 0x00000222A62CA708>
>>> zlist=list(z)
>>> zlist
[9, 8, 7, 6, 5, 4, 3, 2, 1, 0]
```

6. 列表元素的浅复制和深复制

（1）列表的浅复制。

列表的浅复制是指生成一个新的列表，并且把原列表中所有元素的引用都复制到新列表中。当列表只包含数值型等基本数据类型或字符串、元组等不可变类型的数据时，浅复制会直接创建新的地址空间用以保存新列表，修改原列表不会影响新列表中的数据。当列表中存在可变数据类型如列表、集合和字典时，由于浅复制只是将子元素的引用复制到新列表中，修改原列表中的可变对象（列表、集合和字典），就会影响新列表中的数据。列表对象的 copy() 方法和标准库 copy 中的 copy() 函数都可实现列表的浅复制。示例如下。

```
>>> import copy
>>> a=[1,2,3,[10,20]]
>>> b=a.copy()
>>> c=copy.copy(a)
>>> print(id(a),id(b),id(c))
63866229576 63827651720 63827650824
>>> print(id(a[3]),id(b[3]),id(c[3]))
63866229064 63866229064 63866229064
>>> a[3].append(30)
>>> print(a)
[1, 2, 3, [10, 20, 30]]
>>> print(b)
[1, 2, 3, [10, 20, 30]]
>>>print(c)
[1, 2, 3, [10, 20, 30]]
```

（2）列表的深复制。

列表的深复制是指直接新建一个内存空间用来复制原列表的所有内容，新列表和原列表相互独立，修改任何一个列表都不会影响另一个列表。标准库 copy 中的 deepcopy() 函数可实现列表的深复制。示例如下。

```
>>> import copy
>>> a=[1,2,3,[10,20]]
>>> d=copy.deepcopy(a)
>>> print(id(a),id(d))
63827549832 63866230536
>>> print(id(a[3]),id(d[3]))
63874963848 63827652232
>>> a[3].append(30)
>>> a
[1, 2, 3, [10, 20, 30]]
```

```
>>> d
[1, 2, 3, [10, 20]]
```

4.1.4 列表操作符

1. 加法运算符

加法运算符（+）可以实现增加列表元素，并返回新列表，但涉及大量元素的复制，所以效率较低。如果使用复合赋值符（+=）实现列表追加元素属于原地操作，则与 append()方法一样高效。示例如下。

```
>>> xlist=["hello","world","python"]
>>> id(xlist)                          #xlist 的初始内存地址
2122872476232
>>> xlist+[10]                         #xlist 参与+运算，返回元素之和
['hello', 'world', 'python', 10]
>>> xlist                              #xlist 本身并没改变
["hello","world","python"]
>>>id(xlist)                           #xlist 的初始内存地址不变
2122872476232
>>> xlist=xlist+[10]                   #联结两个列表，又赋值给 xlist
>>> xlist
['hello', 'world', 'python', 10]
>>> id(xlist)                          #内存地址发生改变
2122903027208
>>> xlist+=[100]                       #使用复合赋值运算符
>>> xlist
['hello', 'world', 'python', 10, 100]
>>> id(xlist)                          #内存地址没有改变
2122903027208
```

2. 乘法运算符

乘法运算符（*）用于列表和整数相乘，表示列表重复，并返回新列表。另外，复合赋值运算符（*=）也可用于列表元素重复，属于原地操作。示例如下。

```
>>> xlist=["hello"]
>>> id(xlist)
1050192335496
>>> xlist*2
['hello', 'hello']
>>> id(xlist)
1050192335496
>>> xlist=xlist*2
>>> xlist
['hello', 'hello']
>>> id(xlist)
1050201365256
>>> xlist*=2
>>> xlist
['hello', 'hello', 'hello', 'hello']
```

```
>>> id(xlist)
1050201365256
>>> xlist=xlist*0                              #xlist 重复 0 次，赋值给 xlist
>>> xlist
[]
```

3. 成员运算符

成员运算符（in）可以判断一个值是否存在于一个列表中，存在则返回 True，否则返回 False。not in 正好相反，用于判断某个值是否不在一个列表中。in 和 not in 常用在循环语句中对序列或其他可迭代对象中的元素进行遍历，包括元组、字典、range 对象、字符串、集合等。使用这种方法可以减少代码的输入量，简化程序员的工作，并大幅提高程序的可读性。示例如下。

```
>>> xlist=[0, 1, 2, 3, 4]
>>> 2 in xlist
True
>>> "2" in xlist
False
>>> 5 in xlist
False
>>> 5 not in xlist
True
>>> for x in xlist:
    print(x,end="   ")

0   1   2   3   4
```

也可以使用 count()方法判断列表中是否存在指定的值。如果列表中存在该值，则返回值大于 0；如果不存在，则返回 0。

4.1.5　内置函数对列表的操作

除了列表对象自身方法之外，很多 Python 内置函数也可以对列表进行操作。表 4-2 所示是 Python 部分可对列表操作的内置函数。

表 4-2　　　　　　　　　　Python 部分可对列表操作的内置函数

函数名	功能
len(list1)	返回列表中元素的个数
max(list1)	返回列表中元素的最大值
min(list1)	返回列表中元素的最小值
sum(list1)	对数值型列表元素进行求和
list(seq)	列表的构造函数，将其他可迭代对象转换为列表

说明：

（1）len(list1)用于返回列表中元素的个数。同样适用于元组、字符串、range 对象、字典、集合等各种可迭代对象。

（2）max(list1)、min(list1)用于返回列表中的最大元素、最小元素。同样适用于元组、字符串、range 对象、字典、集合等各种可迭代对象。这两个函数要求所有元素之间可以比较大小。

（3）sum(list1)用于对数值型列表的元素进行求和运算，对非数值型列表运算则会出错。同样适用于元组、集合、字典等可迭代对象。

示例如下。

```
>>> xlist=list(range(1,20,3))
>>> xlist
[1, 4, 7, 10, 13, 16, 19]
>>>import random
>>>random.shuffle(xlist)                      #打乱列表中元素的顺序
>>> xlist
[16, 7, 4, 19, 10, 1, 13]
>>> len(xlist),max(xlist),min(xlist),sum(xlist)
(7, 19, 1, 70)
>>> ylist=list("hello")
>>> ylist
['h', 'e', 'l', 'l', 'o']
>>> len(ylist),max(ylist),min(ylist)
(5, 'o', 'e')
>>> sum(ylist)                                #字符无法求和，触发异常
Traceback (most recent call last):
  File "<stdin>", line 1, in <module>
TypeError: unsupported operand type(s) for +: 'int' and 'str'
```

4.1.6　切片操作

切片是 Python 序列的重要操作之一，除了适用于列表之外，还适用于元组、字符串、range 对象。使用切片操作不仅可以截取列表的任意部分得到一个新列表，还可以修改、删除列表中的部分元素，或者为列表增加元素。

切片格式如下。

[start:end:step]

格式说明：

（1）start 为切片开始的位置，默认为 0；end 为切片截至的位置（该元素不包括在切片内），默认为列表长度；step 表示切片的步长，默认为 1。当 step 为负数时，表示反向切片。

（2）start 为 0 时，可以省略；end 为列表长度时，可以省略。

（3）省略步长时可同时省略最后一个冒号。

1. 获取列表的部分元素

使用切片可以返回列表的部分元素，组成新列表。切片操作不会因为下标越界触发异常，而是简单地在列表尾部截断或者返回一个空列表。示例如下。

```
>>> xlist=list(range(0,10))
>>> xlist
[0, 1, 2, 3, 4, 5, 6, 7, 8, 9]
>>> xlist[::]
[0, 1, 2, 3, 4, 5, 6, 7, 8, 9]
>>> xlist[::-1]
```

```
[9, 8, 7, 6, 5, 4, 3, 2, 1, 0]
>>> xlist
[0, 1, 2, 3, 4, 5, 6, 7, 8, 9]
>>> xlist[0:8:2]
[0, 2, 4, 6]
>>> xlist[1::3]
[1, 4, 7]
>>> xlist[1:100:3]
[1, 4, 7]
>>> xlist
[0, 1, 2, 3, 4, 5, 6, 7, 8, 9]
>>> xlist[100]
Traceback (most recent call last):
  File "<pyshell#10>", line 1, in <module>
    xlist[100]
IndexError: list index out of range
>>> xlist[100::]
[]
```

2．增加列表元素

使用切片和赋值语句，可以在列表任意位置插入新元素，不影响列表对象的内存地址，属于原地操作。示例如下。

```
>>> xlist=['g', 'd', 'u', 'f', 's']
>>> id(xlist)
1981399467976
>>> xlist[len(xlist):]
[]
>>> xlist[len(xlist):]=[9, 10]              #在列表尾部增加元素
>>> xlist
['g', 'd', 'u', 'f', 's', 9, 10]
>>> id(xlist)                               #列表内存首地址不变
1981399467976
>>> xlist[:0]=[1,2]                         #在列表头部增加元素
>>> xlist
[1, 2, 'g', 'd', 'u', 'f', 's', 9, 10]
>>> id(xlist)                               #列表内存首地址不变
1981399467976
>>> xlist[4:4]=["abc"]                      #在列表中间位置插入元素
>>> xlist
[1, 2, 'g', 'd', 'abc', 'u', 'f', 's', 9, 10]
```

3．修改列表中的元素

使用切片和赋值语句可修改列表中任意元素的值。示例如下。

```
>>> ylist=[3, 5, 7, 9, 11, 13]
>>> ylist[:3]=["a","b"]
>>> ylist
['a', 'b', 9, 11, 13]
>>> ylist[::2]=[0]*4
Traceback (most recent call last):
```

```
  File "<stdin>", line 1, in <module>
ValueError: attempt to assign sequence of size 4 to extended slice of size 3
>>> ylist[::2]=[0]*3
>>> ylist
[0, 'b', 0, 11, 0]
```

4．删除列表中的元素

使用切片和赋值语句可删除列表中的元素。示例如下。

```
>>> ylist=[3, 5, 7, 9, 11, 13]
>>> ylist[:3]=[]                         #切片将前 3 个元素删除
>>> ylist
[9, 11, 13]
```

也可以使用 del 命令与切片结合来删除列表中的部分元素。示例如下。

```
>>> ylist=[3, 5, 7, 9, 11, 13]
>>> del ylist[::2]                       #每隔一个删除一个 ylist 的元素
>>> ylist
[5, 9, 13]
>>> del ylist[:2]                        #删除列表的前两个元素
>>> ylist
[13]
```

4.1.7　列表应用举例

【例 4.5】编写一个简易购物车程序。实现的主要功能如下。

（1）运行程序后，首先要求用户输入购物资金总额，然后打印商品列表。

（2）允许用户根据商品编号购买商品。

（3）用户选购商品后，检查余额是否足够。余额充足就加入购物列表，然后扣款；余额不足则输出提示信息。

（4）可随时退出购物程序。退出时，打印已购商品清单和余额。

设计分析：定义一个列表存放在售商品，再定义一个空列表，用于存放已购商品。用户在选购商品后，判断用户账户余额是否足够，余额充足则将选购的商品添加到购物列表，余额不足则输出提示信息，让用户重新选择。

示例如下。

```
#定义商品列表 goods
goods=[("Mobile",2000),("Computer",4600),("Printer",600),("NoteBook",20),("Pen",10)]
#定义购物车列表 choice_goods
choice_goods=[]
amount=float(input("请输入您的购物金额:"))
while True:
    #显示商品列表
    i=0
    for item in goods:
        print(i,":",item)
        i=i+1
    choice=input("请选择商品(0-4)，退出请输入(Q/q):")
    #判断输入是否为数字字符
    if choice.isdigit():
```

```
choice=int(choice)
#输入数字在商品编号范围内时:
if 0<=choice<=len(goods):
    choice_tmp=goods[choice]
    #判断购物金额是否足够
    if choice_tmp[1]<=amount:
        #足够，则加入购物车
        choice_goods.append(choice_tmp)
        #修改购物余额
        amount=amount-choice_tmp[1]
        print("您选购的商品%s已放入购物车,现有余额%s"%(choice_tmp[0],amount))
    else:
        print("您的购物余额不足! 现有余额%s"%amount)
    else:
        print("您选择的商品不存在，请重新选择! ")
else:
    #判断输入字符是否为Q/q
    if choice.upper()=="Q":
        print("--------------------购物清单--------------------")
        i=0
        choice_sum=0
        #输出购物清单
        for item in choice_goods:
            print(i,":",item)
            choice_sum+=item[1]
            i=i+1
        print("您共购买了%s件商品,总金额为%s,购物余额%s"%(i,choice_sum,amount))
        print("--------------------谢谢惠顾--------------------")
        break
    else:
        print("您的输入有误，请重新输入! ")
```

程序运行结果如图 4-6 所示。

```
请输入您的购物金额:3000
0 : ('Mobile', 2000)
1 : ('Computer', 4600)
2 : ('Printer', 600)
3 : ('NoteBook', 20)
4 : ('Pen', 10)
请选择商品(0-4),退出请输入(Q/q):1
您的购物余额不足! 现有余额3000.0
0 : ('Mobile', 2000)
1 : ('Computer', 4600)
2 : ('Printer', 600)
3 : ('NoteBook', 20)
4 : ('Pen', 10)
请选择商品(0-4),退出请输入(Q/q):0
您选购的商品Mobile已放入购物车, 现有余额1000.0
0 : ('Mobile', 2000)
1 : ('Computer', 4600)
2 : ('Printer', 600)
3 : ('NoteBook', 20)
4 : ('Pen', 10)
请选择商品(0-4),退出请输入(Q/q):2
您选购的商品Printer已放入购物车, 现有余额400.0
0 : ('Mobile', 2000)
1 : ('Computer', 4600)
2 : ('Printer', 600)
3 : ('NoteBook', 20)
4 : ('Pen', 10)
请选择商品(0-4),退出请输入(Q/q):q
--------------------购物清单--------------------
0 : ('Mobile', 2000)
1 : ('Printer', 600)
您共购买了2件商品, 总金额为2600,购物余额400.0
--------------------谢谢惠顾--------------------
>>>
```

图 4-6　【例 4.5】的运行结果

4.2　元组

元组（Tuple）是序列类型中比较特殊的数据类型。与列表类似，元组可以存储多个不同类型元素。不同的是，元组属于不可变序列。元组创建后不能做任何修改，所以不可以修改其元素的值，也无法增加或删除元素。因此元组中没有 append()、extend()、insert()、pop() 和 remove() 等方法。

Python 内部对元组做了大量优化，访问速度比列表快。元组在内部实现上不允许修改其元素值，从而使代码更安全。

4.2.1　元组的创建

元组的定义是用一对小括号将以逗号分隔的若干数据元素括起来。元组中元素的数据类型可以不同，使用 "=" 将一个元组赋值给变量，就可以创建一个元组变量。如果创建只包含一个元素的元组，必须在元素后面增加一个逗号。使用 tuple() 函数可以把一个列表、字符串或 range 对象转换为元组。

示例如下。

```
>>> atuple=("hello","world","python")
>>> atuple
('hello', 'world', 'python')
>>> btuple=()                            #空元组
>>> btuple
()
>>> ctuple=tuple("gdufs")                #调用构造函数，由字符串创建元组
>>> ctuple
('g', 'd', 'u', 'f', 's')
>>> dtuple=tuple(range(5))               #由 range 对象创建元组
>>> dtuple
(0, 1, 2, 3, 4)
>>> etuple=tuple()                       #空元组
>>> etuple
()
>>> ftuple=tuple([1,2,3])                #由列表创建元组
>>> ftuple
(1, 2, 3)
>>> x=3                                  #将 3 赋值给变量 x
>>> y=( 3 )
>>> z=(3,)                               #定义只包含一个元素的元组
>>> type(x),type(y),type(z)             #用 type() 函数查看变量类型
(<class 'int'>, <class 'int'>, <class 'tuple'>)
>>>z=3,                                  #将只有一个元素的元组赋值给 z
>>>z
(3,)
```

4.2.2　元组的基本操作

1. 访问元组元素

同列表相同，元组也属于有序序列，也支持使用双向索引访问其中的元素。但元组属于

不可变序列，因此可以把元组看作"常量列表"。

　　元组内元素的访问和切片、列表相同。通过单个索引可以获得该索引位置的元素，但是只能读，不能修改。通过切片访问，可以获得由若干个元素构成的子元组。示例如下。

```
>>> atuple=('hello', 'world', 'python')
>>> atuple[0]                          #访问元组的第一个元素
'hello'
>>> atuple[:2]                         #使用切片访问元组的前两个元素
('hello', 'world')
>>> atuple[0]=10                       #给元组的第一个元素赋值，抛出异常
Traceback (most recent call last):
  File "<stdin>", line 1, in <module>
TypeError: 'tuple' object does not support item assignment
>>>for item in atuple:                 #遍历元组
        print(item)

hello
world
python
```

2．删除元组

元组中的元素是不允许删除的，使用 del 命令可删除整个元组对象。示例如下。

```
>>> xtuple=(1,2,3)
>>> del xtuple[0]
Traceback (most recent call last):
  File "<stdin>", line 1, in <module>
TypeError: 'tuple' object doesn't support item deletion
>>> del xtuple
```

4.2.3　元组运算符

　　和列表相同，元组之间也可以使用+和*进行运算，运算后会生成一个新的元组。可以使用 in 和 not in 判断一个元素是否在元组中。Python 的内置函数，如 len()、max()、min()和 sum()等，也可以对元组进行操作。示例如下：

```
>>> xtuple=(1,2,3)
>>> ytuple=("hello","world")
>>> xtuple+ytuple                      #元组相加
(1, 2, 3, 'hello', 'world')
>>> xtuple*2                           #元组相乘
(1, 2, 3, 1, 2, 3)
>>> 2 in xtuple
True
>>> ztuple=(20,14,21,10,6)
>>> len(ztuple),max(ztuple),min(ztuple),sum(ztuple)
(5, 21, 6, 71)
```

4.2.4　元组和列表的区别

　　元组和列表都属于序列，可以按照特定顺序存放一组元素，类型不受限制。列表和元组

的区别主要有以下 5 个方面。

（1）列表属于可变序列，其元素可以随时修改或删除；元组属于不可变序列，其元素不可以修改。

（2）列表具有 append()、extend()、insert()、remove() 和 pop() 等方法实现添加和修改列表元素；元组则没有这几个方法，不能添加和修改元素，同样不能删除元素。

（3）列表可以使用切片访问和修改列表中的元素；元组也支持切片，但只支持通过切片访问元组中的元素，不支持元素的修改。

（4）元组的访问和处理速度比列表快。

（5）列表不能作为字典的键，而元组可以。

4.2.5 元组应用举例

【例 4.6】编写一个 Python 程序，模拟扑克牌游戏的发牌，一副牌 54 张，发给 3 位游戏玩家。

设计分析：一副扑克牌的牌面是固定的，共 54 张，除去大、小王，其余 52 张牌由 13 个数字和 4 种花色组成，因此可以使用元组定义牌面。首先分别定义 1 个元组存放 13 个数字和 4 种花色，将其组合成具有 52 张牌的列表，再加上大、小王；然后采用随机数将牌打乱，依次分发给 3 位玩家；最后输出结果。

示例如下。

```python
import random

#定义牌面的数字元组和花色元组
digit=("2","3","4","5","6","7","8","9","10","J","Q","K","A")
colors=("方块","梅花","红桃","黑桃")
#定义扑克牌列表，并生成 52 张牌面
poker=[]
for c in colors:
        for d in digit:
                poker.append((c,d))
poker.append(("大王","大"))
poker.append(("小王","小"))

#利用随机函数，打乱扑克牌顺序
pokerRand=random.sample(poker,54)

#定义 3 个玩家列表
player1=[]
player2=[]
player3=[]

#按顺序将牌发给 3 位玩家
for i in range(18):
        player1.append(pokerRand.pop())
        player2.append(pokerRand.pop())
        player3.append(pokerRand.pop())
#按花色对每个玩家的牌排序
player1.sort()
player2.sort()
```

```
player3.sort()
#输出玩家的牌,每行输出 6 个
print("\n 玩家 1 的牌:")
i=1
for item in player1:
    print(item,end=",")
    if i%6==0:
        print()
    i+=1

print("\n 玩家 2 的牌:")
i=1
for item in player2:
    print(item,end=",")
    if i%6==0:
        print()
    i+=1

print("\n 玩家 3 的牌:")
i=1
for item in player3:
    print(item,end=",")
    if i%6==0:
        print()
    i+=1
```

程序运行结果如图 4-7 所示。

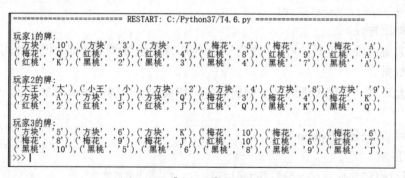

图 4-7 【例 4.6】的运行结果

4.3 字典

字典（Dict）是包含若干"键:值"元素的无序可变容器,字典中的每个元素包含用冒号分隔的"键"和"值"两部分,表示一种映射或对应关系。字典是 Python 语言中唯一的映射类型,可用来实现通过数据查找关联数据的功能。映射关系中,键（Key）和值（Value）是一一对应的关系。

字典中的"值"没有特定的顺序,因此不能像序列那样通过位置索引来查找元素数据。但是每个"值"都有一个对应的"键",字典的用法是通过"键"来访问相应的"值"。

字典元素的"键"可以是 Python 中任意不可变数据，如整数、实数、复数、字符串、元组等，但不能是列表、集合、字典或其他可变类型。而"键"对应的"值"可以是任意的数据类型。另外，字典中"键"必须是唯一的，而"值"是可以重复的。

4.3.1 字典的创建

定义字典时，每个元素的"键"和"值"用冒号分隔，不同元素之间用逗号分隔，所有的元素放在一对大括号"{}"中。如果大括号中没有元素，表示一个空字典。

示例如下。

```
>>> adict={"Tom":87,"Jack":95}
>>> adict
>>> adict
{'Tom': 87, 'Jack': 95}
>>> bdict={}                          #定义空字典
```

可以使用函数 dict()，根据给定的"键:值"数据项创建字典。通过关键字的形式创建字典时，键只能为字符串，并且字符串不用加引号。

示例如下。

```
>>> keys=['a','b','c','d']
>>> values=[80,90,95,100]
>>> cdict=dict(zip(keys,values))      #根据已有数据创建字典
>>> cdict
{'a': 80, 'b': 90, 'c': 95, 'd': 100}
>>> ddict=dict(name="Tom",age=18)
>>> ddict
{'name': 'Tom', 'age': 18}
```

字典有如下特性。

（1）字典键必须不可变，可以用数字、字符串或元组等类型数据，但不能用列表、集合等可变类型数据。

（2）不允许同一个键出现两次。创建字典时如果同一个键被赋值两次，后一个值会覆盖前面的值。

（3）值可以是任何 Python 对象。

示例如下。

```
>>> edict={["name"]:"Jack","age":17}    #定义字典的键为列表
Traceback (most recent call last):
  File "<pyshell#5>", line 1, in <module>
    edict={["name"]:"Jack","age":17}
TypeError: unhashable type: 'list'
>>> edict={"name":"Jack","age":18,"name":"Tom"}
>>> edict
{'name': 'Tom', 'age': 18}
```

4.3.2 字典的基本操作

1. 访问字典元素

可以使用下标的方式来访问字典中的元素，列表和元组的下标必须为整数，而字典的下

标是字典的"键"。使用下标的方式访问字典"值"时，若指定的"键"不存在则触发异常。
示例如下。

```
>>> xdict={'name': 'Tom', 'age': 18, 'sex': 'male'}
>>> xdict["name"]
'Tom'
>>> xdict["tel"]
Traceback (most recent call last):
  File "<stdin>", line 1, in <module>
KeyError: 'tel'
```

2．添加和修改字典元素

在字典中，当给以指定"键"为下标的字典元素赋值时，如果"键"存在，则表示修改
该"键"的值；如果"键"不存在，则相当于向字典中添加新的"键：值对"。示例如下。

```
>>> xdict={'name': 'Tom', 'age': 18, 'sex': 'male'}
>>> xdict["age"]=20
>>> xdict["addr"]="gz"
>>> xdict
{'name': 'Tom','age': 20,'sex': 'male','addr': 'gz'}
```

3．删除字典元素

使用 del 命令可以删除字典中指定"键"对应的元素。示例如下。

```
>>> xdict={'name': 'Tom', 'age': 18, 'sex': 'male'}
>>> del xdict["sex"]
>>> xdict
{'name': 'Tom', 'age': 18,}
```

4．in/not in 运算

使用 in 或 not in 可以判断某个"键"是否在字典中，格式如下。
键 in 字典对象
键存在，表达式返回 True，否则返回 False。示例如下。

```
>>> xdict={'name': 'Tom', 'age': 18, 'sex': 'male'}
>>> "age" in xdict
True
>>> "name" not in xdict
False
```

4.3.3 字典常用方法

字典包含的常用方法如表 4-3 所示。

表 4-3   字典包含的常用方法

方法	方法描述
clear()	删除字典内所有元素
copy()	返回一个字典副本（浅复制）
pop(key)	删除字典指定键的元素

方法	方法描述
get(key,default=None)	返回字典中指定键的值，如果键不存在，则返回 default 值
items()	返回包含所有项的列表
keys()	返回包含字典所有键的列表
values()	返回字典所有值的列表
update(dict1)	将字典 dict1 的元素添加到当前字典中

下面主要讲解几个最常用的方法及示例。

1．update()方法

update()方法用于将另一个字典的"键:值"对一次性全部添加到当前字典中，如果两个字典中存在相同的"键"，则以另一个字典中的"值"来更新当前字典。示例如下。

```
>>> xdict={'name': 'Tom', 'age': 18, 'sex': 'male'}
>>> ydict=dict(age=20,score=98)
>>> xdict.update(ydict)
>>> xdict
{'name': 'Tom', 'sex': 'male', 'age': 20, 'score': 98}
```

2．访问字典元素的方法

get()方法用于获取指定"键"对应的"值"，并且可以指定"键"不存在时返回特定值，如果不指定，则默认返回 None。示例如下。

```
>>> xdict={'name': 'Tom', 'age': 18, 'sex': 'male'}
>>> xdict.get("name")
'Tom'
>>> xdict.get("tel")
>>> xdict.get("tel","No set")
'No set'
>>> xdict["score"]=xdict.get("score",[])
>>> xdict.get("score")
[]
>>> xdict["score"].append(90)
>>> xdict["score"].append(97)
>>> xdict
{'name': 'Tom', 'age': 18, 'sex': 'male', 'score': [90, 97]}
```

items()方法用于返回字典的"键:值"对列表；keys()方法用于返回字典的"键"列表；values()方法用于返回字典的"值"列表。示例如下。

```
>>> xdict={'name': 'Tom', 'age': 18, 'sex': 'male'}
>>> for item in xdict.items():
    print(item)


('name', 'Tom')
('age', 18)
('sex', 'male')

>>> for key,value in xdict.items():
```

```
    print(key,value)

name Tom
age 18
sex male

>>> for key in xdict.keys():
        print(key)

name
age
sex
>>> for value in xdict.values():
        print(value)

Tom
18
male
```

3．删除字典元素的方法

pop()方法用于删除并返回指定"键"的元素。clear()方法用于清空字典的所有元素。示例如下。

```
>>> xdict={'name': 'Tom', 'age':18,'sex': 'male'}
>>> xdict.pop("age")
18
>>> xdict
{'name': 'Tom', 'sex': 'male'}
>>> xdict.clear()
>>> xdict
{}
```

4.3.4　字典应用举例

【例 4.7】编写一个 Python 程序，统计一篇文章中出现的所有单词及次数。

设计分析：将文件内容读到一个字符串中，将其分割为单独单词或标点符号后，放入 words 列表中。定义一个字典对象，存放单词和单词出现次数"键:值"对。遍历 words 的所有单词，如果是第一次出现，则添加进字典，出现次数设为 1；再次出现，则将出现次数加 1。

示例如下。

```
#以读取模式打开文本文件
with open("sample.txt","r") as tf:
    #将文件内容读取到 text 中
    text=tf.read()
#提取字符串中的所有单词（转换为大写）及标点符号，放在 words 列表中
words=text.upper().split()

#定义一个空字典 word_count_dict，存放统计结果
word_count_dict={}
```

```
#遍历 words 列表中的每个单词，并统计出现的次数
for word in words:
    if word not in word_count_dict:
            #单词未出现过，将其添加到字典，值（次数）设为 1
      word_count_dict[word]=1
    else:
            #单词出现过，将值(次数)增加 1
            word_count_dict[word]+=1

print("文件中出现过的单词如下:")
#输出统计结果，变量 k 用来控制输出换行
k=1
for item in word_count_dict.items():
    print(item,end="    ")
    if k%6==0 :
            #每输出 6 项后换行
            print()
    k=k+1
```

程序运行结果如图 4-8 所示。

```
======================= RESTART: C:/Python37/T4.07.py =======================
文件中出现过的单词如下:
('AN', 1)       ('OLD', 3)      ('WOMAN', 1)    ('HAD', 1)      ('A', 1)        ('CAT', 2)
('.', 2)        ('THE', 1)      ('WAS', 2)      ('VERY', 1)     (',', 3)        ('SHE', 3)
('COULD', 2)    ('NOT', 2)      ('RUN', 1)      ('QUICKLY', 1)  ('AND', 1)      ('BITE', 1)
('BECAUSE', 1)  ('SO', 1)
>>>
```

图 4-8 【例 4.7】的运行结果

4.4 集合

集合（Set）是包含一组数据元素的无序组合。集合中的元素不可重复，元素类型只能是固定数据类型，如整数、浮点数、字符串和元组等。列表、字典和集合本身都是可变数据类型，因此不能作为集合的元素出现。

由于集合是元素的无序组合，所以集合没有索引和位置的概念。集合中的元素可以动态增加或删除。没有元素的集合称为空集。由于集合元素不可重复，使用集合类型能够过滤重复元素。

集合是一个无序不重复数据集，其基本功能包括成员关系测试、消除重复元素和删除数据项。集合对象支持并、交、差、对称差等操作。

4.4.1 集合的创建

和字典相同，集合也使用一对大括号作为定界符将多个元素括起来，元素之间用逗号分隔。直接将集合赋值给变量即可创建一个集合对象。示例如下。

```
>>> aset={"bus","train"}
>>> aset
{'train', 'bus'}
```

使用 set() 函数可以将列表、元组、字符串、range 对象等其他可迭代对象转换为集合。集合中不能有相同元素，因此 Python 在创建集合时会自动删除重复元素。空集合只能用 set()

来创建，因为直接用一对大括号括起来表示空字典。示例如下。

```
>>> bset=set(range(5))
>>> bset
{0, 1, 2, 3, 4}
>>> cset=set("hello")                    #将字符串转换为列表，重复值只保留1个
>>> cset
{'o', 'h', 'e', 'l'}
>>> dset=set()                           #定义空集合
>>> eset=set([1,2,6,6])                  #将列表转换为集合，重复值只保留1个
>>> eset
{1, 2, 6}
>>> fset=set(["a",12,("hello","python"),3.14])
>>> fset
{'a', 3.14, 12, ('hello', 'python')}
```

4.4.2 集合的基本操作

由于集合本身是无序的，所以不能为集合创建索引或切片操作，只能循环遍历，或者用 in 和 not in 判断集合是否包含某个元素。示例如下。

```
>>> xset=set("this is a test!")
>>> for x in xset:
        print(x,end=" ")
运行结果：
! e i a h t s
>>>10 in xset
false
```

4.4.3 集合常用方法

集合的常用方法如表 4-4 所示。

表 4-4　　　　　　　　　　　集合的常用方法

方法	说明
add(x)	向集合中添加元素 x
remove(x)	从集合中删除元素 x；若 x 不存在，触发异常
discard(x)	从集合中删除元素 x；若 x 不存在，不提示出错
pop()	从集合删除任意一个元素，并返回该元素
clear()	清空集合
copy()	返回集合的浅复制
union(s)	和集合 s 进行并集运算
intersection(s)	和集合 s 进行交集运算
difference(s)	和集合 s 进行差集运算
symmetric_difference(s)	和集合 s 进行对称差运算
update(s)	相当于和 s 进行集合元素的合并运算
issubset(s)	判断 s 是否为当前集合的子集
issuperset(s)	判断 s 是否为当前集合的超集

下面讲解集合最常用的方法及示例。

1. 添加集合元素

add()方法用于添加新元素，如果该元素已存在则忽略该操作，不触发异常；update()方法可将另一个集合中的元素合并到当前集合中，并自动去除重复元素。示例如下。

```
>>> xset={'a', 'b', 'c'}
>>> xset.add("a")
>>> xset
{'a', 'b', 'c'}
>>> xset.add(10)
>>> xset
{'a', 10, 'b', 'c'}
>>> yset={10,20}
>>> xset.update(yset)
>>> xset
{'a', 20, 10, 'b', 'c'}
```

2. 删除集合元素

pop()方法用于随机删除并返回集合中的一个元素，如果集合为空则触发异常；remove()方法用于删除集合中指定的元素，若元素不存在则触发异常；discard()方法用于从集合中删除指定元素，若该元素不存在则忽略该操作，不触发异常；clear()方法用于清空集合。示例如下。

```
>>> xset=set("abc")
>>> xset
{'a', 'b', 'c'}
>>> xset.remove(10)                    #使用remove()方法删除不存在元素，触发异常
Traceback (most recent call last):
  File "<pyshell#74>", line 1, in <module>
    xset.remove(10)
KeyError: 10
>>> xset.discard(10)                   #使用discard()方法删除不存在元素，不触发异常
>>> xset.remove("a")
>>> xset
{'b', 'c'}
>>> xset.pop()                         #使用pop()方法随机删除一个元素
'b'
>>> xset.clear()                       #使用clear()方法清空集合
>>> xset
set()
>>> xset.pop()
Traceback (most recent call last):
  File "<pyshell#83>", line 1, in <module>
    xset.pop()
KeyError: 'pop from an empty set'
```

3. 复制集合的方法

copy()方法用于复制一个集合。

示例如下。

```
>>> xset=set("abc")
>>> yset=xset.copy()
>>> yset
{'a', 'b', 'c'}
```

4.4.4 集合运算符

集合的主要运算是关系测试，以及并、交、差和对称差运算等操作。

1．并集运算符

并集运算符为"|"，表达式结果为一个包含两个集合所有元素的集合。集合对象的 union()
方法可实现同样的功能。示例如下。

```
>>> xset=set("abcd")
>>> yset=set("cdef")
>>> xset,yset
({'b', 'd', 'a', 'c'}, {'e', 'd', 'c', 'f'})
>>> xset.union(yset)                    #调用集合的 union()方法
{'e', 'f', 'b', 'c', 'd', 'a'}
>>> xset|yset                           #使用并集运算符|
{'e', 'f', 'b', 'c', 'd', 'a'}
>>> xset
{'d', 'c', 'a', 'b'}
```

2．交集运算符

交集运算符为"&"，表达式结果为一个包含两个集合共有元素的集合。集合对象的
intersection()方法可实现同样功能。示例如下。

```
>>> xset=set("abcd")
>>> yset=set("cdef")
>>> xset.intersection(yset)
{'d', 'c'}
>>> xset&yset
{'d', 'c'}
```

3．差集运算符

差集运算符为"-"，表达式结果为一个由包含在左集合但不在右集合的元素构成的集合。
集合对象的 difference()方法可实现同样的功能。示例如下。

```
>>> xset=set("abcd")
>>> yset=set("cdef")
>>> xset.difference(yset)
{'b', 'a'}
>>> xset
{'b', 'd', 'a', 'c'}
>>> xset-yset
{'b', 'a'}
```

4. 对称差运算符

对称差运算符为"^"，表达式结果为一个由两个集合不共有的元素构成的集合。集合对象的 symmetric_difference ()方法可实现同样的功能。示例如下。

```
>>> xset=set("abcd")
>>> yset=set("cdef")
>>> xset.symmetric_difference(yset)
{'e', 'f', 'b', 'a'}
>>> xset^yset
{'e', 'f', 'b', 'a'}
```

5. 子集和超集

如果集合 A 的每个元素都是集合 B 中的元素，则集合 A 是集合 B 的子集。超集是当且仅当集合 B 是集合 A 的一个子集，集合 A 才是集合 B 的一个超集。集合对象的 issubset()方法和 issuperset()方法也可用来判断子集、超集。关系运算符同样可以判断两个集合的包含关系。示例如下。

```
>>> xset=set("abcd")
>>> yset=set("bc")
>>> yset<=xset
True
>>> yset.issubset(xset)
True
>>> xset>=yset
True
>>> xset.issuperset(yset)
True
```

4.4.5 集合应用举例

【例 4.8】编写一个 Python 程序，分别用列表和集合实现生成 *n* 个不重复随机数，比较其执行效率的不同。

设计分析：使用 random 模块中 randomint(a,b)函数可以生成一个介于两个整数 a,b 之间的随机整数。采用列表存放随机数时，要先判断列表中是否已存在该随机数，没有才添加。由于集合可以自动去除重复值，可直接添加。time 模块的 time()函数可以获取系统当前时间戳。示例如下。

```
import random
import time

#定义函数 randomByList,采用列表生成 number 个介于 start 和 end 之间的随机数
def randomByList(number,start,end):
    datas=[]
    while True:
        data=random.randint(start,end)
        if data not in datas:
            #如果生成的随机数不在列表，则添加
            datas.append(data)
```

```
        if len(datas)==number:
            break
    return datas

#定义函数 randomBySet，采用集合生成 number 个介于 start 和 end 之间的随机数
def randomBySet(number,start,end):
    datas=set()
    n=0
    while True:
        data=random.randint(start,end)
        #生成的随机数直接添加到集合
        datas.add(data)
        if len(datas)==number:
            break
    return datas

#主程序
start_time=time.time()
#调用 randomByList 函数生成 1000 个随机数
randomByList(1000,1,10000)
print("By List, time used:",time.time()-start_time)
#调用 randomBySet 函数生成 1000 个随机数
start_time=time.time()
randomBySet(1000,1,10000)
print("By Set,time used:",time.time()-start_time)
```

程序运行结果如图 4-9 所示。从结果可以明显看到，当生成 1000 个不重复随机数时，使用集合的时间要远小于使用列表的时间。

```
==================== RESTART: C:/Python37/T4.08.py ============
By List, time used: 0.030756235122680664
By Set,time used: 0.0014882087707519531
>>>
```

图 4-9 【例 4.8】的运行结果

思考与练习

1．从键盘输入一个正整数列表，以-1 结束，分别计算列表中奇数、偶数的个数与和。

2．已知有一组已经排好序的数[3,9,14,20,25,32,45,72,80,100]。现从键盘输入一个数，要求将其按原先的规律插入数组中。

3．编写程序，输入带括号的表达式，检测表达式的括号是否匹配。

4．从键盘输入一行字符，统计其中每个字符出现的次数。

5．随机生成 *N* 个介于 1～1000 的整数（*N*<=1000），*N* 由用户从键盘输入。重复的数字只保留 1 个，将这些数从小到大排序，并打印输出。

第5章 函数与模块

在大部分编程语言中，函数和模块都扮演着至关重要的角色。Python 函数是可以重复使用以实现某些功能的代码段。Python 模块则是将若干函数、类和数据封装起来的 Python 程序文件。

本章将主要介绍函数和模块的相关概念及使用。

5.1 函数概述

在 Python 编程过程中，如果有一段代码，需要在程序的不同位置多次重复使用时，直接复制该代码段，然后对相关数据进行修改显然不是一个好主意，因为这不仅增加了代码量，也增加了后期代码阅读、理解和维护的工作量。解决这个问题可以使用函数。

5.1.1 函数的功能

函数是可以重复使用以实现某些功能的代码段。定义了函数后，如需使用该代码段，则只需调用该函数。函数是模块化程序设计的基本构成单位，函数的功能具体如下：

（1）实现代码复用：通过将某段代码定义成函数，在需要的时候调用该函数，可以实现一次定义多次调用，提高代码的可重用性。

（2）减少程序复杂度：在程序设计中，经常使用分治的思想，将大的任务拆分成若干容易解决的小任务，解决了这些小任务，则解决了大任务。这些拆分后的小任务代码相对简单，易于开发调试和修改维护。这样可以简化程序结构，增加程序的可阅读性。

（3）实现团队协作开发：一些大型项目将项目分割成不同子任务后，可以由团队人员分工合作，协作开发。

5.1.2 函数的分类

在 Python 中，函数可以分为以下 4 类。

（1）内置函数：内置函数是 Python 核心模块内置的对象之一，它将一些编程过程中常用的函数封装在对象 __builtins__ 中，不需要导入就可以直接引用。相关内容可参考第 2 章。

（2）标准库函数：Python 语言安装程序同时会安装若干标准库，例如 math、random 等，要使用这些标准库的函数，必须先导入。

（3）第三方库函数：Python 社区提供了很多为实现某类功能的库，这些库安装并导入后才可以使用。

（4）用户自定义函数：这类函数是用户为实现某些功能在代码段中自行定义的一些函数。

5.2 函数与匿名函数的定义和应用

5.2.1 函数的定义和应用

在 Python 语言中，函数也是对象，由 def 语句创建，其语法格式如下。

def 函数名([参数列表]):

    '''注释'''

    函数体

说明：

- 函数形参不需要声明类型，也不需要指定函数返回值类型。
- 即使该函数不需要接收任何参数，也必须保留一对空的圆括号。
- 括号后面的冒号必不可少。
- 函数体相对于 def 关键字必须保持一定的空格缩进。
- Python 允许嵌套定义函数。
- 定义函数时，对参数个数并没有限制，如果有多个形参，需要使用逗号进行分隔。

函数定义好之后，就可以在程序中调用该函数了，直接输入函数名和相关参数即可调用，但需要注意的是，Python 中不允许在函数定义之前调用该函数。

【例 5.1】无参数函数举例。示例如下。

```
>>> def hello():
    print("hello,China!")


>>> hello()                #调用函数
hello,China!
```

【例 5.2】有参数函数举例。示例如下。

```
>>> def hello(username):
    print(username+",Welcome to China!")


>>> hello('Jack')
Jack,Welcome to China!
>>> hello(Jack)
Traceback (most recent call last):
  File "<pyshell#6>", line 1, in <module>
    hello(Jack)
NameError: name 'Jack' is not defined
```

注：在 hello()函数中 username 为参数。运行函数时，Jack 两端必须加单引号（'）表示
"Jack"为该参数的值，否则系统认为"Jack"为一个未定义的对象。

5.2.2 函数的返回值

函数被调用后，可以有返回值，也可以没有返回值。如果函数被调用执行后需要返回一

个值给主调函数，可以使用 return 语句。其语法格式如下。

　　return 变量或表达式

　　说明：

　　● return 后的变量或者表达式可以没有，如果没有，其效果和没有 return 语句一样，均返回 None

　　● 函数是可以返回多个值的，如果返回多个值，会将多个值放在一个元组或者其他类型的集合中返回。

【例 5.3】有返回值函数示例（编写一函数，求圆的周长）。

示例如下。

```
>>> def zc(r):
    import math
    circ = 2*math.pi * r
    return circ

>>> zc(6.5)                                     #直接调用函数
40.840704496667314
>>> print("半径为 6.5 的圆的周长为:",zc(6.5))        #在语句中调用函数
半径为 6.5 的圆的周长为: 40.840704496667314
>>>
```

【例 5.4】多个返回值函数示例。

示例如下。

```
>>> def func():
    a='abc'
    b=[1,2,3]
    c=4
    return(a,b,c)           #将三个返回值组合成一个元组返回

>>> print(func())
('abc', [1, 2, 3], 4)
>>>
```

【例 5.5】多返回值函数示例（输入一个列表，使用函数求出列表的最大值和最小值）。

示例如下。

```
def maxmin(a):
    max=a[0]
    min=a[0]
    for i in range(0,len(a)):
            if max<a[i]:
                max=a[i]
            if min>a[i]:
                min=a[i]
    return(max,min)

a1=input("请输入一串数字以逗号隔开: ")
b=a1.split(",")                  #将该字符串的每一个数字组合成一个列表
c=[int(i) for i in b]            #将列表中的字符串转换成数字
x,y=maxmin(c)
print("该列表最大值为",x," 该列表最小值为",y)
```

程序运行结果如图 5-1 所示。

```
===================== RESTART: D:\python基础程序\5-5.py =========
=
请输入一串数字以逗号隔开: 25,6,38,7,95,100,15
该列表最大值为 100   该列表最小值为 6
>>>
```

图 5-1 【例 5.5】的运行结果

5.2.3 匿名函数的定义与应用

匿名函数即 lambda 表达式，是现代编程语言争相引入的一种函数。如果说函数是命名的、便于复用的代码块，那么 lambda 表达式则是用来声明匿名函数的，即没有函数名的临时用的函数。它是功能更灵活的代码块，也可以在程序中被传递和调用。Lambda 表达式能够出现在 Python 语法不允许 def 语句出现的地方。作为表达式，lambda 表达式返回的是 function 类型的值（即一个新的函数）。Lambda 表达式常用于编写简单的函数，而 def 常用于处理更强大的任务。

lambda 表达式的语法格式如下。

lambda 参数列表: 表达式

说明：

* 参数列表的结构与函数（Function）的参数列表是一样的，例如：x 或者 x, y。
* 表达式是一个参数表达式。表达式中出现的参数需要在参数列表中有定义，并且表达式只能是单行的。单行决定了该函数功能一般比较简单。
* lambda 表达式没有名字。
* lambda 表达式有输入和输出，其中输入是传入参数列表的值，输出是根据表达式计算得到的值。

lambda 表达式语法是固定的，其本质是定义了一个匿名函数。在实际应用中，根据 lambda 表达式应用场景的不同，lambda 表达式主要有以下 3 种用法。

（1）将 lambda 表达式赋值给一个变量，通过这个变量间接调用该 lambda 表达式定义的函数。例如，执行语句 add=lambda x, y: x+y，定义了加法函数 lambda x, y: x+y，并将其赋值给变量 add，这样变量 add 便成为具有加法功能的函数。例如，执行 add(3,4)，输出为 7。

（2）将 lambda 表达式作为其他函数的返回值，返回给调用者，即函数的返回值也可以是函数。例如 return lambda x, y: x+y 返回一个加法函数。这时，lambda 表达式实际上是定义在某个函数内部的函数，被称为嵌套函数，或者内部函数。

（3）将 lambda 表达式作为参数传递给其他函数。部分 Python 内置函数接收函数作为参数。典型的此类内置函数有 filter、sort、map、redurce 等。

【例 5.6】lambda 表达式举例。示例如下。

```
>>> sum=lambda x,y:x+y
>>> print("10+20 的值为",sum(10,20))
10+20 的值为 30
>>> print("20+30 的值为",sum(20,30))
20+30 的值为 50
>>>
```

【例 5.7】lambda 表达式举例（lambda 表达式在列表中的应用）。示例如下。

```
>>> a=[(lambda x:x**2),(lambda x:x**3),(lambda x:x**4),(lambda x:x**5)]
>>> print(a[0](3),a[2](3),a[3](3))          #分别打印 3 的 2、4、5 次方
9 81 243
>>> b=[1,3,5,7,9,11,13]
>>> print(sorted(b,key=lambda x: abs(4-x)))    #以数字距离 4 的距离来排序
[3, 5, 1, 7, 9, 11, 13]
>>> c=list(map(lambda x: x+1,b))           #使用 lambda 表达式对列表中的每个元素加 1
>>> print(c)
[2, 4, 6, 8, 10, 12, 14]
```

5.3   函数的参数

5.3.1   形参和实参

函数参数有形参和实参之分。形参又称为形式参数，该参数就是定义函数时所声明的参数列表中的参数。而实参又称为实际参数，是在调用函数时，提供给函数参数的实际值。在调用函数时，如果有多个形参，则实参值默认按形参的位置依次将值传递给形参，当参数不对时，程序运行时将报错。示例如下。

```
>>> def printMax(a, b):
    if a>b:
        print(a, 'is the max')
    else:
        print(b, 'is the max')
>>> printMax(10)                #缺少参数程序报错
Traceback (most recent call last):
  File "<pyshell#6>", line 1, in <module>
    printMax(10)
TypeError: printMax() missing 1 required positional argument: 'b'
>>> printMax(10,60)              #参数完整，运行正常
60 is the max
>>>
```

5.3.2   参数的传递

在定义函数时，不需要声明函数参数类型，系统会根据实参的值自动判断数据类型。大多数情况下，在函数内部修改形参的值并不会影响实参。示例如下。

```
>>> def addOne(a):
    print(a)
    a=a+2
    print(a)

>>> a=5
>>> addOne(a)                #调用函数
5
7
>>> print(a)                 #打印变量 a
5
```

从运行结果看，调用函数时，函数内部修改了形参的值，但当函数运行结束后，实参 a 的值并没有改变。从此例可以看出形参和实参虽然名字一样，但属于两个完全不同的对象，调用函数时，也和 C 语言一样，采用的是值传递的方式，即将实参 a 的值 5 传递给形参 a。

但是当可变序列类型对象如列表、字典、集合等作为形参时，如果在函数内部通过对象自身方法修改对象的元素，则该修改操作一样会影响到实参。示例如下。

```
>>> def modify(a):
    a['id']="001"
    print(a)

>>> b={'id':'003','name':'Jack','sex':'male'}     #定义字典
>>> modify(b)                                      #调用函数
{'id': '001', 'name': 'Jack', 'sex': 'male'}
>>> print(b)                                       #调用函数后，实参的值一并改变
{'id': '001', 'name': 'Jack', 'sex': 'male'}
>>>
```

上例中，字典就是一种可变序列类型的对象，所以在函数中改变其值时相当于直接改变实参的值。示例如下。

```
>>> def change(x,y):
    x="CHINA"
    y[0]=6

>>> a="World"                     #a 的初值
>>> b=[1,2,3]                      #b 的初值
>>> change(a,b)
>>> print(a,b)
World [6, 2, 3]                   #调用函数后，变量 a, b 的初值
>>>
```

从相关运行结果可以看到，由于变量 a 为字符串类型对象，调用函数后，变量 a 的值并未改变；而变量 b 由于是列表，作为可变对象，其值在调用函数后发生了改变。

5.3.3 参数类型

Python 函数的参数除了按位置顺序传递的普通参数外，还有默认值参数、关键参数、可变长度参数等几种类型。

1. 默认值参数

默认值参数是在定义函数时为某个形参赋予默认值的参数。当调用该函数时，如果未给该形参传值，则它将获得定义时所赋的默认值。默认值参数通过赋值运算符（＝）在定义形参时直接赋值。但是需要注意的是，任意默认值参数右侧都不允许再出现没有默认值的参数。示例如下。

```
>>> def add(x,y=8):
    z=x*y
    return z

>>> add(5)              #y 没有传递实参，其默认值为 8
```
40

```
>>> add(5,10)           #y 传递了实参 10
50
>>>
```

当对形参设置默认值时，应避免使用列表、字典、集合等可变序列对象作为函数参数的默认值。

2. 关键参数

在调用函数时，函数的形参和实参通常都是通过位置进行匹配的，即实参值默认按形参的位置依次将值传递给形参，这就使用户必须清楚了解每一个参数的位置和意义，以避免调用出错。事实上，Python 也可以通过关键参数调用函数，即调用函数时，按参数名字传递值，明确指定将值传递给具体参数，这样实参就可以和形参顺序不一致。示例如下。

```
>>> def printinfo( name, age ):
    print ("名字: ", name)
    print ("年龄: ", age)
    return

>>> printinfo("Tom",25)                #按位置传递参数
名字:  Tom
年龄:  25
>>> printinfo(age=22,name="Jack")      #关键参数，不需要按位置传递参数
名字:  Jack
年龄:  22
>>>
```

3. 可变长度参数

一般情况下，函数在定义时参数个数是确定的，但如果在某些情况下无法确定参数个数，则可以使用可变长度参数。要使用可变长度参数，只需要在参数前加 "*" 或者 "**"。

其中，使用 "*" 表示将无法匹配的实参全部放入元组中，使用 "**" 表示将无法匹配的实参转换为字典存储。注意：使用 "**" 定义形参时，实参必须采用关键参数的形式赋值。示例如下。

```
>>> def fun1(x,*y,**z):
    print(x)
    print(y)
    print(z)

>>> fun1(1)                            #一个实参，只匹配形参 x
1
()
{}
>>> fun1(1,2,3)                        #三个实参，第一个匹配 x，后两个匹配 y，组成元组
1
(2, 3)
{}
>>> fun1(1,2,name='JACK',age=24)       #赋值形式实参匹配 z，组成字典
1
(2,)
{'name': 'JACK', 'age': 24}
>>>
```

5.4 变量的作用域

变量的作用域即变量在程序中起作用的范围，不同作用域内同名变量之间互不影响。当在程序中引入函数后，在函数外和函数内定义的变量其作用域是不同的。根据作用域的不同，变量可以分为局部变量和全局变量。

5.4.1 局部变量

通常，局部变量指在函数内部定义的变量，它只能在函数内部使用，其作用域从被定义开始直至函数结束，当函数执行结束，局部变量自动删除。所以，函数外变量允许与函数内局部变量同名，但和该局部变量没有任何关系。

示例如下。

```
>>> def fun1():
        x="hello~!~"
        for i in range(0,3):
                print(x)


>>> fun1()                          #调用函数
hello~!~
hello~!~
hello~!~
>>> fun1(x)                         #在函数外使用变量 x 显示该对象没有被定义
Traceback (most recent call last):
  File "<pyshell#7>", line 1, in <module>
      fun1(x)
NameError: name 'x' is not defined
>>>
```

5.4.2 全局变量

与局部变量不同，变量作用域是整个程序的，则称全局变量。全局变量通常是在函数外部定义的变量。当然，如果需要在函数内部定义全局变量，则必须使用 global 语句进行声明。

示例如下。

```
>>> def fun1():
        global x
x="hello~!~"
y="您好！"
        for i in range(0,3):
                print(x)


>>> x=123
>>> y=234
>>> fun1()
hello~!~
hello~!~
hello~!~
```

```
>>>print(x,y)
hello~!~ 234
>>>
```

在此例中，函数定义了两个变量 x 和 y，x 为全局变量，y 为局部变量。在函数体外对两个变量都进行了重新赋值，但运行程序后，变量 x 的值为函数内所赋的值，而变量 y 由于是局部变量，和函数体外的变量 y 并不是同一个变量，函数体外的变量 y 是全局变量，故变量 y 输出为函数体外的值。

5.5　函数的递归调用

Python 语言允许函数递归调用，函数递归调用是指函数在执行的过程中直接或间接地持续调用自己本身，直到某个条件得到满足时即不再调用。递归调用分直接递归调用和间接递归调用。直接递归调用如图 5-2 所示，f 函数直接调用它自己，间接递归调用如图 5-3 所示。

【例 5.8】使用函数的递归调用实现例 3.9（计算 1～100 所有数之和并输出）。

示例如下。

```
>>> def sum1(n):          #定义函数
    if n==1:
        return 1
    else:
        return n+sum1(n-1)


>>> sum1(100)             #运行函数
5050
```

在此例中，语句 if n==1:表示如果 n=1 证明已经递归到最后，则直接返回 1，这就是递归结束的临界条件；如果 n!=1 则没有达到临界条件，用 n 加上对 $n-1$ 的递归函数，当 n 没有达到临界条件时，系统会不断调用函数，直到 n 为 1 时结束。

【例 5.9】编写函数求解汉诺塔问题。

汉诺塔问题源自古印度，是一道经典的程序设计问题，该问题描述如下：如图 5-4 所示，有 A、B、C 三根柱子，A 柱上有 n 个大小不等的盘子，大盘在下，小盘在上，现要求将所有盘子由 A 柱搬到 C 柱上，每次只能搬动一个盘子，同时必须保证小盘不能置于大盘下方。

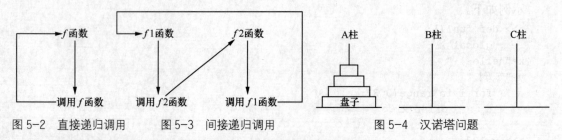

图 5-2　直接递归调用　　　图 5-3　间接递归调用　　　　　　图 5-4　汉诺塔问题

该问题分析如下。

（1）A 柱只有一个盘，则可以：A 柱➔C 柱。

（2）A 柱有两个盘子的情况，则可以：第 1 个盘 A 柱➔B 柱；第 2 个盘➔C 柱；第 1 个盘 B 柱➔C 柱。

（3）A 柱有 *n* 个盘子的情况，则可以将次问题转换为将上方 *n*–1 个盘子看成一个盘，下方最后一个为另一个盘，由此：将上方 *n*–1 个盘子由 A 柱→B 柱（借助 C 柱），将第 *n* 个盘子由 A 柱→C 柱；再将 *n*–1 个盘子由 B 柱→C 柱（借助 A 柱），此时问题转换为将 *n*–1 个盘子搬动的问题，又将上方 *n*–2 个盘子看成一个盘子，下方最后一个看成一个盘子……依次类推下去，一直到最后变成搬动一个盘子的问题。

新建程序文件，输入以下代码。

```
#----------------汉诺塔问题求解-----------------#
i = 0   #用来记录移动次数
# 给 4 个参数定义一个函数，n 代表圆盘的个数，a 代表 A 柱，b，c 为形参，根据实参代表不同柱子
def move(n,a,b,c):
    # 把变量 i 全局化，如果不全局化，只可访问读取不能进行操作修改
    global i
    if n==1:
        i += 1
        print('移动第',i,'次',a,'-->',c)
    else:
        # 1.把 A 柱上 n-1 个圆盘移动到 B 柱上
        move(n-1,a,c,b) # 此时传递的才是实际参数
        # 2.把 A 柱上最大的移动到 C 柱子上
        move(1,a,b,c)
        # 3.把 B 柱子上 n-1 个圆盘移动到 C 柱子上
        move(n-1,b,a,c)


n=int(input("请输入盘子的个数："))
print("移动",n,"个盘子的步骤如下：")
move(n,'A','B','C')
```

保存后运行，结果如图 5-5 所示。

```
Python 3.7.0 (v3.7.0:1bf9cc5093, Jun 27 2018, 04:59:51) [MSC v.1914 64 bit (AMD6
4)] on win32
Type "copyright", "credits" or "license()" for more information.
>>>
======================= RESTART: D:/Python基础程序/5-7.py =======================
=
请输入盘子的个数：2
移动 2 个盘子的步骤如下：
移动第 1 次 A --> B
移动第 2 次 A --> C
移动第 3 次 B --> C
>>>
======================= RESTART: D:/Python基础程序/5-7.py =======================
=
请输入盘子的个数：4
移动 4 个盘子的步骤如下：
移动第 1 次 A --> B
移动第 2 次 A --> C
移动第 3 次 B --> C
移动第 4 次 A --> B
移动第 5 次 C --> A
移动第 6 次 C --> B
移动第 7 次 A --> B
移动第 8 次 A --> C
移动第 9 次 B --> C
移动第 10 次 B --> A
移动第 11 次 C --> A
移动第 12 次 B --> C
移动第 13 次 A --> B
移动第 14 次 A --> C
移动第 15 次 B --> C
>>> |
```

图 5–5 【例 5.9】的运行结果

5.6 模块

模块（Module）是一个 Python 文件，以.py 结尾，它将程序代码和数据封装起来以便重用，它通常包含了对某一对象的定义以及操作该对象的一些函数和方法。与函数类似，模块是分治思想的延续，使用模块可以将任务分解成大小合理的子任务并实现代码的重复使用。

Python 默认安装通常只包括核心模块以及一些标准模块，而启动时也仅加载核心模块。在核心模块中，系统内置一些常用的基本函数，这些函数可以直接使用（具体见第 2 章）；而标准模块则需要导入才能使用其中的函数。在需要某个标准模块时才导入使用，可以使程序更简洁，降低程序负荷。

除此之外，为扩展系统功能，用户也可以根据需要自定义一些模块，或者安装一些第三方的扩展模块。这些模块可以使用 Python 本身提供的 pip 语句安装，也可以使用一些第三方工具如 Anaconda 等安装。

1. 导入模块

在模块中，除了核心模块的函数可以直接使用，其他模块的函数及方法均需要导入才能使用。导入模块有以下 2 种方法。

（1）import 方法。

其语法格式如下。

import 模块名[as 别名]

此方式直接将该模块全部导入，模块中的所有功能均可使用。其中，方括号中的内容不是必须的，当模块名较长时可以根据需要使用别名。使用此方法导入之后，使用模块时必须加上模块名。例如：

```
>>> import math                    #导入数学库
>>> math.sqrt(9)                   #使用数学库中的函数
3.0
>>>
```

（2）from 方法。

其语法格式如下。

from 模块名 import 对象名[as 别名]

此方式只导入模块中指定对象，使用时不需要输入模块名。例如：

```
>>> from math import sqrt
>>> sqrt(9)
3.0
>>>
```

如果希望导入整个模块的所有对象，但又不希望使用时输入模块名，则可以使用语句"from 模块名 import *"来实现；但该方式增加程序负荷，所以并不建议过多使用此方式。

2. 模块位置搜索顺序

当导入一个模块时，Python 解析器对模块位置的搜索顺序如下。

（1）当前目录。

（2）如果不在当前目录，Python 则搜索在 Shell 变量 PYTHONPATH 下的每个目录。

（3）如果都找不到，Python 会察看系统安装的默认路径。

模块搜索路径存储在 system 模块的 sys.path 变量中。变量里包含当前目录、PYTHONPATH 和由安装过程决定的默认目录。

示例如下。

```
>>> import sys
>>> print(sys.path)
['D:/python 基础程序', 'C:\\Users\\Administrator\\AppData\\Local\\Programs\\Python\\
Python37\\Lib\\idlelib', 'C:\\Users\\Administrator\\AppData\\Local\\Programs\\Python\\
Python37\\python37.zip', 'C:\\Users\\Administrator\\AppData\\Local\\Programs\\Python\\
Python37\\DLLs', 'C:\\Users\\Administrator\\AppData\\Local\\Programs\\Python\\Python37\\
lib', 'C:\\Users\\Administrator\\AppData\\Local\\Programs\\Python\\Python37', 'C:\\
Users\\Administrator\\AppData\\Local\\Programs\\Python\\Python37\\lib\\site-packages']
```

3. 查看模块内容

当需要了解模块包含的相关函数、对象等时，可以使用 dir() 函数列出模块里定义的所有模块，变量和函数等。

示例如下。

```
>>> import math    #导入 math 模块
>>> dir(math)
['__doc__', '__loader__', '__name__', '__package__', '__spec__', 'acos', 'acosh',
'asin', 'asinh', 'atan', 'atan2', 'atanh', 'ceil', 'copysign', 'cos', 'cosh', 'degrees',
'e', 'erf', 'erfc', 'exp', 'expm1', 'fabs', 'factorial', 'floor', 'fmod', 'frexp', 'fsum',
'gamma', 'gcd', 'hypot', 'inf', 'isclose', 'isfinite', 'isinf', 'isnan', 'ldexp', 'lgamma',
'log', 'log10', 'log1p', 'log2', 'modf', 'nan', 'pi', 'pow', 'radians', 'remainder', 'sin',
'sinh', 'sqrt', 'tan', 'tanh', 'tau', 'trunc']
>>>
```

5.7 常用标准模块

5.7.1 math 模块

math 模块主要用于完成大部分数学运算，所以该模块主要包含某些数学运算函数，这些函数一般是对 C 语言中同名函数的简单封装。表 5-1 列出了一些常用的数学函数。

表 5-1　　　　　　　　　　math 模块中的一些常用的数学函数

函数名	函数功能说明
math.acos(x)	反余弦函数
math.asin(x)	反正弦函数
math.atan(x)	反正切函数
math.ceil(x)	返回不小于 x 的最小整数
math.copysign(x, y)	返回与 y 同号的 x 值

函数名	函数功能说明
math.cos(x)	返回 x（弧度）余弦值
math.degrees(x)	将 x（弧度）转成角度
math.e	自然常数 e＝2.71828…
math.exp(x)	指数函数，返回 e 的 x 次方
math.fabs(x)	以浮点数形式返回 x 的绝对值
math.factorial(x)	返回 x!
math.floor(x)	返回小于 x 的最大整数
math.gcd(x, y)	返回两个数的最大公约数
math.trunc(x)	返回 x 的整数部分，相当于 int
math.log(x, a)	返回 x 的以 a 为底的对数，a 默认为 e
math.log10(x)	返回 x 的以 10 为底的对数
math.modf(x)	返回 x 的小数部分与整数部分
math.pi	返回 π
math.radians(x)	将 x 的角度转换为弧度
math.sin(x)	返回 x（弧度）正弦值
math.sqrt(x)	返回 x 的平方根
math.tan(x)	返回 x（弧度）正切值
math.tau	返回 2π

5.7.2　time 模块

处理时间是程序最常用的功能之一，Python 提供了多个用于处理时间的标准模块，time 库就是处理时间标准库之一。

在 Python 中，通常用以下三种方式表示时间。

（1）时间戳：指用某个时间与 1970 年 1 月 1 日 00:00:00 的差值表示时间，单位为秒，是一个浮点型数值。

（2）时间元组：以元组的形式表示时间，该元组 struct_time 共有九个元素组成，具体如表 5-2 所示。

表 5-2　　　　　　　　　　　　　时间元组元素

序号	属性	值
0	tm_year	系统年份（例如 2019）
1	tm_mon	月份，1～12
2	tm_mday	日期，1～31
3	tm_hour	时，0～23
4	tm_min	分，0～59
5	tm_sec	秒，0～61（60 或 61 是闰秒）

序号	属性	值
6	tm_wday	星期，0~6（0 是周一）
7	tm_yday	一年中第几天，1~366
8	tm_isdst	−1，0，1，是否为夏令时的标志（1：是；0：不是；−1：未知）

（3）格式化时间：格式化时间即用指定的格式表示时间，例如：Mon Sep 30 14:12:56 2019；格式化时间需要用到的符号如表 5-3 所示。

表 5-3　　　　　　　　　　格式化时间相关符号说明

符号	描述
%y	两位数的年份表示（00~99）
%Y	四位数的年份表示（000~9999）
%m	月份（01~12）
%d	月内中的一天（0~31）
%H	24 小时制小时数（0~23）
%I	12 小时制小时数（01~12）
%M	分钟数（00~59）
%S	秒（00~59）
%a	本地简化星期名称
%A	本地完整星期名称
%b	本地简化的月份名称
%B	本地完整的月份名称
%c	本地相应的日期表示和时间表示
%j	年内的一天（001~366）
%p	本地 A.M.或 P.M.的等价符
%U	一年中的星期数（00~53），星期天为星期的开始
%w	星期（0~6），星期天为星期的开始
%W	一年中的星期数（00~53），星期一为星期的开始
%x	本地相应的日期表示
%X	本地相应的时间表示
%Z	当前时区的名称
%%	%本身

time 模块中常用的时间处理函数及功能如表 5-4 所示。

表 5-4　　　　　　　　　time 模块常用时间处理函数说明

函数	描述
time.asctime([tupletime])	接收时间元组并返回一个可读的形式为"Tue Dec 11 18:07:14 2008"（2008 年 12 月 11 日周二 18 时 07 分 14 秒）的 24 个字符的字符串

函数	描述
time.clock( )	用以浮点数计算的秒数返回当前的 CPU 时间。用来衡量不同程序的耗时，比 time.time()更有用
time.ctime([secs])	作用相当于 asctime(localtime(secs))，未给参数相当于 asctime()
time.gmtime([secs])	接收时间戳（1970 年后经过的浮点秒数）并返回格林尼治天文时间下的时间元组 t。注：t.tm_isdst 始终为 0
time.localtime([secs])	接收时间戳（1970 年后经过的浮点秒数）并返回当地时间下的时间元组 t（t.tm_isdst 可取 0 或 1，取决于当地当时是不是夏令时）
time.mktime(tupletime)	接收时间元组并返回时间戳（1970 年后经过的浮点秒数）
time.sleep(secs)	推迟调用线程的运行，secs 指秒数
time.strftime(fmt[,tupletime])	接收时间元组并返回以可读字符串表示的当地时间，格式由 fmt 决定
time.strptime(str,fmt='%a %b %d %H:%M:%S %Y')	根据 fmt 的格式把一个时间字符串解析为时间元组
time.time( )	返回当前时间的时间戳（1970 年后经过的浮点秒数）

以下是使用 time 相关函数示例。

```
>>> import time
>>> time.time()                                              #返回当前时间戳
1570429793.5738578
>>> time.localtime()                                         # 返回当前时间构成的元组
time.struct_time(tm_year=2019, tm_mon=10, tm_mday=7, tm_hour=14, tm_min=30, tm_sec=6,
tm_wday=0, tm_yday=280, tm_isdst=0)
>>> time.strptime('2019-10-01 14:31:56','%Y-%m-%d %X')       #把字符串按指定格式返回
时间元组
time.struct_time(tm_year=2019, tm_mon=10, tm_mday=1, tm_hour=14, tm_min=31,
tm_sec=56, tm_wday=1, tm_yday=274, tm_isdst=-1)
>>> time.strftime('%Y-%m-%d',time.localtime())              #按指定格式显示当前时间
'2019-10-07'
```

5.7.3　datetime 模块

datetime 模块也是 Python 处理时间的一个模块。它基于 time 进行了重新封装，提供了更直观更容易调用的函数和方法，它在支持日期和时间运算的同时，还能更有效地处理时间的格式化输出。

datatime 模块包含三个类 date、time 以及 datetime，每个类都有相应的处理函数。

1. date 类

date 类表示一个日期对象，由年、月、日组成。其构造函数如下。

class datetime.date(year, month, day)

三个参数分别为年、月、日。其中：

- year 的范围是[MINYEAR, MAXYEAR]，即[1, 9999]。
- month 的范围是[1, 12]。

- day 的最大值根据给定的 year，month 参数来决定。例如闰年 2 月份有 29 天。

date 类提供很多属性及函数供开发者使用，常用的函数及属性如下。

- date.max、date.min：返回 date 对象所能表示的最大、最小日期。
- date.year、date.month、date.day：返回 date 对象的年、月、日。
- date.today()：返回一个表示当前本地日期的 date 对象。
- date.fromtimestamp(timestamp)：根据给定的时间戳，返回一个 date 对象。
- date.replace(year, month, day)：生成一个新的日期对象，用参数指定的年、月、日代替原有对象中的属性。（原有对象仍保持不变）
- date.timetuple()：返回日期对应的 time.struct_time 对象，等价于 time.localtime()。
- date.weekday()：返回 weekday，如果是星期一，返回 0；如果是星期二，返回 1，以此类推。
- data.isoweekday()：返回 weekday，如果是星期一，返回 1；如果是星期二，返回 2，以此类推。
- date.isocalendar()：返回格式如（year，month，day）的元组。
- date.isoformat()：返回格式如 "YYYY-MM-DD" 的字符串。
- date.strftime(fmt)：自定义格式化字符串。

data 类常用函数应用示例如下。

```
>>> from datetime import date          #此种导入方式后可不需输入 datetime
>>> date.today()                        #返回当前日期的 date 对象
datetime.date(2019, 10, 10)
>>> a=date.today()                      #将该 date 对象赋值给变量 a
>>> a.year                              #显示该变量 year 属性
2019
>>> a.weekday()                         #返回变量处于星期四
3
>>> date.isoformat(a)
'2019-10-10'
>>> a.isoformat()
'2019-10-10'
>>> a.strftime("%Y-%m-%d")              #自定义该日期变量的格式
'2019-10-10'
>>>
```

2．time 类

time 类表示时间，由时、分、秒以及微秒组成。其构造函数如下。

class datetime.time(hour[,minute[,second[,microsecond[,tzinfo]]]])

四个参数分别为小时、分、秒、毫秒以及时区。其中：

- hour 的范围为[0, 24]。
- minute 的范围为[0, 60]。
- second 的范围为[0, 60]。
- microsecond 的范围为[0, 1000000]。

time 类常用属性及函数如下。

- time.min、time.max：time 类所能表示的最小、最大时间。其中，time.min = time(0, 0, 0, 0)，time.max = time(23, 59, 59, 999999)。

- time.resolution：时间的最小单位，这里是 1 微秒。

- time.hour、time.minute、time.second、time.microsecond：时、分、秒、微秒。

- time.tzinfo：时区信息。

- time([hour[, minute[, second[, microsecond[, tzinfo]]]]])：构造函数，返回一个 time 对象，所有参数均可选。

- time.replace([hour[, minute[, second[, microsecond[, tzinfo]]]]])：创建一个新的时间对象，用参数指定的时、分、秒、微秒代替原有对象中的属性（原有对象仍保持不变）。

- time.isoformat()：返回型如"HH:MM:SS"格式的字符串表示。

- time.strftime(fmt)：返回自定义格式化字符串。

time 类常用函数及属性示例如下。

```
>>> t1=time(16,20,48)                        #将创建的 time 对象赋值给变量 t1
>>> t1.replace(20,20,50)                     #创建新的 time 对象，但并未将它赋值给任何变量
datetime.time(20, 20, 50)                    #创建新的 time 对象并赋值给变量 t2
>>> t2=t1.replace(hour=20,minute=20)
>>> t1.strftime("%I:%M:%S")                  #按指定格式显示 t1
'04:20:48'
>>> t2.strftime("%I:%M:%S")                  #按指定格式显示 t2
'08:20:48'
```

3. datetime 类

datetime 类是 date 类与 time 类的结合体，包括 date 类与 time 类的所有信息。其构造函数如下。

datetime.datetime (year, month, day[,hour[,minute[,second[,microsecond[,tzinfo]]]]])

其中参数的含义与 date、time 的构造函数中的一样。

datetime 类常用的类属性与函数如下。

- datetime.min、datetime.max：datetime 所能表示的最小值与最大值。

- datetime.resolution：datetime 最小单位。

- datetime.year、month、day、hour、minute、second、microsecond、tzinfo：与 date、time 类相关参数一致。

- datetime.today()：返回一个表示当前本地时间的 datetime 对象。

- datetime.now([tz])：返回一个表示当前本地时间的 datetime 对象，如果提供了参数 tz，则获取 tz 参数所指时区的本地时间。

- datetime.utcnow()：返回一个当前 utc 时间（0 时区）的 datetime 对象。

- datetime.utcfromtimestamp(timestamp)：根据时间戳创建一个 datetime 对象。

- datetime.combine(date, time)：根据 date 和 time，创建一个 datetime 对象。

- datetime.strptime(date_string, format)：将格式字符串转换为 datetime 对象。

- datetime.date()：获取 date 对象。

- datetime.time()：获取 time 对象。

- datetime. replace ([year[, month[, day[, hour[, minute[, second[, microsecond[, tzinfo]]]]]]]]]）：创建一新的 datetime 模块。

- datetime. weekday ()：返回 datetime 对象处于周几。

- datetime. isoformat ([sep])：返回标准格式的 datetime 对象组成的字符串。

- datetime. strftime (fmt)：返回自定义格式化字符串。

- datetime.strptime(date_string, fmt)：按指定格式将某字符串转化为 datetime 对象。

datetime 类函数及属性的应用示例如下。

```
>>> from datetime import datetime
>>> dt = datetime(2019,10,10,16,30,48)        #定义 datetime 对象并赋值给 dt
>>> print(dt)
2019-10-10 16:30:48
>>> print(type(dt))                           #输出 dt 的类型
<class 'datetime.datetime'>
>>> dt1 = datetime.now()                      #显示当前本地时间并赋值给 dt1
>>> print(dt1)
2019-10-14 13:50:59.709977
>>> dt2 = datetime.utcnow()                   #显示当前 utc 时间（0 时区）并赋值给 dt2
>>> print(dt2)
2019-10-14 05:52:14.570164
>>> import time
>>> dt3= datetime.fromtimestamp(time.time())  #根据当前时间戳转换为 datetime 对象
>>> print(dt3)
2019-10-14 13:54:56.892232
>>> d = dt3.date()                            #获取 dt3 的 date 对象
>>> print(d)
2019-10-14
>>> print(type(d))
<class 'datetime.date'>
>>> print(dt3.strftime('%Y/%m/%d %H:%M:%S'))  #格式化 dt3 对象
2019/10/14 13:54:56
```

5.7.4　calendar 模块

calendar 模块主要提供与日历处理相关的函数，该模块常用函数说明如表 5-5 所示。

表 5-5　　　　　　　　　　　　　　calendar 模块常用函数说明

函数	描述
calendar.calendar(year,w=2,l=1,c=6)	返回一个多行字符串格式的年历，3 个月一行，间隔距离为 c。每日宽度间隔为 w 字符。每行长度为 21×w+18+2×c。l 是每星期行数
calendar.firstweekday()	返回当前每周起始日期的设置。默认情况下，首次载入 calendar 模块时返回 0，即星期一
calendar.isleap(year)	是闰年返回 True，否则为 False
calendar.leapdays(y1,y2)	返回在 y1、y2 两年之间的闰年总数
calendar.month(year,month,w=2,l=1)	返回一个多行字符串格式的日历，两行标题，一周一行。每日宽度间隔为 w 字符。每行的长度为 7×w+6。l 是每星期的行数
calendar.monthcalendar(year,month)	返回一个整数的单层嵌套列表。每个子列表装载一个星期的整数。除 year（年）、month（月）外的日期都设为 0；范围内的日子都由该月第几日表示，从 1 开始

函数	描述
calendar.monthrange(year,month)	返回两个整数。第一个是该月的星期几的日期码，第二个是该月的日期码。日从 0（星期一）到 6（星期日），月从 1 到 12
calendar.prcal(year,w=2,l=1,c=6)	相当于 print calendar.calendar(year,w,l,c)
calendar.prmonth(year,month,w=2,l=1)	相当于 print calendar.calendar（year,w,l,c）
calendar.setfirstweekday(weekday)	设置每周的起始日期码，0（星期一）到 6（星期日）
calendar.timegm(tupletime)	和 time.gmtime 相反：接收一个时间元组，返回该时刻的时间戳（1970 年后经过的浮点秒数）
calendar.weekday(year,month,day)	返回给定日期的日期码，0（星期一）到 6（星期日）。月份为 1 到 12

注意：在日历中，星期一默认是每周第一天，星期日是最后一天。

以下是使用 clendar 模块相关函数示例。

```
>>> import calendar
>>> print(calendar.month(2019,10))          #打印指定时间日历
    October 2019
Mo Tu We Th Fr Sa Su
    1  2  3  4  5  6
 7  8  9 10 11 12 13
14 15 16 17 18 19 20
21 22 23 24 25 26 27
28 29 30 31
>>> calendar.weekday(2020,1,1)               #查看 2020 年 1 月 1 日是星期几
2
>>> calendar.isleap(2020)                    #判断是不是闰年
True
>>>
```

5.7.5 random 库

random 库主要作用是生成随机数。该库提供了不同类型的随机数函数，其中最基本的函数是 random.random()，它生成一个[0.0, 1.0)的随机小数，所有其他随机函数都是基于这个函数扩展而来的。随机数常用于数学及游戏等相关编程。该模块常用函数说明如表 5-6 所示。

表 5-6　　　　　　　　　　　　　random 模块常用函数说明

函数	描述
seed(a=None)	初始化随机数种子，默认值为当前系统时间
random()	生成一个[0.0, 1.0)的随机小数
randint(a, b)	生成一个[a,b]的整数
getrandbits(k)	生成一个 k 比特长度的随机整数
randrange(start, stop[, step])	生成一个[start, stop)以 step 为步数的随机整数
uniform(a, b)	生成一个[a, b]的随机小数
choice(seq)	从序列类型（例如：列表）中随机返回一个元素
shuffle(seq)	将序列类型中元素随机排列，返回打乱后的序列
sample(pop, k)	从 pop 类型中随机选取 k 个元素，以列表类型返回

以下是使用 random 模块相关函数示例。

```
>>> from random import *
>>> random()
0.37626422876417087
>>> seed(10)
>>> random()
0.5714025946899135
>>> random()
0.4288890546751146
>> seed(10)                    #再次设置相同的种子，则后续产生的随机数相同
>>> random()
0.5714025946899135
>>> random()
0.4288890546751146
>>>
```

思考与练习

1．简述编程过程中使用函数的优点。

2．编写一个函数，实现将摄氏温度转换为华氏温度，转换公式为：c*1.8+32，并在程序中实现该函数的调用。

3．编写一个函数，该函数接收包含 1～30 的 30 个整数的列表 lst，以及一个整数 n 作为参数，返回一个新列表，新列表要求将列表 lst 中下标 n 之前的元素逆序，下标 n 之后的元素逆序。并实现该函数的调用

4．编写一个函数，利用可变参数定义一个任意数值最小值的函数 min_n(a,b,*c)，并实现该函数的调用。

5．编写一个返回多值的函数（函数名称自拟），返回制订列表数据的最大值、最小值和元素个数，并实现该函数的调用。

第6章 面向对象程序设计

面向对象程序设计（Object Oriented Programming，OOP）是一种编程思想。OOP 将数据及对数据的操作封装在一起，组成了一个相互依存、不可分割的整体，即对象。对象是一个程序的基本单元。对同种类型的对象进行分类、抽象，得出共有的特征从而形成了类，面向对象程序设计的关键是如何合理地定义和组织这些类以及类之间的关系。

本章主要介绍面向对象的基本概念，类的定义和使用，以及类的继承和多态。

6.1 面向对象概述

6.1.1 面向对象程序设计基础

程序设计方法分为面向过程程序设计和面向对象程序设计。

面向过程程序设计是以算法（功能）为中心，程序=算法+数据结构，算法和数据结构之间的耦合度很高。因此，当数据结构发生变化后，所有与该数据结构相关的语句和函数都需要修改，给程序员带来了很大负担。

面向对象程序设计是将软件结构建立在对象上，而不是功能上，通过对象来模拟现实世界中的事务，使计算机求解问题更加类似于人类的思维活动。面向对象使用类来封装程序和数据，对象是类的实例。程序被视为一组对象的集合，而每个对象都可以接收其他对象发过来的消息，并处理这些消息，计算机程序的执行就是一系列消息在各个对象之间的传递。以对象为程序的基本单元，提高了软件的重用性、灵活性和扩展性，所以面向对象程序设计是目前软件开发领域的主流技术。

面向对象程序设计具有三大基本特征：封装性、继承性和多态性。

1. 封装性

封装性是面向对象程序设计的核心思想。设计类的属性和方法，实际上就是对类进行"封装"操作，即设计者将类的功能实现细节写在类中，只留出必要的属性和方法供程序员使用，这个过程即"封装"。程序员只需要了解设计者提供了哪些接口，而不需要了解其内部的具体实现。

采用封装思想保证了类内部数据结构的完整性，程序员不能直接看到类中的数据结构，而只能按照指定的协议通过指定的接口访问类的数据，这样避免了外部对内部数据的影响，提高了程序的可维护性。

2．继承性

在现有类的基础上通过添加属性或方法对现有类进行扩展，派生出新类的现象称为类的继承机制，也称为继承性。通过继承创建的新类称为子类或派生类，被继承的类称为父类或基类。继承的过程，就是从一般到特殊的过程。

子类无须重新定义在父类中已经声明的属性和行为，可自动拥有其父类的属性和行为。子类既具有继承下来的属性和行为，又具有自己新定义的属性和行为。在软件开发中，类的继承性使软件具有开放性、可扩充性，实现了代码重用，有效地缩短了程序的开发周期。

3．多态性

多态性是指父类定义的属性或行为，被子类继承后，父类可以具有不同的数据类型或者表现出不同的行为特性。相同的操作、方法作用于不同类型的对象上可获得不同的结果，即不同的对象收到同一消息可产生不同的结果。多态性增强了软件的灵活性和重用性。

6.1.2　类和对象

类是具有相同属性和行为的一组对象的集合，是封装对象的属性和行为的载体。在面向对象的编程语言中，类是一个独立的程序单位，由类名来标识，包括属性定义和行为定义两个主要部分。

现实世界中客观存在的每一个相对独立的事物都可以看成一个对象，例如一个人、一本书、一辆汽车等。对象是具有某些特征和功能的具体事务的抽象。每个对象都有具有其特征的属性和行为。例如一个人有姓名、性别、年龄、身高、体重等特征属性，也有行走、吃饭、学习、休息等行为；一辆车有颜色、车门数、车轮数、载客量等属性，也有启动、行驶、加速、减速、刹车等行为。对象是系统中用来描述客观事物的一个实体，它是一组属性以及有权对这些属性进行操作的一组行为的封装体。

类与对象的关系就如模具和铸件的关系，类的实例化结果就是对象，对一组对象的抽象就是类。每个对象都有一个类型，类是创建对象实例的模板，是对对象的抽象和概括。类描述了一组有相同属性（变量）和相同行为（方法）的对象。

6.2　类的定义与使用

6.2.1　定义类

在 Python 中，使用 class 关键字定义类，定义类的语法格式如下。
class 类名：
  '''类的帮助信息'''
  类体
说明：
- 类名：类名的首字母一般用大写，应遵循 Python 命名规范。

● 类的帮助信息：使用三引号对类进行必要的注释。设置注释后在创建对象时，输入类名和左侧括号后，将显示该注释信息。

● 类体：主要由成员变量、成员方法等定义语句组成。定义类时，如果暂时还没有确定如何实现功能，可先使用 pass 语句"占位"，等以后再具体实现。

例如定义一个 People 人员类，暂不实现功能。示例如下。

```
class People:
    '''声明一个人员类 People'''
    pass
```

6.2.2 创建类的实例

对象是类的实例，class 语句本身并不创建该类的任何实例。类定义以后，可以创建类的实例，即该类的对象。Python 创建类的实例的语法如下。

对象名 = 类名(参数列表)

当一个类在定义时，没有创建__init__()方法，或当__init__()方法只有一个 self 参数时，参数列表可以省略。

【例 6.1】创建一个 People 类的对象。

示例如下。

```
class People:
    '''声明一个人员类 People'''
    pass
#主程序
p=People()                          #创建 People 类的实例
print(p)
```

执行上面代码，结果如图 6-1 所示。

```
========================= RESTART: C:/Python37/T6.1.py =========================
<__main__.People object at 0x000000C699665188>
>>>
```

图 6-1 【例 6.1】的运行结果

在 Python 中，可以使用内置函数 isinstance()测试一个对象是否为某个类的实例。使用内置函数 type()可查看对象类型。示例如下。

```
>>> isinstance(p,People)
True
>>> type(p)
<class '__main__.People'>
```

6.2.3 构造方法和析构方法

1. 构造方法

定义类结构时，通常会创建一个特殊的__init__()方法。该方法是 Python 中类的构造方法，一般为数据成员设置初始值或进行其他必要的初始化工作，创建对象时会自动被调用和执行。如果定义类时没有设计构造方法，Python 将提供一个默认的构造方法进行必要的初始化工作。注意__init__()方法的名称，在开头和结尾处是两个下画线。

__init__()方法必须包含一个 self 参数，并且必须是第一个参数。self 参数是一个指向实例本身的引用，用于访问类中的变量和方法。在方法调用时会自动传递实际参数 self，因此当__init__()方法只有一个参数时，创建类的实例，不需要指定实际参数。

【例 6.2】定义一个包含__init__()方法的 People 类，并创建一个该类的对象。

示例如下。

```
class People:
        '''声明一个人员类-People'''
        def __init__(self,name,age):                    #构造方法，注意 self 参数
                print("创建一个新的 People 对象")
                print("姓名: ",name, "年龄: ",age)
p=People("Tom",18)                                      #创建 People 类的实例
```

程序运行结果如图 6-2 所示。

```
========================= RESTART: C:/Python37/T6.2.py =========================
创建一个新的People对象
姓名: Tom 年龄: 18
>>>
```

图 6-2 【例 6.2】的运行结果

在__init()__方法中，除了 self 参数外，还可以自定义一些参数，参数间使用逗号","进行分隔。

2. 析构方法__del__()

Python 中类的析构方法__del__()，作用是释放对象占用的资源，在 Python 删除对象和收回对象空间时被自动调用和执行。如果用户没有定义类的析构方法，Python 将提供一个默认的析构方法进行必要的清理工作。

【例 6.3】为【例 6.2】的 People 类增加一个__del__()析构方法，创建一个该类的对象，然后删除该对象。

示例如下。

```
class People:
        '''声明一个人员类-People'''
        def __init__(self,name,age):
                print("创建一个新的 People 对象")
                print("姓名:",name," 年龄:",age)
        def __del__(self):
                print("People 不存在了! ")
p =People("Tom",18)
del p                                   #删除对象 p，系统自动调用析构方法__del__()
```

程序运行结果如图 6-3 所示。

```
========================= RESTART: C:/Python37/T6.3.py =========================
创建一个新的People对象
姓名: Tom    年龄: 18
People 不存在了!
>>>
```

图 6-3 【例 6.3】的运行结果

6.2.4 类变量和实例变量

类的成员变量分为两种：类变量和实例变量。

1. 类变量

当一个类定义后，就产生一个同名的类对象。类变量即类对象的变量，是指在类的方法之外定义的变量。类变量属于类对象，不依赖于某个实例对象，被类的所有实例共享。在类内部或类外部都可以用"类名.变量名"访问。在主程序中（类外部），类变量也可以通过实例名访问。

2. 实例变量

实例变量是指在类的方法（主要是构造方法__init__）中定义的变量，只作用于当前实例。实例变量是与某个类的实例相关联的数据值，其独立于其他实例或类。当一个实例被释放后，相关实例变量同时被释放。

在 Python 中，实例变量要以 self 作为前缀定义，self 代表要创建的实例（对象）自身。以 self 定义的变量都是实例变量，该变量可以定义在任何实例方法内。实例变量的初始化一般通过定义__init__()构造方法或__new__()方法来完成。

调用实例变量有以下两种方法。

（1）在类内以"self.变量名"格式访问。

（2）在类的外部（如主程序中），实例变量属于实例对象，以"对象名.变量名"格式访问。

【例 6.4】定义含有实例变量（姓名 name，年龄 age）和类变量（人数 counter）的人员类 People。示例如下。

```
class People:
    '''声明一个人员类-People'''
    counter= 0                              #类变量
    def __init__(self,name1,age1):          #构造方法
        self.name=name1
        self.age=age1
        People.counter=People.counter+1
    def printInfo(self):                    #成员方法
        print("姓名: ",self.name," 年龄: ",self.age)   #访问实例变量
    def printCounter(self):                 #成员方法
        print("总人数: ",People.counter)     #访问类变量
#主程序
p1=People("Tom",18)                         #实例化生成对象 p1
p1.printInfo()
p1.printCounter()
p2=People("Jarry",20)                       #实例化生成对象 p2
p2.printInfo()
p2.printCounter()
People.counter=100                          #修改类变量
p1.printCounter()
```

程序运行结果如图 6-4 所示。

```
======================= RESTART: C:/Python37/T6.4.py =======================
姓名: Tom  年龄:  18
总人数: 1
姓名: Jarry  年龄:  20
总人数: 2
总人数: 100
>>>
```

图 6-4　【例 6.4】的运行结果

6.2.5 访问限制

在类的内部可以定义变量和方法,而在类的外部则可以直接调用变量或方法来操作数据,从而隐藏了类内部的复杂逻辑。但是,Python 并没有对变量和方法的访问权限进行限制。为保证类内部的某些变量或方法不被外部访问,可以在变量或方法名前面添加单下画线(_)、双下画线(__)或首尾加双下画线(__memberName__),从而限制访问权限。

(1)_memberName:以单下画线开头的表示保护类型(Protected)的成员,只允许类自身和子类内部成员方法访问。不能用"from module import *"导入。

(2)__memberName:以双下画线开头的表示私有成员(Private),只允许类对象自己访问,子类对象也不能访问。Python 并没有对私有成员提供严格的访问保护机制,通过"实例名._类名__memberName"特殊方式可以在外部程序中访问私有成员,但会破坏类的封装性,应尽量避免以此方式访问私有成员。

(3)__memberName__:首尾双下画线一般表示系统定义的特殊成员,如__init__()等。

私有变量是为了数据封装和保密设置的变量,一般只能在类的成员方法(类的内部)中访问。虽然 Python 支持一种从外部直接访问类的私有成员的特殊方式,但并不推荐。公有变量可以公开使用,既可以在类的内部进行访问,也可以在外部程序中访问。

【例 6.5】创建一个具有私有变量的 Fruit 类。

示例如下。

```
class Fruit:
    __num = 0                           #定义类变量
    def __init__(self,c,p):
        self.color=c                    #定义公共变量 color
        self.__price=p                  #定义私有变量__price
        Fruit.__num=Fruit.__num+1
#主程序
apple=Fruit("red",5)
print(apple.color)
apple.color="green"                     #修改公有变量的值
print(apple.color)
print(apple._Fruit__price)             #用特殊方法访问私有变量:对象名._类名+私有变量名
#print(apple.__price)                  #不能直接访问对象的私有变量,否则出错!
```

程序运行结果如图 6-5 所示。

```
======================== RESTART: C:/Python37/T6.5.py ========================
red
green
5
>>>
```

图 6-5 【例 6.5】的运行结果

如果直接访问对象的私有变量,将出现"AttributeError: 'Fruit' object has no attribute '__price'"错误提示。

在 IDLE 环境中,在输入对象或类名后面加上一个圆点".",稍等片刻,则会自动列出其所有的公有成员,模块也具有相同的特性。如果在圆点"."后再加一个下画线,则会列出该对象或类的所有成员,包括私有成员。

6.2.6 实例方法、类方法和静态方法

1. 实例方法

实例方法是绑定在类的实例上的方法，只能通过实例对象调用，并且在实例方法内可以通过 self 参数直接访问调用该方法的实例本身。在 Python 中，类的声明方法默认为实例方法。实例方法需要在所有参数前添加一个调用该方法的实例参数，一般用 self 来表示。执行时，自动将调用该方法的对象赋给 self。

创建实例方法的语法格式如下。

def 方法名(self，参数列表)：

　　方法体

说明：

- self 为必要参数，表示类的实例，其名称也可以是其他名词，习惯上使用 self。
- 参数列表用于指定除 self 以外的参数，各参数之间用逗号"，"进行分隔。
- 方法体为实现具体功能的程序块。

实例方法创建完成后，可以通过类的实例名称和点（.）操作符访问。具体语法格式如下。

对象名.方法名(参数列表)

说明：

参数列表为方法指定的实际参数，即实例方法定义中除 self 之外的其他参数。

2. 类方法

类方法就是类对象所拥有的方法。类方法在定义时需要使用修饰器@classmethod 声明。类方法必须以 cls 作为第一个参数，cls 表示类本身，通过它来传递类的属性和方法（不能传实例的属性和方法）。在调用类方法时不需要为该参数传递值；执行类方法时，系统将自动调用该方法的类赋值给 cls 参数。类方法可以通过类名或实例对象名来调用。

3. 静态方法

静态方法不需要默认的任何参数，和一般的普通方法类似，但是方法内不能使用任何实例变量。静态方法在声明时需要使用修饰器@staticmethod 声明，即在函数声明的上一行添加修饰器。静态方法中不能直接访问属于对象的成员，只能访问属于类的成员。静态方法既可以通过类名进行调用，也可以通过实例对象进行调用。Python 中的静态方法常用于工具函数的封装。

【例 6.6】实例方法、类方法和静态方法举例。

示例如下。

```
class People:
    '''声明一个人员类-People'''
    __counter=0                              #类变量
    def __init__(self,name,age):             #构造方法
        self.__name=name
        self.__age=age
        People.__counter+=1
```

```
        def showInfo(self):                        #实例方法
            print("name:",self.__name,"age:",self.__age)
            print("People counter:",People.__counter)

        @classmethod                               #类方法
        def classShowCounter(cls):
            print("counter in classmethod:",cls.__counter)

        @staticmethod                              #静态方法
        def staticGetCounter():
            print("in staticmethod:",People.__counter)

#主程序
p1=People("Tom",18)
p1.showInfo()
p2=People("Jarry",20)
p2.showInfo()
People.staticGetCounter()                  #调用静态方法
People.classShowCounter()                  #通过类名调用类方法
p2.classShowCounter()                      #通过对象名调用类方法
```

程序的运行结果如图 6-6 所示。

```
======================= RESTART: C:/Python37/T6.6.py =========================
name: Tom age: 18
People counter: 1
name: Jarry age: 20
People counter: 2
in staticmethod: 2
counter in classmethod: 2
counter in classmethod: 2
>>> |
```

图 6-6　【例 6.6】的运行结果

6.3　继承

6.3.1　类的继承

继承是面向对象编程的重要特性之一。当要定义的一个类和一个已存在的类之间存在继承关系时，可以通过继承实现代码重用，减少工作量，提高开发效率。在程序设计中实现继承，表示这个类拥有它继承的类的所有非私有成员。继承关系中，已定义好的类称为父类或基类，新设计的类称为子类或派生类。

在类定义语句中，类名右侧使用一对小括号将要继承的父类名括起来，即可实现类的继承。类的继承的语法格式如下。

class 类名(父类名):

　　'''类的帮助信息'''

　　类体

说明：

* 在类定义中，可以在类名后的小括号内指定要继承的父类。

113

- 如果有多个父类，父类名之间用逗号"，"间隔。如果不指定，将使用所有 Python 对象的根类 object。

Python 继承具有以下特点。

（1）在继承中，父类的构造方法__init__()不会自动被调用，需要在子类的构造方法中专门调用。调用方法为"父类名.__init__(self，参数表)，也可以使用 super().__init__（self，参数表）方式来调用父类的构造方法。

（2）在继承关系中，子类继承了父类所有的公有变量和方法，可以在子类中通过父类名来调用。而父类中私有的变量和方法，子类不能继承，因此其在子类中是无法访问的。

（3）在子类中调用父类的方法，需要以"父类名.方法名(self，参数表)"方式调用，并且要传递 self 参数。也可以使用内置函数 super()实现这一目的。调用本类的实例方法时，不需要加 self 参数。

（4）如果某些父类方法的功能不能满足需求，可以在子类重写父类中的方法。

（5）Python 总是先在本类中查找调用的方法，如果找不到，才在父类中查找。

【例 6.7】定义一个动物类 Animal，有 name、age 两个变量，以及 sleep()和 eat()两个方法。子类 Dog 也包含相同的变量和方法，还有自己特有的变量 color 和 bark()方法。

示例如下。

```python
class Animal():                          #定义父类 Animal
    def __init__(self,name,age):
        self.name = name
        self.age = age
    def eat(self):
        print("Animal " + self.name + " is eating foods")
    def sleep(self):
        print("Animal " + self.name + " is sleeping")


class Dog(Animal):                       #声明子类 Dog
    def __init__(self,name,age,color="black"):
        super().__init__(name,age)       #调用父类的构造方法
        self.color = color
    def bark(self):                      #子类实例方法
        print("Dog " + self.name + " is barking ,it is " + self.color)
#主程序
kimi= Dog('kimi',3,'white')              #实例化子类
kimi.bark()                              #调用子类的方法
kimi.eat()                               #调用继承的父类方法
kimi.sleep()
```

程序运行结果如图 6-7 所示。

```
========================= RESTART: C:/Python37/T6.7.py =========================
Dog kimi is barking ,it is white
Animal kimi is eating foods
Animal kimi is sleeping
>>>
```

图 6-7 【例 6.7】的运行结果

【例 6.8】设计 people 类，并根据 people 类设计子类 Student，分别创建 people 类和 Student类的子类。

示例如下。

```
class People:
    __counter=0
    def __init__(self,n,a):                    #定义构造方法
        self.__name = n
        self.__age = a
        People.__counter+=1
    def showInfo(self):
        print("%s 说: 我 %d 岁。" %(self.__name,self.__age))
class Student(People):
    def __init__(self,n,a,g):
        People.__init__(self,n,a)              #调用父类的构造方法
        self.__grade = g
    def showInfo(self):
        People.showInfo(self)                  #调用父类方法 showInfo()
        #super(Student,self).showInfo()        #使用 super()函数调用父类方法
        #super().showInfo()
        print("我在读 %d 年级。"%(self.__grade))
#主程序
s = Student('ken',11,6)
s.showInfo()
```

程序运行结果如图 6-8 所示。

```
======================= RESTART: C:/Python37/T6.8.py =========================
ken 说: 我 11 岁。
我在读 6 年级。
>>>
```

图 6-8　【例 6.8】的运行结果

6.3.2　子类和父类的关系

子类和父类的关系是 "is" 的关系。例如，Dog 类是 Animal 类的子类，Animal 类实例化生成 a，Dog 类实例化生成 d，则我们可以说：

• "a" 是 Animal 的实例，但 "a" 不是 Dog 的实例。

• "d" 是 Dog 的实例，也是 Animal 的实例。

instance()函数用于判断一个对象是否为某个类的实例。其语法格式如下。

isinstance(obj, Class)

该函数可判断 obj 是不是 Class 类或 Class 子类的实例，是则返回 True，否则返回 False。

【例 6.9】判断类之间关系举例。

示例如下。

```
class Animal(object):
    pass
class Dog(Animal):
    pass
#主程序
a= Animal()
d = Dog()
print('"a" IS Animal?', isinstance(a, Animal))
```

```
print('"a" IS Dog?', isinstance(a, Dog))
print('"d" IS Animal?', isinstance(d, Animal))
print('"d" IS Dog?', isinstance(d, Dog))
```

程序运行结果如图 6-9 所示。

```
========================= RESTART: C:/Python37/T6.9.py =========================
"a" IS Animal? True
"a" IS Dog? False
"d" IS Animal? True
"d" IS Dog? True
>>>
```

图 6-9 【例 6.9】的运行结果

issubclass(sub, super)函数可以判断一个 sub 类是不是另一个 super 类的子类或子孙类，是则返回 True，否则返回 Flase。另外 type(obj)函数返回对象 obj 的类型，也可用于对象的类型判断。

【例 6.10】issubclass()函数和 type()函数应用举例。

示例如下。

```
class Animal(object):
    pass
class Dog(Animal):
    pass
#主程序
a= Animal()
d= Dog()
print("type(a)== Animal?",type(a)==Animal)
print("type(d)== Dog?",type(d)==Dog)
print("type(d)== Animal?",type(d)==Animal)
print("Dog is Animal's subclass ?",issubclass(Dog,Animal))
```

程序运行结果如图 6-10 所示。

```
========================= RESTART: C:/Python37/T6.10.py =========================
type(a)== Animal? True
type(d)== Dog? True
type(d)== Animal? False
Dog is Animal's subclass ? True
>>>
```

图 6-10 【例 6.10】的运行结果

6.3.3 方法重写

子类继承父类的所有功能，子类对象可以直接使用父类中定义的方法。当父类的某个方法不完全适用于子类时，需要在子类中重新定义该方法，新定义的方法就屏蔽了父类的方法。子类的对象调用方法时，就会使用新定义的方法，这种情况就称为方法的重写或覆盖。子类中也可以使用 super()函数调用父类中已被覆盖的方法。

【例 6.11】重写父类的方法举例。

示例如下。

```
class Parent:                              # 定义父类
    def testMethod(self):
        print ('调用父类方法')
```

```
class Child(Parent):                        # 定义子类
    def testMethod(self):
        print ('调用子类方法')
        #Parent.testMethod(self)            #子类中调用父类被覆盖的方法
        #super(Child,self).testMethod()     #子类中调用父类被覆盖的方法
#主程序
c = Child()                                 # 子类实例
c.testMethod()                              # 子类调用重写方法
super(Child,c).testMethod()                 # 用子类对象调用父类已被覆盖的方法
```

程序运行结果如图 6-11 所示。

```
======================== RESTART: C:/Python37/T6.11.py ========================
调用子类方法
调用父类方法
>>>
```

图 6-11　【例 6.11】的运行结果

6.3.4　子类继承父类的构造方法

在 Python 的继承关系中，如果子类的构造方法没有覆盖父类的构造方法__init__()，则在创建子类对象时，会自动调用父类中的构造方法。

当子类中的构造方法__init__()覆盖了父类中的构造方法时，创建子类对象时，将执行子类中的构造方法，而不会自动调用父类中的构造方法。

子类的构造方法中可以调用父类的构造方法，调用父类的构造方法如下。

（1）父类名.__init__(self, 参数列表)。

（2）super(子类名, self).__init__(参数列表)。

super(子类名, self)函数将返回当前子类的父类，然后再调用__init__()方法。注意：self 参数已在 super(子类名, self)函数中传入，__init__(参数列表)方法中的 self 参数将隐式传递，因此__init__(参数列表)中不能再写 self 参数。

【例 6.12】设计圆 Circle 类，根据 Circle 类派生出球体 Ball 类。

示例如下。

```
from math import pi
class Circle(object):                       #定义圆 Circle 类
    def __init__(self,radius):              #定义构造方法
        self.__radius=radius                #初始化私有变量半径
    def getRadius(self):
        return self.__radius
    def setRadius(self,radius):
        self.__radius=radius
    def area(self):                         #计算圆面积
        return pi*self.__radius**2
    def cir(self):                          #计算圆周长
        return 2*pi*self.__radius
    def __str__(self):                      #返回对象的字符串表达式
        return "半径是:"+str(self.__radius)

class Ball(Circle):                         #定义子类球体 Ball
```

```
        def __init__(self,radius):
            super(Ball,self).__init__(radius)  #方法1：通过super()函数调用父类构造方法
            #Circle.__init__(self,radius)       #方法2：通过类名调用父类构造方法
        def area(self):
            return 4*pi*self.getRadius()**2
        def volume(self):
            return 4/3*pi*self.getRadius()**3
        def __str__(self):
            return super(Ball,self).__str__()
            #return Circle.__str__(self)
#主程序
c=Circle(4)
print(c)
print(c.area())
print(c.cir())
b=Ball(4)
print(b)
print(b.area())
print(b.volume())
```

程序运行结果如图 6-12 所示。

```
======================== RESTART: C:/Python37/T6.12.py ========================
半径是:4
50.26548245743669
25.132741228718345
半径是:4
201.06192982974676
268.082573106329
>>>
```

图 6-12　【例 6.12】的运行结果

6.3.5　多重继承

所谓多重继承，是指一个子类可以有多个父类的继承方式。如果一个类同时继承多个父类，则子类继承所有父类的变量和方法。如果多个父类有相同的方法，而子类中没有定义该方法，当子类对象调用此方法时，将从左至右搜索父类，即方法在子类中未找到时，将从左到右查找父类中是否包含该方法。

【例 6.13】多重继承举例。

示例如下。

```
class People:
    #定义构造方法
    def __init__(self,n,a):
        self.name = n
        self.age = a
    def speak(self):
        print("%s 说：我 %d 岁。" %(self.name,self.age))
#单继承示例
class Student(People):
    def __init__(self,n,a,g):
        #调用父类的构造方法
        People.__init__(self,n,a)
```

```
            self.grade = g
        #覆写父类的方法
        def speak(self):
            print("%s 说：我 %d 岁了，我在读 %d 年级"%(self.name,self.age,self.grade))
class Speaker():
    def __init__(self,n,t):
        self.name = n
        self.topic = t
    def speak(self):
        print("我叫 %s，我是一个演说家，我演讲的主题是 %s"%(self.name,self.topic))
    #多重继承示例
class Sample(Speaker,Student):
    def __init__(self,n,a,g,t):
        Student.__init__(self,n,a,g)
        Speaker.__init__(self,n,t)
#主程序
s1 = Sample("Tom",21,3,"Python")
s1.speak()                          #方法名同，默认调用的是在括号中排前父类的方法
```

程序运行结果如图 6-13 所示。

```
======================= RESTART: C:/Python37/T6.13.py =======================
我叫 Tom，我是一个演说家，我演讲的主题是 Python
>>>
```

图 6-13 【例 6.13】的运行结果

6.4 多态

在面向对象程序设计中，多态即多种形态，可在类的继承中得以实现，在类的方法调用中得以体现。多态意味着变量并不知道引用的对象是什么，根据引用对象的不同表现出不同的行为方法。

Python 中多态的方式有以下 3 种。

（1）通过继承机制，子类覆盖父类的同名方法。这样，通过子类对象调用时，调用的是子类的重写方法。

（2）在定义类实例方法的时候，尽量把变量视作父类类型。这样，所有子类类型都可以正常被接收。

（3）一个函数或方法的实际参数为不同类型时。比如内置函数 len(object)，len()函数不仅可以计算字符串的长度，还可以计算列表对象、元组对象中的元素个数，在运行时通过参数类型确定其具体的计算方式，也属于多态。

【例 6.14】多态举例。

示例如下。

```
class Animal(object):                          #定义父类 Animal
    def __init__(self, name, age):
        self.name = name
        self.age = age
    def shout(self):
        print(self.name, '会叫')
```

```
class Cat(Animal):                                #定义子类 Cat
    def __init__(self, name, age, sex):           #声明子类构造方法
        super(Cat, self).__init__(name, age)
        self.sex = sex
    def shout(self):                              #重写父类 shout()方法
        print(self.name, '会"喵喵"叫')

class Dog(Animal):                                #定义子类 Dog
    def __init__(self, name, age, sex):
        super(Dog, self).__init__(name, age)
        self.sex = sex
    def shout(self):                              #重写父类 shout()方法
        print(self.name, '会"汪汪"叫')
#主程序
def do(animal):                                   #定义 do()函数，接受参数 animal
    animal.shout()
a = Animal('white',4)                             #实例化 Animal 生成 a 对象
tom = Cat('Tom', 2, 'male')                       #实例化 Cat 生成 tom 对象
spike = Dog('Spike', 5, 'female')                 #实例化 Dog 生成 spike 对象
for x in (a,tom,spike):
    do(x)
```

程序运行结果如图 6-14 所示。

```
========================= RESTART: C:/Python37/T6.14.py =========================
white 会叫
Tom 会"喵喵"叫
Spike 会"汪汪"叫
>>>
```

图 6-14　【例 6.14】的运行结果

6.5　特殊变量、方法与运算符重载

6.5.1　特殊变量和方法

除了自定义的变量和方法外，Python 类还有一些预设的特殊变量和特殊方法。这些变量或方法命名都以两个下画线起始和终止，如构造方法 __init__()和析构方法 __del__()等。这些特殊变量和方法为操作类以及类的对象提供了许多便利。Python 类的部分特殊变量和方法如表 6-1 所示。

表 6-1　　　　　　　　　　　　　　Python 类的部分特殊变量和方法

方法名或属性名	功能描述
__init__(self,)	构造方法。初始化对象，在创建新对象时调用
__del__(self,)	析构方法。释放对象，在对象被删除之前调用
__new__(cls,*args,**kwd)	初始化实例。在创建新对象之前调用，用于确定是否要创建对象
__call__(self[, args...])	允许一个类的实例像函数一样被调用：x(a, b)调用 x.__call__(a, b)
__str__(self)	定义被 str()调用时的行为，print 语句会打印该方法返回的值

方法名或属性名	功能描述
__repr__()	定义被 repr()调用时的行为，是为调试服务的
__len__(self)	在调用内置函数 len()时被调用
__cmp__(src,dsc)	比较两个对象 src 和 dsc
__bytes__(self)	定义被 bytes()调用时的行为
__bool__(self)	定义被 bool()调用时的行为，返回值为 True 或 False
__format__(self, format_spec)	定义被 format()调用时的行为
__getattr__(self,name)	获取变量的值
__setattr__(self,name,value)	设置变量的值
__delattr__(self,name)	删除变量
__dict__	类的变量（包含一个字典，由类的数据变量组成）
__doc__	类的文档字符串
__name__	类名
__module__	类定义所在的模块
__bases__	类的所有父类组成的元组

【例 6.15】类的特殊方法举例。

示例如下。

```
class Fruit:
    '''自定义的水果类'''
    def __init__(self,name,price):
        self.name=name
        self.price=price
    def __call__(self,*args,**kwargs):
        print("Fruit %s is tasteful."%(self.name))
    def __str__(self):
        return "The price of "+self.name+" is "+str(self.price)
    def __getattribute__(self,name):          #获取变量的方法
        return object.__getattribute__(self,name)
    def __setattr__(self,name,value):          #设置变量的方法
        self.__dict__[name]=value
if __name__=="__main__":
    obj=Fruit("apple",6)
    print("Fruit.__doc__:",Fruit.__doc__)
    print("(Fruit.__module__",Fruit.__module__)
    print("Fruit.__class__:",Fruit.__class__)
    print("Fruit.__dict__:",Fruit.__dict__)
    print("Fruit.__bases__:",Fruit.__bases__)
    obj()                                      #执行 call()方法
    print(obj)                                 #如果定义了__str__()方法，则调用
    obj.__dict__ ["__Fruit__price"]=4.8        #设置 price 变量
    print(obj.__dict__.get("__Fruit__price"))  #获取 price 变量
```

程序运行结果如图 6-15 所示。

```
======================== RESTART: C:/Python37/T6.15.py ========================
Fruit.__doc__: 自定义的水果类
(Fruit.__module__ __main__
Fruit.__class__: <class 'type'>
Fruit.__dict__ {'__module__': '__main__', '__doc__': '自定义的水果类', '__init__'
: <function Fruit.__init__ at 0x000000B053B14168>, '__call__': <function Fruit.__c
all__ at 0x000000B053B1EEE8>, '__str__': <function Fruit.__str__ at 0x000000B053B1
E168>, '__getattribute__': <function Fruit.__getattribute__ at 0x000000B053B26168>
, '__setattr__': <function Fruit.__setattr__ at 0x000000B053B6CB88>, '__dict__': <
attribute '__dict__' of 'Fruit' objects>, '__weakref__': <attribute '__weakref__'
of 'Fruit' objects>}
Fruit.__bases__: (<class 'object'>,)
Fruit apple is tasteful.
The price of apple is 6
4.8
>>>
```

图 6-15　【例 6.15】的运行结果

6.5.2　运算符重载

在 Python 中可以通过运算符重载来实现对象之间的运算。Python 把运算符与类的方法关联起来，每个运算符对应一个方法，因此重载运算符就是实现相关方法。Python 中部分运算符与特殊方法的对应关系如表 6-2 所示。

表 6-2　　　　　　　　　　Python 中部分运算符与特殊方法的对应关系

方法名	功能说明
__add__(self, other)	定义加法的行为：+
__sub__(self, other)	定义减法的行为：-
__mul__(self, other)	定义乘法的行为：*
__turediv__(self, other)	定义除法的行为：/
__floordiv__(self, other)	定义整数除法的行为：//
__mod__(self, other)	定义取模算法的行为：%
__divmod__(self, other)	定义被 divmod() 调用时的行为
__pow__(self, other[, modulo])	定义被 power() 调用或 ** 运算时的行为
__lshift__(self, other)	定义按位左移位的行为：<<
__rshift__(self, other)	定义按位右移位的行为：>>
__and__(self, other)	定义按位与操作的行为：&
__xor__(self, other)	定义按位异或操作的行为：^
__or__(self, other)	定义按位或操作的行为：|
__lt__(self, other)	定义小于号的行为：x < y 调用 x.__lt__(y)
__le__(self, other)	定义小于等于号的行为：x <= y 调用 x.__le__(y)
__eq__(self, other)	定义等于号的行为：x == y 调用 x.__eq__(y)
__ne__(self, other)	定义不等号的行为：x != y 调用 x.__ne__(y)
__gt__(self, other)	定义大于号的行为：x > y 调用 x.__gt__(y)
__ge__(self, other)	定义大于等于号的行为：x >= y 调用 x.__ge__(y)

【例 6.16】对 Fruit 类重载运算符举例。

示例如下。

```
class Fruit:
    '''自定义的水果类'''
```

```
    def __init__(self,name,price):
        self.name=name
        self.price=price
    def __str__(self):
        return "The price of "+self.name+" is "+str(self.price)
    def __add__(self,other):
        return Fruit(self.name+"+"+other.name,self.price+other.price)
    def __sub__(self,other):
        return Fruit(self.name+"-"+other.name,self.price-other.price)
#主程序
apple=Fruit("apple",5)
pear=Fruit("pear",3)
print(apple+pear)
print(apple-pear)
```

程序的运行结果如图 6-16 所示。

```
========================= RESTART: C:/Python37/T6.16.py =========================
The price of apple+pear is 8
The price of apple-pear is 2
>>>
```

图 6-16 【例 6.16】的运行结果

思考与练习

1．简述面向对象程序设计的概念以及对象和类的关系。

2．定义一个圆柱体 Cylinder 类，包含底面半径和高两个属性，以及一个计算表面积的方法和一个计算体积的方法。创建一个 Cylinder 的实例，并输出其表面积和体积。

3．定义一个账户 Account 类，包含账号、姓名、余额等属性，以及查询信息、存款、取款等方法。创建一个余额为 3000 的 Account 账户，然后从该账户取款 1000 元，存款 300 元，打印输出该账户的信息。

4．堆栈是一种常见的数据结构，是一种特殊的线性表，限定插入和删除数据元素的操作只能在线性表的一端进行，堆栈的这种特点称为"后进先出"。使用列表定义一个容量为 10 的堆栈 MyStack 类，使其具有 push()方法，可以将一个元素入栈，具有 pop()方法，可以将栈顶的元素出栈。创建一个 MyStack 的实例，并测试其功能。

5．定义一个形状 Shape 类，包含计算面积的方法。以它为父类派生出圆、长方形等子类。分别创建子类的实例，并对类的功能进行测试。

第 **7** 章 **文件相关操作**

　　文件是存储在辅助存储器上的一组数据序列，它可以包含任何数据内容。相较于内存只临时存放数据相关信息，文件允许长时间保存信息并重复使用，是计算机保存信息的重要方式。

　　本章主要介绍文件的相关知识和相关操作。

7.1　文件的类型

　　从概念上来说，文件是数据的集合和抽象。根据不同的编码方式和组织形式，文件可分为两种类型：文本文件和二进制文件。

　　文本文件一般由单一特定编码（如 ASCⅡ码、UTF-8 编码等）的字符组成，内容容易统一展示和阅读。文本文件通常用于存储常规的字符串，如字母、函数、数字等，在 Windows 平台中，扩展名为 txt、ini、log 的文件都属于文本文件，普通的文本编辑器如记事本之类的软件都可以打开文本文件并正常显示。

　　文本文件只根据编码保存基本的文本字符，不保存字符的字体、颜色、字号等信息，所以打开的文本文件是没有格式的，只以默认方式显示。

　　二进制文件则是根据不同需求将信息按照非字符编码方式而采用其他特定方式保存的文件。这类文件内部数据的组织格式与文件用途有关。常见的 Office 文件、图形图像文件、音视频文件、数据库文件等都属于二进制文件。由于每一种不同类型文件采取特定编码方式保存，所以二进制类型文件无法使用记事本直接查看，它们依赖于与之相关的软件打开或运行，例如，JPEG 图像文件使用相关图像处理软件打开、AVI 视频文件使用视频相关软件打开。

7.2　文本文件和二进制文件的操作方法

　　Python 对文本文件和二进制文件采用统一的操作步骤，即"打开—操作—关闭"等步骤，首先打开该文件并创建文件对象，然后通过对该文件对象的编辑操作完成文件的修改编辑，最后按要求保存好相关文件内容并关闭。

7.2.1　打开和关闭文件

Python 通过 open()函数打开一个文件，并返回一个操作该文件的变量，其格式如下。

<变量名>=open(file, [mode='r', buffering=-1, [encoding=None, ...])

其中:

(1) file: 是一个包含整个文件完整路径的字符串。

(2) mode: 是打开文件的方式,具体见表 7-1 所示。打开模式使用字符串方式表示,其中,'r' 'w' 'x''a'可以和'b''t' '+'组合使用,形成既表达读写又表达文件模式的方式。例如' rb+'表示以读写方式打开二进制文件,文件指针指向文件开头;'a+ '表示以读写方式打开某个文件,文件指针指向文件结尾。

(3) file 参数是必需的,其余参数可选,通常仅使用 file 和 mode 参数。

表 7-1   打开模式选项

打开模式	含义
'r'	只读模式,如果文件不存在,返回异常 FileNotFoundError,默认值
'w'	覆盖写模式,文件不存在则创建,存在则完全覆盖源文件
'x'	创建写模式,文件不存在则创建,存在则返回异常 FileExistsError
'a'	追加写模式,文件不存在则创建,存在则在原文件最后追加内容
'b'	二进制文件模式
't'	文本文件模式,默认值
'+'	与 r/w/x/a 一同使用,在原功能基础上增加同时读写功能

(4) buffering: 指定了读写文件的缓存模式。0 表示不缓存,–1 表示缓存,如大于 1 则表示缓冲区的大小。默认值是缓存模式。

(5) encoding: 指定对文本进行编码和解码的方式,只适用于文本模式,可以使用 Python 支持的任何格式,如 GBK、utf8、CP936 等。

如果使用 open()函数打开文件正常,则系统返回一个文件对象,通过该文件对象可以对文件进行相应读写操作。

当对文件操作完成后,必须关闭该文件对象以保证对文件所做的修改保存到文件中。关闭文件使用 close()函数完成。

例如:

```
>>> f1=open("d:\python 介绍.txt")        #打开文件并赋给对象 f1
>>> a=f1.read()                          #一次性读取文件内容并赋值给 a
>>> print(a)
Python 是由 Guido van Rossum 于八十年代末和九十年代初,在荷兰国家数学和计算机科学研究所设计
出来的一种程序设计语言。其本身是由诸多其他语言发展而来的,这包括 ABC、Modula-3、C、C++、Algol-68、
SmallTalk、Unix shell 和其他的脚本语言等。
>>> f1.close()                           #关闭文件对象
>>> f1=open("d:\python 介绍.txt","rb") #以二进制方式打开文件,文件被解析为字节流
>>> re=f1.read()
>>> print(re)
b'Python \xca\xc7\xd3\xc9 Guido van Rossum \xd3\xda\xb0\xcb\xca\xae\xc4\xea\xb4\
xfa\xc4\xa9\xba\xcd\xbe\xc5\xca\xae\xc4\xea\xb4\xfa\xb3\xf5\xa3\xac\xd4\xda\xba\
xc9\xc0\xbc\xb9\xfa\xbc\xd2\xca\xfd\xd1\xa7\xba\xcd\xbc\xc6\xcb\xe3\xbb\xfa\xbf\
xc6\xd1\xa7\xd1\xd0\xbe\xbf\xcb\xf9\xc9\xe8\xbc\xc6\xb3\xf6\xc0\xb4\xb5\xc4\xd2\
xbb\xd6\xd6\xb3\xcc\xd0\xf2\xc9\xe8\xbc\xc6\xd3\xef\xd1\xd4\xa1\xa3\xc6\xe4\xb1\
xbe\xc9\xed\xca\xc7\xd3\xc9\xd6\xee\xb6\xe0\xc6\xe4\xcb\xfb\xd3\xef\xd1\xd4\xb7\
```

```
xa2\xd5\xb9\xb6\xf8\xc0\xb4\xb5\xc4,\xd5\xe2\xb0\xfc\xc0\xa8 ABC\xa1\xa2Modula-3\
xa1\xa2C\xa1\xa2C++\xa1\xa2Algol-68\xa1\xa2SmallTalk\xa1\xa2Unix shell \xba\xcd\xc6\
xe4\xcb\xfb\xb5\xc4\xbd\xc5\xb1\xbe\xd3\xef\xd1\xd4\xb5\xc8\xb5\xc8\xa1\xa3'
    >>> f1.close()
    >>>
```

7.2.2 文件对象常用操作

使用 open()函数打开文件后，将其赋给一个文件对象，就可以根据需要对该文件对象进行相应操作，表 7-2 列出了操作文件对象的常用方法。

表 7-2   操作文件对象的常用方法

方法	描述
file.close()	关闭文件。关闭后文件不能再进行读写操作
file.flush()	刷新文件内部缓冲，直接把内部缓冲区的数据立刻写入文件，而不是被动地等待输出缓冲区写入
file.read([size])	从文件中读取指定的字符数，如果未给定或为负则读取所有。通常仅在文件较小时才一次性全部读出，其结果为字符串
file.readline([size])	读取整行，包括"\n"字符
file.readlines([sizeint])	读取所有行并返回列表，若给定 sizeint>0，返回总和大约为 sizeint 字节的行，实际读取值可能比 sizeint 大，因为需要填充缓冲区
file.seek(offset[, whence])	移动文件读取指针到指定位置，offset 表示相对于 whence 的位置。whence 为 0 表示从文件开始计算，为 1 表示从当前位置计算，为 2 表示从文件尾开始计算
file.tell()	返回文件当前位置
file.truncate([size])	从文件的首行首字符开始截断，截断文件为 size 个字符。size 为空表示从当前位置截断，断点后面的所有字符被删除
file.write(str)	将字符串写入文件，返回的是写入的字符长度
file.writelines(sequence)	向文件写入一个序列字符串列表，如果需要换行则要自己加入每行的换行符

需要注意的是，文件打开后，有一个读取指针对文件进行读写，当从文件中读入内容后，读取指针将向前进，再次读取的内容将从指针的新位置开始。

【例 7.1】文件相关操作举例。

示例如下。

```
>>> f1=open("d:/ts1.txt","r+")         #打开文件
>>> f1.read()                          #读取整个文件
'凉州词·王翰版\n唐代王翰\n\n葡萄美酒夜光杯，欲饮琵琶马上催。\n醉卧沙场君莫笑，古来征战几人回？'
>>> f1.tell()                          #显示文件指针
95
>>> f1.read()                          #再次从指针处开始读取文件，为空
''
>>> f1.seek(0,0)                       #将指针返回到文件开始
0
>>> f1.readlines()                     #从指针处将文件读出并返回为列表
['凉州词·王翰版\n', '唐代王翰\n', '\n', '葡萄美酒夜光杯，欲饮琵琶马上催。\n', '醉卧沙场
君莫笑，古来征战几人回？']
```

```
>>>>> f1.seek(8,0)                     #将指针指向文件第八个字节处
8
>>> f1.read()                          #从指针处读取文件
'王翰版\n 唐代王翰\n\n 葡萄美酒夜光杯，欲饮琵琶马上催。\n 醉卧沙场君莫笑，古来征战几人回？'
>>> f2=open("d:/ts2.txt","r")          #打开 ts2.txt
>>> a=f2.read()                        #读取该文件并赋值给 a
>>> f1.write(a)                        #将字符串 a 从指针处写入 f1，指针在文件最后
38
>>> f1.read()                          #从指针处开始读取文件，为空
''
>>> f1.seek(0,0)                       #将指针返回到文件开始
0
>>> f1.read()                          #读取该文件
'凉州词·王翰版\n 唐代王翰\n\n 葡萄美酒夜光杯，欲饮琵琶马上催。\n 醉卧沙场君莫笑，古来征战几人
回？登鹳雀楼\n 唐代 王之涣\n\n 白日依山尽，黄河入海流。\n 欲穷千里目，更上一层楼。'
>>> f1.close()                         #保存更改，释放 f1
>>>
```

7.2.3　上下文管理语句

通常，在进行读写文件操作时，还可以使用上下文管理语句 with。with 语句作为 try 和 finally 编码范式的一种替代，用于对资源访问进行控制的场合，确保不管使用过程中是否发生异常都会执行必要的"清理"操作，释放资源，比如文件使用后自动关闭、线程中锁的自动获取和释放等。with 语句需要支持上下文管理协议的对象，上下文管理协议包含__enter__和__exit__两个方法。with 语句建立运行时，上下文需要通过这两个方法执行进入和退出操作。with 语句的用法如下。

with context_expression [as target]:

　　with 语句块

在该语句中，context_expression 是一个表达式，可以是一个函数，也可以是一个对象。如果是函数，函数必须返回一个实现了上下文管理器协议的对象；如果是一个对象，这个对象必须是上下文管理器对象。target 是 enter 方法的返回值。该语句运行原理如下。

（1）with 后面 context_expression 被求值后，对象的__enter__()方法被调用，这个方法的返回值将被赋值给 as 后面的 target 变量。

（2）当 with 语句块全部被执行后，调用对象的__exit__()方法。

【例 7.2】with 语句运行原理示例。新建一个 py 文件，输入以下代码并保存。

示例如下。

```
class sample:                          #定义一个 sample 类，包含 enter 和 exit 方法
    def __enter__(self):
        print ("in __enter__")
        return ("欢迎")
    def __exit__(self, exc_type, exc_val, exc_tb):
        print ("in __exit__")
def get_sample():                      #定义一个函数
    return sample()
with get_sample() as a1:                #使用 with 语句
print ("with 案例：", a1)
```

运行该文件得到图 7-1 所示结果。

从结果可以看到，其运行过程如下。

（1）enter()方法被调用。

（2）enter()方法的返回值，在这个例子中是"欢迎"，赋值给 a1 变量。

（3）执行代码块，打印 a1 变量的值为"欢迎"。

（4）exit()方法被调用。

在文件读写中，使用 with 语句可以确保无论什么原因跳出了 with 语句块，系统都能保证文件被正确关闭。

【例 7.3】使用 with 语句逐行读出 ts2.txt 文件并输出。

示例如下。

```
with open("d:/ts2.txt","r") as f:
    lines = f.readlines()
    for line in lines:
            print(line)
```

程序运行结果如图 7-2 所示。

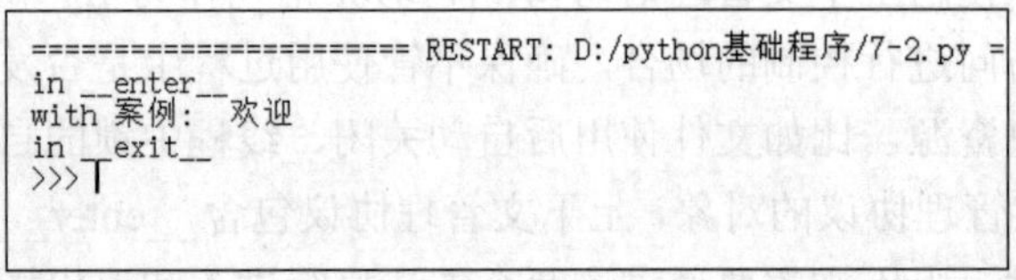

```
======================= RESTART: D:/python基础程序/7-2.py =
in __enter__
with 案例：欢迎
in __exit__
>>>
```

图 7-1 【例 7.2】的运行结果

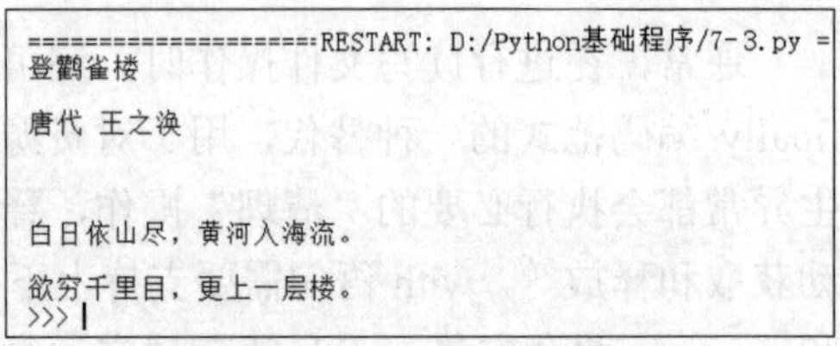

```
======================RESTART: D:/Python基础程序/7-3.py =
登鹳雀楼

唐代 王之涣


白日依山尽，黄河入海流。

欲穷千里目，更上一层楼。
>>>
```

图 7-2 【例 7.3】的运行结果

7.3 CSV 和 JSON 文件的操作方法

7.3.1 数据的维度

一组数据在被计算机处理前需要进行一定的组织，表明数据之间的基本关系和逻辑，进而形成"数据的维度"。根据数据的关系不同，数据组织通常分为一维数据、二维数据和高维数据。

一维数据由对等关系的有序或无序数据构成，通常采用线性方式组织，对应于数学中数组的概念。例如：学校的学院列表、班上的同学名字列表都可表示为一维数据。二维数据也称表格数据，通常由关联关系数据构成，采用二维表格方式组织，常见的表格一般属于二维数据，例如课表、成绩表等。高维数据也称多维数据，一般采用对象方式组织，可多层嵌套。高维数据是 Internet 组织内容的主要方式。通常情况下，高维数据需做降维处理。本章主要讲述一维和二维数据的处理。

一维和二维数据通常可以使用 CSV 格式和 JSON 格式进行数据处理。

7.3.2 CSV 文件操作

CSV（Comma-Separated Values）被译为字符分隔值，它是一种通用的、相对简单的文件格式，其文件以纯文本形式存储数据，在商业和科学上广泛应用，大部分编辑器都支持对其直接读入或保存。它既可以存储一维数据，也可以存储二维数据，一般以 csv 为扩展名。存储一维数据时只有一行，使用逗号或其他符号分隔；存储二维数据时则是多行存储，每一行是一条一维数据。

1．CSV 格式一维数据处理

一维数据通常使用列表形式表示，要将其存储为 CSV 格式文件，可以使用字符串 join() 方法。例如：

```
>>> ls = ['信息学院', '商英学院', '管理学院', '经贸学院']    #定义列表
>>> f = open("d:/dep.csv", "w")                           #以写模式打开文件
>>> f.write(",".join(ls)+ "\n")                           #将列表内容加入文件，以逗号隔开
20
>>> f.close()
>>>
```

使用写字板程序打开 dep.csv，如图 7-3 所示，内容均已写入。

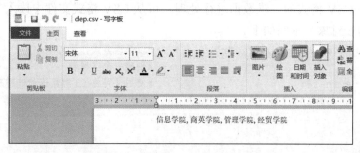

图 7-3　向文件写入一维数据的示例

要将 CSV 格式一维数据进行处理，则通常需将其读出后存储为列表。例如：

```
>>> f1 = open("d:/dep.csv", "r")                  #以只读方式打开文件
>>> ls1 = f1.read().strip('\n').split(",")        #将该对象转换为列表
>>> f1.close()
>>> print(ls1)
['信息学院', '商英学院', '管理学院', '经贸学院']
>>>
```

2．CSV 格式二维数据处理

二维数据由多条一维数据构成，可以看成一维数据的组合形式。因此，二维数据可以采用二维列表来表示，即列表的每个元素对应二维数据的一行，这个元素本身也是列表类型，其内部各元素对应这行中的各列值。

二维列表对象输出为 CSV 格式可采用遍历循环和字符串的 join() 方法相结合实现。例如：

```
>>> ls2=[["姓名","语文","数学","英语"],["张三","85","78","90"],["李四","90","100","79"],
["王二","80","90","90"]]                          #定义二维列表
>>> f2= open("d:/score.csv", "w")                #以写模式打开
>>> for row in ls2:                              #使用循环写入
        f2.write(",".join(row)+ "\n")


>>> f2.close()
>>>
```

完成后使用 word 软件的写字板打开 d:/score.csv 文件，如图 7-4 所示，所有内容均已写入。

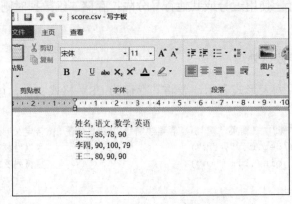

图 7-4　向文件写入二维数据的示例

同样，要对 CSV 格式的二维数据进行处理，可从 CSV 格式文件中读入二维数据，并将其转换为二维列表对象。示例如下。

```
>>> f3= open("d:/score.csv", "r")          #以只读方式打开文件
>>> ls3=[]                                  #创建一个空列表
>>> for line in f3:                         #使用循环将 f3 对象追加进列表
        ls3.append(line.strip('\n').split(","))


>>> f3.close()
>>> print(ls3)
[['姓名', '语文', '数学', '英语'], ['张三', '85', '78', '90'], ['李四', '90', '100',
'79'], ['王二', '80', '90', '90']]
>>>
```

3. CSV 模块

除了上述方法之外，Python 还提供了 csv 模块方便用户操作 CSV 文件，该模块为标准模块，需导入使用。该模块使用 reader()函数和 writer()函数对 CSV 文件进行读写操作。

读文件操作使用 reader()函数，函数格式如下。

reader(csvfile, dialect='excel', fmtparam)

其中：

（1）csvfile：必须是支持迭代（Iterator）的对象，可以是文件（File）对象或者列表（List）对象。

（2）dialect：编码风格，默认为 Excel 的风格，也就是用逗号（,）分隔。

（3）fmtparam：格式化参数，用来覆盖之前 dialect 对象指定的编码风格。

例如，显示 d:/score.csv 文件内容，可新建一个 Python 文件，输入以下代码。

```
import csv
with open('d:/score.csv','r') as f1:
    lines=csv.reader(f1)
    for line in lines:
        print(line)
```

程序运行结果如图 7-5 所示。

写文件操作使用 writer()函数，函数格式如下。

writer(csvfile, dialect='excel', fmtparam)

各个参数含义与 reader 一致，此处不再赘述。需要注意的是，在使用 writer()函数写文件时，如果文件已经存在，则会先清空该文件内容，再写入新的内容。

新建一个 Python 文件，输入以下代码，实现对 d:/score.csv 文件写入新的内容。

```python
import csv
with open('d:/score.csv','w') as wscore:
    a=csv.writer(wscore)
    a.writerow(['钱一','80','85','75'])                #单行写入
    ls=[['孙八','65','90','100'],['赵九','79','86','88']]
    a.writerows(ls)                                     #多行写入
```

运行该程序，用记事本打开 d:/score.csv 文件，会发现改文件原有内容已经被替代，如图 7-6 所示。

```
==================== RESTART: D:/Python基础程序/csv模块读文件.py =
['姓名', '语文', '数学', '英语']
['张三', '85', '78', '90']
['李四', '90', '100', '79']
['王二', '80', '90', '90']
>>>
```

图 7-5　csv 模块读文件

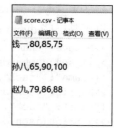

图 7-6　csv 模块写文件示例

7.3.3　JSON 文件操作

JSON（JavaScript Object Notation）是一种轻量级的数据交换格式。采用完全独立于语言的文本格式存储，但是也使用了类似于 C 语言家族的习惯（包括 C、C++、Java、JavaScript、Perl、Python 等）。JSON 因这些特性成为理想的数据交换语言，易于人阅读和编写，同时也易于机器解析和生成，是目前最常见的网络数据交换格式。

JSON 有两种结构，第一种是"名称/值对"的集合，在 Python 中相当于字典类型；第二种是值的有序列表，在 Python 中相当于列表类型。

Python 提供标准模块 json 对 JSON 文件进行操作处理，该模块主要包含 dumps、dump、loads、load 四个方法，具体功能如表 7-3 所示。

表 7-3　json 模块相关方法

方法	描述
json.dumps()	将 Python 对象编码成 JSON 字符串
json.loads()	将已编码的 JSON 字符串解码为 Python 对象
json.dump()	将 Python 内置类型序列化为 json 对象后写入文件
json.load()	读取文件中 json 形式的字符串元素转化为 Python 类型

1．json.dumps()

json.dumps()方法将 Python 对象编码成 JSON 字符串，完整的语法结构如下。

json.dumps(obj, skipkeys=False, ensure_ascii=True, check_circular=True, allow_ nan=True, cls=None, indent=None, separators=None, encoding="utf-8", default=None, sort_keys=False, **kw)

该方法参数中，除 obj 参数是必需的，其余参数均属可选，其中部分常用参数说明如下。

- obj：需要转换编码的 Python 对象。
- skipkeys：默认值为 False，在编码过程中，字典对象的 key 只可以是字符串 str 类型。如果是其他类型，那么在编码过程中就会抛出 ValueError 的异常。Skipkeys 设置为 True，则可以跳过那些非 string 对象，当作 key 的处理。
- ensure_ascii：默认值为 True，即默认输出编码方式为 ASCII。如果要输出显示中文，则必须设置值为 False。
- indent：缩进空格数设置。
- separators：去掉指定分隔符号间的空格，使数据显示更紧密。
- sort_keys：输出时按字典键值排序输出。

以下是一些 dumps()方式使用举例。

```
>>> data={'name':'jack','age':18,'weight':65}
>>> json.dumps(data)                                    #将对象编码为 JSON 文件字符串
'{"name": "jack", "age": 18, "weight": 65}'
>>> print(json.dumps(data))
{"name": "jack", "age": 18, "weight": 65}
>>> print(json.dumps(data,sort_keys=True))              #按键值排序输出
{"age": 18, "name": "jack", "weight": 65}
>>>  print(json.dumps(data,sort_keys=True,indent=4))    #添加空格显示
SyntaxError: unexpected indent
>>> print(json.dumps(data,sort_keys=True,indent=4))
{
    "age": 18,
    "name": "jack",
    "weight": 65
}
>>> data={'name':'jack','age':18,'weight':65,'country':'中国'}
>>> print(json.dumps(data))                                   #默认以 ascii 显示输出
{"name": "jack", "age": 18, "weight": 65, "country": "\u4e2d\u56fd"}
>>> print(json.dumps(data,ensure_ascii=False))               #输出显示中文
{"name": "jack", "age": 18, "weight": 65, "country": "中国"}
```

2．json.loads()

json.loads()方法将一个 JSON 字符串转换为一个 Python 对象，完整的语法结构如下。

json.loads(s, encoding=None, cls=None, object_hook=None, parse_float=None, parse_ int=None, parse_constant=None, object_pairs_hook=None, **kw)

该方法参数中，除 s 参数是必须的，其余参数均属可选，其中部分常用参数说明如下。

（1）s：指定的 JSON 字符串对象。

（2）object_hook：将返回结果字典替换为所指定的类型，这个功能可以用来实现自定义解码器。

（3）object_pairs_hook：将结果以 key-value 有序列表的形式返回，形式如：[(k1, v1), (k2, v2), (k3, v3)]。

（4）parse_float：设置在解码 JSON 字符串时，符合 float 类型的字符串将被转为指定类型，例如 decimal.Decimal。

（5）parse_int：设置在解码 JSON 字符串时，符合 int 类型的字符串将被转为指定类型数据，例如 float。

以下是 loads()方法示例。

```
>>> import json
>>> data={'name':'jack','age':18,'weight':65,'country':'中国'}
>>> js1=json.dumps(data)
>>> json.loads(js1,parse_int=float)
{'name': 'jack', 'age': 18.0, 'weight': 65.0, 'country': '中国'}
```

3. json.dump()

json.dump()方法将数据写入 JSON 文件中，其完整语法结构如下。

json.dump (obj, fp, skipkeys=False, ensure_ascii=True, check_circular=True, allow_ nan=True, cls=None, indent=None, separators=None, encoding='utf-8', default=None, sort_keys=False, **kw)

该方法绝大部分参数与 json.dumps()一致，可参考 json.dumps()函数。其中有两个参数是必需的，一个是 obj 参数表示要写入 JSON 文件的对象，另一个是 fp 参数表示相应 JSON 文件。

以下是 dump()方法示例。

```
>>> import json
>>>data=[{'name':'jack','age':18,'weight':65,'country':'中国'},{'name':'Mike',
'age':19,'weight':60,'country':'中国'}]
>>> f=open('d:/info.json', 'w')
>>> json.dump(data,f,ensure_ascii=False)
>>> f.close()
```

运行完上述语句，使用记事本打开 d:/info.json 文件，如图 7-7 所示。

```
info.json - 记事本
文件(F) 编辑(E) 格式(O) 查看(V) 帮助(H)
[{"name": "jack", "age": 18, "weight": 65, "country": "中国"}, {"name": "Mike", "age": 19, "weight": 60, "country": "中国"}]
```

图 7-7 json.dump()写文件

4. json.load()

json.load()方法用于从 JSON 文件中读取数据，完整的语法结构如下。

json.load(s, encoding=None, cls=None, object_hook=None, parse_float=None,parse_ int=None, parse_constant=None, object_pairs_hook=None, **kw)

该方法参数与 json.loads()方法一样，仅参数 s 表示 JSON 文件对象，其余参数请参考 json.loads()方法。

以下是 json.load()方法示例。

```
>>> import json
>>> f1=open('d:/info.json', 'r')
>>> data1=json.load(f1)
>>> print(data)
```

```
    [{'name': 'jack', 'age': 18, 'weight': 65, 'country': '中国'}, {'name': 'Mike',
'age': 19, 'weight': 60, 'country': '中国'}]
```

思考与练习

1．简述文本文件和二进制文件之间的区别。

2．编写程序，将某文本文件中的小写字母换成大写字母后输出。

3．编写程序，将所有水仙花数存入某文件中。

4．编写程序，统计某一份文件中某几个英文字母出现的次数（具体统计哪个字母由用户自行规定，亦可以扩展为统计 26 个英文字母出现的次数）。

第 **8** 章　数据预处理和数据分析

数据预处理是数据分析的一个重要步骤，主要包括数据清洗、数据集成、数据转换和数据消减。数据分析是通过一定的方法和算法，从数据中提取有价值信息的过程。本章将介绍与数据相关的一些概念、解决数据质量的一系列数据校验的手段、数据预处理方法、特征工程所需的步骤以及数据分析的常用方法和经典算法。

8.1　了解数据

只有充分了解数据，经过对数据质量的检验，并初步尝试解析数据之间的关系，才能为后续的数据分析提供有力支撑。了解数据的过程为：首先观察统计数据的格式、内容、数量；然后分析数据质量是否存在缺失值、噪声、数据不一致等问题；最后分析数据相关性，是否存在数据冗余或者与分析目标不相关等问题。

数据分为定性数据和定量数据，其具体分类如图 8-1 所示。定量数据按取值的不同可分为离散变量和连续变量两种。离散变量是指其数值只能用自然数或整数单位计算的变量。例如，企业个数、职工人数、设备台数等，其数值只能按计量单位数计数。在一定区间内可以任意取值的变量叫连续变量，其数值是连续不断的，相邻两个数值可作无限分割，即可取无限个数值。例如，人体测量的身高、体重等为连续变量，其数值只能用测量或计量的方法取得。定性数据包括两个基本层次，即定序（Ordinal）变量和名义（Nominal）变量层次。定序变量指该变量只是对某些特性的"多少"进行排序，但是各个等级之间的差别不确定。例如对某一个事物进行评价，将其分为好、一般、不好 3 个等级，其等级之间没有定量关系。名义变量则是指该变量只是测量某种特征的出现或者不出现。例如性别"男"和"女"，两者之间没有任何关系，不能排序或者刻度化。

每一个细致的数据分析者首先需要考查每个变量的关键特征，而过这个过程可以更好地感受数据，其中有两个特征需要特别关注，即集中趋势（Tendency）和离散程度（Dispersion）。考察各个变量间的关系对了解数据至关重要，有一系列方法可用于对变量间的相关性进行测量。关于数据本身的质量问题，需要数据分析者了解数据缺失情况、

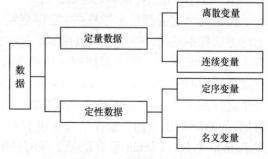

图 8-1　数据类别结构

噪声及离群点等，相关概念将在下面的内容中给出。

1. 集中趋势

集中趋势的主要测度是均值、中位数和众数，这 3 个概念对于大多数读者来说应该不陌生。对于定量数据，其均值、中位数和众数的度量都是有效的；对于定性数据，这 3 个指标所能提供的信息很少。对于定序变量，均值无意义，中位数和众数反映一定的含义；对于名义变量，均值和中位数均无意义，仅众数有一定的含义，但值得注意的是，众数仅代表对应的特征出现最多，不能代表该特征占多数。其中，名义变量的二分变量，如果有合适的取值，均值就可以进行有意义的解释，详细说明将在后面章节进行阐述。

2. 离散程度

考虑变量的离散情况主要考虑变量的差别，常见的测度有极差、方差和标准差，另外还有四分位距、平均差和变异系数等。对于定量数据而言，极差代表数据所处范围的大小，方差、标准差和平均差等代表数据相对均值的偏离情况，但是方差、标准差和平均差等都是数值的绝对量，无法规避数值度量单位的影响。变异系数为了修正这个弊端，使用标准差除以均值得到的一个相对量来反映数据集的变异情况或者离散程度。对于定性数据，极差代表取值类别，相比定量数据，定性数据的极差所表达的含义很有限，其他的离散程度测度对于定性数据的含义不大，尤其是对于名义变量。

3. 相关性测量

在进行真正的数据分析之前，可以通过以下简单的统计方法计算变量之间的相关性。

（1）数据可视化处理

将想要分析的变量绘制成折线图或者散点图，做图表相关分析，变量之间的趋势和联系就会一目了然。虽然没有对相关关系进行准确度量，但是可以对其有一个初步的探索和认识。

（2）计算变量间的协方差

协方差可以确定相关关系的正与负，但它并不反映关系的强度，如果变量的测量单位发生变化，这一统计量的值就会发生变化，但是实际变量间的相关关系并没有发生变化。

（3）计算变量间的相关系数

相关系数是一个不受测量单位影响的相关关系统计量，其理论上限是+1（或−1），表示完全线性相关。

（4）进行一元回归或多元回归分析

如果两个变量都是定性数据（定序变量或者名义变量），则在评估它们之间的关系时，上述方法都不适用，例如画散点图等。定序变量可以采用肯德尔相关系数进行测量，当值为 1 时，表示两个定序变量拥有一致的等级相关性；当值为−1 时，表示两个定序变量拥有完全相反的等级相关性；当值为 0 时，表示两个定序变量是相互独立的。对于两个名义变量之间的关系，由于缺乏定序变量的各个值之间或多或少的特性，所有讨论"随着 x 增加，y 也倾向于增加"这样的关系没有意义，需要一个概要性的相关测度，例如可以采用 Lamda 系数。Lamda 系数是一个预测性的相关系数，表示在预测 y 时，如果知道 x 能减少的误差。

4．数据缺失

将数据中不含缺失值的变量称为完全变量，将含有缺失值的变量称为不完全变量，产生缺失值的原因有以下 3 种。

（1）数据本身被遗漏，由于数据采集设备的故障、存储介质的故障、传输媒体的故障、一些人为因素等原因而丢失。

（2）某些对象的一些属性或者特征是不存在的，所以导致数据空缺。

（3）某些信息被认为不重要，与给定环境无关，所以被数据库设计者或者信息采集者忽略。

5．噪声

噪声是指被观测的变量的随机误差或方差，用数学形式表示如下。

$$观测量（Measurement）=真实数据（True\ Data）+噪声（Noise）$$

6．离群点

在数据集中包含这样一些数据对象，它们与数据的一般行为或模型不一致，这样的对象称为离群点。离群点属于观测值。

8.2　数据质量

数据质量是数据分析结果的有效性和准确性的前提保障，从哪些方面评估数据质量则是数据分析需要考虑的问题，典型的数据质量标准评估有 4 个要素：完整性、一致性、准确性和及时性。

8.2.1　完整性

完整性指的是数据信息是否存在缺失的情况，数据缺失的情况可能是整个数据记录缺失，也可能是数据中某个字段信息的记录缺失。不完整的数据所能借鉴的价值会大大降低，因此完整性是数据质量最基础的一项评估标准。

数据质量的完整性比较容易评估，一般可以通过数据统计中的记录值和唯一值进行评估。下面从数据统计信息看看哪些可以用来审核数据的完整性。首先是记录的完整性，一般使用统计的记录数和唯一值的个数检测完整性。例如，网站日志日访问量就是一个记录值，平时的日访问量在 1000 左右，若突然某一天降到 100，则需要检查数据是否存在缺失。再例如，网站统计地域分布情况的每一个地区名就是一个唯一值，我国包括 34 个省、自治区、直辖市和特别行政区，如果统计得到的唯一值小于 34，则可以判断数据有可能存在缺失。

然后是记录中某个字段的完整性，可以使用统计信息中的空值（NULL）的个数进行审核。如果某个字段的信息在理论上必然存在，如访问的页面地址、购买商品的 ID 等，那么这些字段的空值个数的统计就应该是 0，这些字段可以使用非空（NOT NULL）约束来保证数据的完整性；对于某些允许为空的字段，如用户的 cookie 信息不一定存在（用户禁用 cookie），但空值的占比基本恒定，cookie 为空的用户比例通常是 2%～3%。另外，也可以使用统计的空值个数来计算空值占比，如果空值的占比明显增大，则很可能这个字段的记录出现了问题，信息出现缺失。

8.2.2　一致性

一致性是指数据是否符合规范，数据集合内的数据是否保持了统一的格式。

数据质量的一致性主要体现在数据记录的规范和数据是否符合逻辑上。数据记录的规范主要是数据编码和格式，一项数据存在它特定的格式，例如我国手机号码一定是 11 位的数字，IP 地址一定是由 4 个 0～255 的数字加上"."组成的；或者是一些预先定义的数据约束，如完整性的非空约束、唯一值约束等。逻辑则指多项数据间存在着固定的逻辑关系以及一些预先定义的数据约束，例如 PV 一定是大于等于 UV 的，跳出率一定是在 0～1 范围内。数据的一致性审核是数据质量审核中比较重要、复杂的一个方面。

如果数据记录格式有标准的编码规则，那么对数据记录的一致性检验就比较简单，只要验证所有的记录是否满足这个编码规则就可以，最简单的方法就是使用字段的长度、唯一值个数等统计量。例如，若用户 ID 的编码是 15 位数字，那么字段的最长和最短字符数都应该是 15；或者商品 ID 是以 P 开始后面 10 位数字，可以用同样的方法检验；如果字段必须保证唯一，那么字段的唯一值个数和记录数应该是一致的，如用户的注册邮箱；地域的省份直辖市一定是统一编码的，记录的一定是"上海"而不是"上海市"，是"浙江"而不是"浙江省"，可以把这些唯一值映射到有效的 34 个省自治区、直辖市和特别行政区的列表，如果无法映射，那么字段将不能通过一致性检验。

一致性中逻辑规则的验证相对比较复杂，很多时候指标的统计逻辑的一致性需要底层数据质量的保证，同时也要有非常规范和标准的统计逻辑的定义，所有指标的计算规则必须保证一致，用户经常犯的错误就是汇总数据和细分数据的结果对不上，导致这个问题的原因很有可能是在细分数据时把那些无法明确归到某个细分项的数据给排除了，如在细分访问来源时，如果无法将某些非直接进入的来源明确地归到外部链接、搜索引擎、广告等这些既定的来源分类，那么不应该直接过滤掉这些数据，而应该给一个"未知来源"的分类，以保证根据来源细分之后的数据加起来可以与总体的数据保持一致。如果需要审核这些数据逻辑的一致性，可以建立一些"有效性规则"，例如 A≥13，如果 C=13/A，那么 C 的值应该在 0～1 内，数据若无法满足这些规则就无法通过一致性检验。

8.2.3　准确性

准确性是指数据记录的信息是否存在异常或错误。和一致性不一样，导致一致性出现问题的原因可能是数据记录规则不同，但不一定是错误的，而存在准确性问题的数据不仅仅是规则上的不一致。准确性关注数据中的错误，最为常见的数据准确性错误就如乱码。异常大或者小的数据以及不符合有效性要求的数值，也是常见的数据准确性错误，例如访问量（Visits）一定是整数、年龄一般为 1～100、转化率一定为 0～1 等。

数据的准确性可能存在于个别记录，也可能存在于整个数据集。如果整个数据集的某个字段的数据存在错误，如常见的数量级的记录错误，则这种错误很容易被发现，利用 Data Profiling 的平均数和中位数也可以发现这类问题。当数据集中存在个别异常值时，可以使用最大值和最小值的统计量去审核，使用箱线图也可以让异常记录一目了然。

另外，数据还存在准确性的审核问题、字符乱码的问题或者字符被截断的问题，可以使用分布来发现这类问题，一般的数据记录基本符合正态分布或者类正态分布，那么占比异常小的数据项很可能存在问题，如某个字符记录相对总体的占比只有 0.1%，而其他字符的占比都在 3% 以上，那么很有可能这个字符记录有异常，一些 ETL 工具的数据质量审核会标识出这类占比异常小的记录值。对于数值范围既定的数据，也可以添加有效性的限制，超过数据限制的数据记录就是错误的。

有些数据并没有显著异常，但记录的值仍然可能是错误的，只是这些值与正常的值比较接近而已，这类准确性检验最困难，一般只能通过与其他来源或者统计结果进行比对来发现问题，例如使用多种不同类型的数据收集系统或者网站分析工具，通过不同数据来源的数据比对来发现一些数据记录的准确性问题。

8.2.4　及时性

及时性是指数据从产生到可以查看的时间间隔，也叫数据的延时时长。及时性对于数据分析本身要求并不高，但如果数据分析周期加上数据建立的时间过长，就能导致分析得出的结论失去了借鉴意义。所以需要对数据的有效时间进行关注，如每周的数据分析报告要两周后才能出来，那么分析的结论可能已经失去时效性，分析师的工作只是徒劳；同时，某些实时分析和决策需要用到小时或者分钟级的数据，这些需求对数据的时效性要求极高。因此，及时性也是数据质量的组成要素之一。

8.3　数据预处理

数据预处理主要包括数据清洗（Data Cleaning）、数据集成（Data Integration）、数据转换（Data Transformation）和数据消减（Data Reduction）。数据清洗是指消除数据中存在的噪声及纠正其不一致的错误。数据集成是指将来自多个数据源的数据合并到一起构成一个完整的数据集。数据转换是指将一种格式的数据转换为另一种格式的数据。数据消减是指通过删除冗余特征或聚类消除多余数据。

这些数据预处理方法并不是相互独立的，而是相互关联的。例如，消除数据冗余既可以看成一种形式的数据清洗，也可以认为是一种数据消减。

8.3.1　数据清洗

数据清洗的主要目的是对缺失值、噪声数据、不一致数据、异常数据进行处理，通过填写缺失值、平滑噪声数据、识别或删除离群点等方法解决不一致性问题，使得清理后的数据格式符合标准，不存在异常数据等。

1. 缺失值的处理

随着大数据时代的到来，数据量级与复杂度的极速提升给人们带来前所未有的广阔应用空间和层出不穷的学术挑战。作为一种典型的数据问题，缺失现象在大数据环境中仍然普遍存在。日常生活中，难免会遇到受访者对敏感话题的回避（比如：直接被咨询家庭年收入金额）、机器故障导致测试数据缺失等现象。对于缺失值，处理方法有以下 6 种。

（1）忽略该条记录

若一条记录中有属性值被遗漏了，存在缺失值，则将此条记录排除，尤其是没有类别属性值而又要进行分类数据挖掘时。当然，这种方法并不很有效，尤其是在每个属性的缺失值的记录比例相差较大时。

（2）手工填补缺失值

一般这种方法比较耗时，而且对于存在许多遗漏情况的大规模数据集而言，显然可行性较差。

（3）利用默认值填补值

对一个属性的所有缺失的值均利用一个事先确定好的值来填补，如都用"OK"来填补。但当一个属性的缺失值较多时，若采用这种方法，就可能误导挖掘进程。因此这种方法虽然简单，但并不推荐使用，或使用时需要仔细分析填补后的情况，以尽量避免对最终挖掘结果产生较大误差。

（4）利用均值填补缺失值

计算一个属性值的平均值，并用此值填补该属性所有缺失的值。例如，若顾客的平均收入为 10000 元，则用此值填补"顾客收入"属性中所有缺失的值。

（5）利用同类别均值填补缺失值

这种方法尤其适合在进行分类挖掘时使用。例如，若要对商场顾客按信用风险进行分类挖掘时，就可以用在同一信用风险类别（如良好）下"顾客收入"属性的平均值，来填补所有在同一信用风险类别下"顾客收入"属性的缺失值。

（6）利用最可能的值填补遗漏值。

可以利用回归分析、贝叶斯公式或决策树推断出该条记录特定属性最可能的取值。例如，利用数据集中其他顾客的属性值，可以构造一个决策树来预测"顾客收入"属性的缺失值。

最后一种方法是一种较常用的方法，与其他方法相比，它最大限度地利用了当前数据所包含的信息来帮助预测所遗漏的数据。

2．噪声数据的处理

噪声是一个测量变量中的随机错误或偏差，包括错误的值或偏离期望的孤立点值。由于随机误差产生的噪声数据是正常的，影响变量真值，所以也需要对这些噪声数据进行处理，可以用以下数据平滑方法来平滑噪声数据，识别、删除孤立点。

（1）Bin 方法

Bin 方法通过利用应被平滑数据点的周围点（近邻），对一组排序数据进行平滑。排序后的数据被分配到若干箱子（称为 Bin）中。下面通过给定一个数值型属性（如价格）来说明使用 Bin 方法平滑去噪的具体用法。

如图 8-2 所示，Bin 方法一般有两种，一种是等高方法，即每个 Bin 中元素的个数相等，另一种是等宽方法，即每个 Bin 的取值间距（左右边界之差）相同。

图 8-3 描述了一些 Bin 方法技术。首先，对价格数据进行排序；然后，将其划分为若干等高的 Bin，即每个 Bin 包含 3 个数值；最后，既可以利用每个 Bin 的均值进行平滑，也可以利用每个 Bin 的边界进行平滑。利用均值进行平滑时，第一个 Bin 中 4、8、15 均用该 Bin 的均值替换；利用边界进行平滑时，对于给定的 Bin，其最大值与最小值就构成了该 Bin 的

边界，利用每个 Bin 的边界值（最大值或最小值）可替换该 Bin 中的所有值。一般来说，每个 Bin 的宽度越宽，其平滑效果越明显。

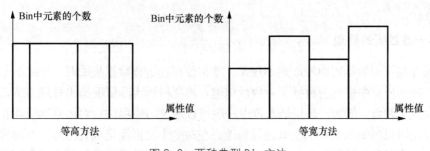

图 8-2　两种典型 Bin 方法

（2）聚类分析方法

聚类分析方法是将类似的值组织成群或聚类，落在聚类集合之外的值被视为孤立点。聚类分析方法主要用于找出并清除落在簇之外的值（孤立点），这些孤立点被视为噪声，不适合于平滑数据。聚类分析方法可帮助发现异常数据。相似或相邻近的数据聚合在一起形成了各个聚类集合，而那些位于这些聚类集合之外的数据对象，自然而然就被认为是异常数据。如图 8-4 所示。聚类分析方法也可用于数据分析，其分类及典型算法等在第 12 章有详细说明。

图 8-3　利用 Bin 方法平滑去噪

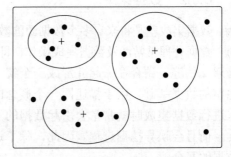

图 8-4　基于聚类分析方法的异常数据监测

（3）回归方法

回归方法是通过找到恰当的回归函数来平滑数据。可以利用拟合函数对数据进行平滑。例如，借助线性回归方法，包括多变量回归方法，就可以获得多个变量之间的拟合关系，从而达到利用一个（或一组）变量值来预测另一个变量取值的目的。利用回归分析方法所获得的拟合函数，能够帮助平滑数据及除去其中的噪声。

（4）计算机检查和人工检查结合

计算机检查和人工检查结合的方法，可以帮助发现异常数据。利用计算机将被判定数据与已知的正常值比较，把差异程度大于某个阈值的模式输出到一个表中，然后人工审核表中的模式，识别出孤立点。例如，利用基于信息论的方法可帮助识别手写符号库中的异常模式，所识别出的异常模式可输出到一个列表中，然后由人对这一列表中的各异常模式进行检查，并最终确认无用的模式（真正异常的模式）。这种人机结合检查方法比手工方法的手写符号库检查效率要高许多。

3．不一致数据的处理

同一属性在不同数据库中的取名不规范，常常使得在进行数据集成时，导致不一致情况的发生。对于数据质量中提到的数据不一致性问题，需要根据实际情况给出处理方案，可以使用相关材料来人工修复。例如，数据录入错误一般可以通过与原稿进行对比来加以纠正；违反给定规则的数据可以用知识工程的工具进行修改。在对多个数据源集成处理时，不同数据源对某些含义相同的字段的编码规则会存在差异，此时需要对不同数据源的数据进行数据转化。

4．异常数据的处理

异常数据大部分是很难修正的，如字符编码等问题引起的乱码、字符被截断、异常的数值等，这些异常如果没有规律可循，几乎不可能被还原，只能将其过滤掉。

有些数据异常则可以被还原，如原字符中掺杂了一些其他无用字符时，可以使用截取子串的方法，用 trim() 函数去掉字符串前后的空格等；字符被截断时，如果可以使用截断后的字符推导出原完整字符串，那么也可以被还原。当数值记录中存在异常大或者异常小的值时，可以分析是否为数值单位差异引起的，如克和千克差了 1000 倍，这样的数值异常可以通过转化进行处理。数值单位的差异也可以认为是数据的不一致性，或者是某些数值被错误地放大或缩小，如数值后面被多加了几个 0 导致的数据异常。

8.3.2　数据集成

数据集成就是将来自多个数据源的数据合并到一起。

数据处理常常涉及数据集成操作，即将来自多个数据源的数据，如数据库、数据立方、普通文件等，结合在一起并形成一个统一数据集合，以便为数据处理工作的顺利完成提供完整的数据基础。由于描述同一个概念的属性在不同数据库中有时会取不同的名字，所以在进行数据集成时就常常会引起数据的不一致或冗余。大量的数据冗余不仅会降低挖掘速度，而且会误导挖掘进程。因此，除了进行数据清洗之外，在数据集成中还需要注意消除数据的冗余。

在数据集成过程中，需要考虑解决以下 3 个问题。

1．模式集成问题

模式集成问题就是如何使来自多个数据源的现实世界的实体相互匹配，这其中就涉及实体识别问题。例如，如何确定一个数据库中的"宁夏"与另一个数据库中的"宁夏回族自治区"是否表示同一实体。

数据库与数据仓库通常包含元数据，这些元数据可以帮助避免在模式集成时发生错误。

2．冗余问题

冗余问题是数据集成中经常发生的另一个问题。若一个属性可以从其他属性中推演出来，那这个属性就是冗余属性。例如，一个顾客数据表中的平均月收入属性就是冗余属性，显然它可以根据月收入属性计算出来。此外，属性命名的不一致也会导致集成后的数据集出现数据冗余问题。

3．数据值冲突检测与消除问题

在现实世界实体中，来自不同数据源的属性值或许不同。产生这种问题的原因可能是表示、比例尺度，或编码的差异等。例如，重量属性在一个系统中采用国际单位制，而在另一个系统中却采用英制；价格属性在不同地点采用不同的货币单位。这些语义的差异为数据集成带来许多问题。

8.3.3　数据转换

数据转换就是将数据进行转换或归并，从而构成一个适合数据处理的描述形式。

数据转换主要是对数据进行规格化操作。在正式进行数据挖掘之前，尤其是使用基于对象距离的挖掘算法时，如神经网络、最近邻分类等，必须进行数据规格化，也就是将其缩至特定的范围之内，如[0, 1]。例如，一个客户信息数据库中的年龄属性或工资属性，由于工资属性的取值比年龄属性的取值要大许多，如果不进行规格化处理，基于工资属性的距离计算值显然将远远超过基于年龄属性的距离计算值，这就意味着工资属性的作用在整个数据对象的距离计算中被错误地放大了。

数据转换包含以下处理内容。

1．平滑处理

平滑处理用于帮助除去数据中的噪声，主要技术方法有 Bin 方法、聚类方法和回归方法。

2．合计处理

合计处理用于对数据进行总结或合计操作。例如，每天的数据经过合计操作可以获得每月或每年的总额。这一操作常用于构造数据立方或对数据进行多粒度的分析。

3．数据泛化处理

数据泛化处理是用更抽象（更高层次）的概念来取代低层次或数据层的数据对象。例如，街道属性可以泛化到更高层次的概念，如城市、国家；数值型的属性，如年龄属性，可以映射到更高层次的概念，如年轻、中年和老年。

4．规格化处理

规格化处理就是将一个属性取值范围投射到一个特定的小范围之内，以消除数值型属性因大小不一造成挖掘结果的偏差，常常用于神经网络、基于距离计算的最近邻分类和聚类挖掘等数据预处理。例如，将工资收入属性值映射到 0～1 范围内。

5．属性构造处理

属性构造处理用于根据已有属性集构造新的属性，并将其加入现有属性集合以挖掘更深层次的模式知识，提高挖掘结果准确性，以帮助数据处理过程。例如，根据宽、高属性，可以构造一个面积属性。构造合适的属性能够减少学习构造决策树时出现碎块情况。此外，属性结合可以帮助发现所遗漏的属性间的相互联系，而这在数据挖掘过程中是十分重要的。

8.3.4 数据消减

大规模数据进行复杂的分析通常需要耗费大量的时间，这时就需要数据消减技术了。数据消减的目的就是缩小所挖掘数据的规模，但不会影响（或基本不影响）最终的挖掘结果。

数据消减的主要策略如表 8-1 所示。

表 8-1　　　　　　　　　　　　　　　　　　数据消减的主要策略

名称	说明
数据聚合	数据聚合主要用于构造数据立方（数据仓库操作）。每个属性都可对应一个概念层次树，以帮助进行多抽象层次的数据分析。在最低抽象层次所建立的数据立方称为基立方，而最高抽象层次对应的数据立方称为顶立方。每一层次的数据立方都是对低一层数据的进一步抽象，因此它也是一种有效的数据消减
维数消减	维数消减就是通过消除多余和无关的属性而有效消减数据集的规模，主要用于检测和消除无关、弱相关或冗余的属性或维度（数据仓库中的属性）。 数据集可能包含成百上千的属性，而这些属性中的许多属性是与挖掘任务无关的或冗余的，这里通常采用属性子集选择方法筛选属性集。属性子集选择方法的目标就是寻找出最小的属性子集并确保新数据子集的概率分布尽可能接近原来数据集的概率分布。利用筛选后的属性集进行数据挖掘，由于使用了较少的属性，用户更加容易理解挖掘结果
数据压缩	数据压缩就是利用数据编码或数据转换将原来的数据集合压缩为一个较小规模的数据集合。若仅根据压缩后的数据集就可以恢复原来的数据集，那么就认为这一压缩是无损的，否则就称为有损的
数据块消减	利用更简单的数据表达形式，如参数模型、非参数模型（聚类、采样、直方图等），来取代原有的数据。例如，线性回归模型就可以根据一组变量预测计算另一组变量。而非参数方法则是存储利用直方图、聚类或取样而获得的消减后的数据集
离散化与概念层次生成	所谓离散化就是利用取值范围或更高层次概念来替换初始数据。利用概念层次可以帮助挖掘不同抽象层次的模式知识

数据消减技术的主要目的就是从原有巨大数据中集中获得一个精简的数据集，并使这一精简数据集保持原有数据集的完整性。这样在精简数据集上进行数据挖掘就会提高效率，并且能够保证挖掘出的结果与使用原有数据集所获得的结果基本相同。

8.4　特征工程

什么是特征工程（Feature Engineering）呢？一个非常简单的例子，使用逻辑回归设计一个身材分类器。输入数据 X：身高和体重，标签为 Y：身材等级（胖，不胖）。显然，不能单纯地根据体重来判断一个人的胖瘦。针对这个问题，可使用一个非常经典的特征工程为 BMI 指数，BMI=体重/(身高^2)。这样，通过 BMI 指数，就能非常显然地刻画一个人身材。

特征工程是将原始数据转化为特征。在进行特征工程时，要结合需要解决的问题，考虑对业务的了解程度。影响分析结果的三大因素有：模型的选取是否合适？可以用的数据是否好用？提取的特征是否实用？在数据建模和大数据分析过程中，特征工程直接影响了数据质量和模型结果，是大数据分析在数据采样后的重要一步。

在很多应用中，所采集的原始数据维数很高，这些经过数据清洗后的数据成为原始特征，但并不是所有的原始特征都给后续的分析直接提供信息，有些需要经过一些处理，有些甚至是干扰项。特征工程是利用领域知识来处理数据创建一些特征以便后续分析使用。特征工程包括特征选择、特征构建和特征提取。其目的是用尽少的特征描述原始数据，同时保持原始数据与分析目的相关特性。简而言之，特征工程就是一个把原始数据转变成特征的过程，这些特征可以很好地描述这些数据，并且利用它们建立的模型在未知数据上的表现性能可以达到最优（或者接近最佳性能）。

8.4.1 特征选择

特征选择是指从特征集合中挑选一组最具有统计意义的特征子集，从而达到降维的效果。特征选择具体从以下 3 个方面进行考虑。

1．特征是否发散

如果一个特征不发散，例如方差接近于 0，也就是说样本在这个特征上基本没有差异，则这个特征对于样本的区分并没有什么作用。

2．特征是否与分析结果相关

相关特征是指其取值能够改变分析结果。显然，应当优先选择与目标相关性高的特征。

3．特征信息是否冗余

在特征中可能存在一些冗余特征，即两个特征本质上相同，也可以表示为两个特征的相关性比较高。

特征提取是在原始特征的基础上自动构建新的特征，将原始特征转换为一组更具物理意义、统计意义或者核的特征。进行特征选择有以下 6 种方法。

1．单变量特征筛选

计算每一个特征与响应变量的相关性：工程上常用的手段有计算皮尔逊相关系数和互信息系数，皮尔逊相关系数只能衡量线性相关性，而互信息系数能够很好地度量各种相关性，但是计算相对复杂一些，好在很多 Toolkit 里都包含了这个工具（如 scikit-learn 的 MINE），得到相关性之后就可以排序选择特征了。

2．单特征模型筛选

构建单个特征的模型，通过模型的准确性为特征排序，借此来选择特征。当选择到了目标特征之后，再用来训练最终的模型。

3．L1、L2 正则筛选

通过 L1 正则项来选择特征：L1 正则项具有稀疏解的特性，因此天然具备特征选择的特性，但是要注意，L1 正则项没有选到的特征不代表不重要，原因是两个具有高相关性的特征可能只保留了一个，如果要确定哪个特征重要应再通过 L2 正则项交叉检验。

4．基于模型系数筛选

训练预选模型 Random Forest 和 Logistic Regression 等都能对模型的特征打分，通过打分获得相关性后再训练最终模型。

5．特征组合

通过特征组合后再来选择特征：如对用户 ID 和用户特征组合后再来获得较大的特征集从而选择特征，这种做法在推荐系统和广告系统中比较常见。这也是所谓亿级甚至十亿级特征的主要来源，原因是用户数据比较稀疏，组合特征能够同时兼顾全局模型和个性化模型。

6．基于深度学习

通过深度学习来进行特征选择：目前这种方式正在随着深度学习的流行而成为一种手段，尤其是在计算机视觉领域，因为深度学习具有自动学习特征的能力，这也是深度学习又叫无监督特征学习（Unsupervised Feature Learning）的原因。从深度学习模型中选择某一个神经层的特征后就可以用来进行最终目标模型的训练了。

8.4.2　特征构建

特征构建是指从原始特征中人工构建新的特征。特征构建需要很强的洞察力和分析能力，要求用户能够从原始数据中找出一些具有物理意义的特征。假设原始数据是表格数据，可以使用混合属性或者组合属性来创建新的特征，或者通过分解或切分原有的特征来创建新的特征。

特征构建的常用方法是属性分割和结合，这一般根据我们具体的问题决定。常用的特征构建方法如下。

1．时间序列处理

时间戳属性通常需要被分离成多个维度，如年、月、日、小时、分钟、秒钟。通常时间序列数据会含有一定的趋势和周期性，这时需要我们去构建趋势因子和周期因子。

2．分解类别属性

特征构建其实是将数据类别属性转换为数据特征的过程。分解类别属性是指将数据类别属性转换成一个标量。最有效的类别属性分解就是数据只有两个类别属性的情况，即{0，1}对应{类别 1，类别 2}。例如，由{红，绿、蓝}组成的颜色属性，最常用的方式是把每个类别属性转换成二元属性，即从{0，1}取一个值，所以增加的属性等于相应数目的类别，并且对于数据集中的每个实例，只有一个是 1（其他的为 0），这也就是独热（One-hot）编码方式。在这个例子中，颜色的类别为红，绿，蓝三种，使用独热的编码方式可得到：

红→[1, 0, 0]
绿→[0, 1, 1]
蓝→[0, 0, 1]

读者可能会觉得采用这种分解方式会增加不必要的麻烦（因为编码大量的增加了数据集

的维度），并尝试将类别属性转换成一个标量，例如颜色属性可能会用{1，2，3}表示{红，绿，蓝}。对于一个数学模型，这意味着在某种意义上，相比于蓝色，红色更"相似"于绿色（因为|1-3|＞|1-2|），因此会使统计指标（比如均值）无意义，从而产生错误的模型。

3．分箱和分区

有时将数值型属性转换成类别呈现会更有意义，同时能减少噪声对算法的干扰，还可将一定范围内的数值划分成确定的块。举个例子，我们预测一个人是否拥有某款衣服，年龄是一个确切的因子，而年龄组是更为相关的因子，所以我们可以将年龄分布划分成 1～10，11～18，19～25，26～40 等年龄段，分别表示幼儿、青少年、青年、中年 4 个年龄组，让相近的年龄组表现出相似的属性。此外，我们还可以对分箱、分区做一些统计量字段作为数据的特征。

只有在了解属性的领域知识的基础上，确定属性能够划分成简洁的范围时分区才有意义，即所有的数值落入一个分区时能够呈现出共同的特征。例如，如果你所感兴趣的是将一个城市作为整体，这时你可以将所有落入该城市的维度值进行整合成一个整体。分箱也能减小小错误的影响，即将一个给定值划入最近的块中。如果划分范围的数量和所有可能值相近，或对你来说准确率很重要的话，此时分箱就不适合了。

4．交叉特征

交叉特征是特征工程中重要的方法之一，交叉特征是一种很独特的方式，它将两个或更多的类别属性组合成一个。当组合的特征要比单个特征好时，交叉特征就是一项非常有用的技术。数学上来说，交叉特征是对类别特征的所有可能值进行交叉相乘。当然我们不仅可以查找交叉项关系，还可以去寻找更加复杂的二次项、三次项乃至更复杂的关系（见图 8-5），这根据问题求解的需要决定。

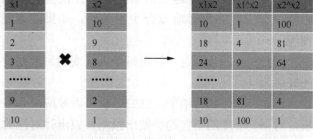

一般我们会收集与问题相关的数据作为我们的特征，但是这些特征有时不足以解释我们的问题，我们还是会通过特征构建来增加解释能力。总

图 8-5　对类别特征的所有可能值进行交叉相乘

的来说，特征构建可以给我们的模型提供一些关键的信息，来解决模型解释能力不足等问题。

8.5　数据分析

数据处理的核心就是对数据进行分析，只有通过数据分析才能获取很多智能的、深入的、有价值的信息。越来越多的应用涉及大数据，这些大数据的属性，包括数量、速度、多样性等都引发了大数据不断增长的复杂性，所以，数据的分析方法在大数据领域就显得尤为重要，可以说是最终信息的价值的决定性因素。

8.5.1　数据分析常用分析思维模式

数据分析是从数据中提取有价值信息的过程，过程中需要对数据进行各种处理和归类，只有掌握了正确的数据分类方法和数据处理模式，才能起到事半功倍的效果。以下是数据分析常用的 9 种数据分析思维模式。

1. 分类

分类是一种基本的数据分析方式，根据数据特点，可将数据对象划分为不同的部分和类型，再进一步分析挖掘事物的本质。

分类分析的目标是：把一批人（或者物品）分成几个类别，或者预测他们（它们）属于每个类别的概率。

例如，淘宝商铺将用户在一段时间内的购买情况划分成不同的类，根据情况向用户推荐关联类的商品，从而增加商铺的销售量。

分类分析（根据历史信息）会产出一个模型，来预测一个新的人（或物）会属于哪个类别，或者属于某个类别的概率。结果会有以下两种形式。

形式 1：京东的所有用户中分为两类，要么会买，要么不会买。

形式 2：每个用户有一个"会买"，或者"不会买"的概率（显然这两个是等效的）。"会买"的概率越大，我们认为这个用户越有可能下单。

如果为形式 2 画一条线，比如 0.5，大于 0.5 是买，小于 0.5 是不买，形式 2 就转变成形式 1 了。

2. 回归

回归是一种运用广泛的统计分析方法，可以通过规定因变量和自变量来确定变量之间的因果关系，首先建立回归模型，并根据实测数据来求解模型的各参数，然后评价回归模型是否能够很好地拟合实测数据，如果能很好地拟合，则可以根据自变量做进一步预测。

回归任务的目标是：针对每个人（或物）根据一些属性变量来产生一个数字（来衡量他的好坏）。

例如，在市场营销中，回归分析可以被应用到各个方面。如通过对本季度销售的回归分析，对下一季度的销售趋势做出预测并做出针对性的营销改变。

注意：回归和分类的区别在于分类产生的结果是固定的几个选项之一，而回归的结果是连续的数字，可能的取值是无限多的。

3. 聚类

聚类是根据数据的内在性质将数据分成一些聚合类，每一个聚合类中的元素尽可能具有相同的特性，不同聚合类之间的特性差别尽可能大的一种分类方式，其与分类分析不同，所划分的类是未知的，因此，聚类分析也称为无指导或无监督的学习。

聚类任务的目标是：给定一批人（或物），在不指定目标的前提下，看看哪些人（或物）之间更接近。

注意：聚类和分类与回归的本质区别在于分类和回归都会有一个给定的目标（如是否下单、贷款是否违约、房屋价格等等），聚类是没有给定目标的。

举例：给定一批用户的购买记录，有没有可能分成几种类型？

4. 相似匹配

相似匹配是通过一定的方法，来计算两个数据的相似程度，相似程度通常会用一个百分比来衡量。相似匹配算法被用在很多不同的计算场景，如数据清洗、用户输入纠错、推荐统计、剽窃检测系统、自动评分系统、网页搜索和 DNA 序列匹配等领域。

相似匹配任务的目标是：根据已知数据，判断哪些人（或物）和特定的一个（一批）人（或物）更相似。

例如，已知一批在去年"双十一"下单金额超过 10000 元的用户，哪些用户跟他们比较相似？

5. 频繁项集

频繁项集是指事例中频繁出现的项的集合，如啤酒和尿不湿，Apriori 算法是一种挖掘关联规则的频繁项集算法，其核心思想是通过候选集生成和情节的向下封闭检测两个阶段来挖掘频繁项集，目前已被广泛应用在商业、网络安全等领域。

频繁项集发现的目标是：找出经常共同出现的人（或物）。

例如，各银行在自己的 ATM 机上通过捆绑客户可能感兴趣的信息，供用户了解并获取相应信息来改善自身的营销。

6. 统计描述

统计描述是根据数据的特点，用一定的统计指标和指标体系，表明数据所反馈的信息，是对数据分析的基础处理工作。统计描述的主要方法包括：平均指标和变异指标的计算、资料分布形态的图形表现等。

统计描述任务的目标是：具有哪些属性的人（或物）在什么状态下做什么事情。

例如，5 月份一个月内每个用户在京东 7 天内无条件退货的次数。统计描述常用于用户欺诈检测，试想一个用户一个月退货 100+次，这会是一种什么情况？

7. 链接预测

链接预测是一种预测数据之间本应存有的关系的方法，链接预测可分为基于节点属性的预测和基于网络结构的预测。基于节点属性的预测包括分析节点自身的属性和节点之间属性的关系等信息，利用节点信息知识集和节点相似度等方法得到节点之间隐藏的关系。与基于节点属性的数据相比，基于网络结构数据更容易获得。复杂网络领域一个主要的观点表明，网络中个体的特质没有个体间的关系重要。因此基于网络结构的链接预测受到越来越多的关注。

链接预测的目标是：预测本应该有联系（暂时还没有）的人（或物）。

例如，根据你的浏览记录和购买记录，预测你在京东"6.18"活动中可能会买什么。

8. 数据压缩

也不是数据越多越好，大数据带来的信息虽然多，但是噪声也会变多。数据压缩是指在不丢失有用信息的前提下，缩减数据量以减少存储空间，提高其传输、存储和处理效率，或按照一定的算法对数据进行重新组织，减少数据冗余和存储空间的一种技术方法。

数据压缩的目标是：减少数据集规模，增加信息密度。

例如，豆瓣想分析用户关于国外电影的喜好，将国内电影的评分数据都排除。

9. 因果分析

因果分析是利用事物发展变化的因果关系进行预测的方法。运用因果分析进行市场预测，主要是采用回归分析的方法，除此之外，计算经济模型和投入产出分析等方法也较为常用。

因果分析的目标是：找出事物间相互影响的关系。

例如，广告效果提升的原因是广告内容好，还是投放到了更精准的用户？

以上是数据分析时常用的数据分析思维方法，我们只有在做数据分析时根据实际情况合理运用不同的方法，才能够快速精确地挖掘出有价值的信息。

8.5.2 数据分析的经典算法

数据分析包括四大经典算法——分类分析、关联分析、聚类分析、回归分析。本小节对涉及的相关算法进行理论上的阐述。

1. 分类分析

分类是找出数据库中一组数据对象的共同特点并按照分类模式将它们划分为不同的类，其目的是通过分类模型将数据库中的数据项映射到某个给定的类别。在现实生活中人们会遇到很多分类问题，例如经典的手写数字识别问题等。

分类学习是一类监督学习的问题，训练数据会包含其分类结果，根据分类结果可以把问题分为以下 3 类。

- 二分类问题：是与非的判断，分类结果为两类，从中选择一个作为预测结果。
- 多分类问题：分类结果为多个类别，从中选择一个作为预测结果。
- 多标签分类问题：不同于前两类，多标签分类问题中一个样本的预测结果可能是多个，也可能有多个标签。多标签分类问题很常见，比如一部电影可以同时被定为动作片和犯罪片，一则新闻可以同时属于政治话题和法律话题等。

分类问题作为一个经典的问题，有很多经典模型产生并被广泛应用。模型就本质所能解决问题的角度来说，可以分为线性分类模型和非线性分类模型。

在线性分类模型中，假设特征与分类结果存在线性关系，通常将样本特征进行线性组合，表示形式为：

$$f(x) = w_1x_1 + w_2x_2 + \cdots + w_dx_d + b$$

表示成向量形式为：

$$f(x) = w \cdot x + b$$

其中 $w = (w_1, w_2, \cdots, w_d)$，线性模型的算法则为对 w 和 b 的学习，典型的算法包括逻辑回归（Logistic Regression）、线性判别分析（Linear Discriminant Analysis）。

当所给的样本是线性不可分时需要使用非线性分类模型，非线性分类模型中的经典算法包括 K 近邻（K-Nearest Neighbor，KNN）、支持向量机（Support Vector Machine）、决策树

（Decision Tree）和朴素贝叶斯（Naive Bayes）。

下面对每种算法的思想做一个简要介绍，尽量不涉及公式的讲解，从而给读者一个直观感受。

（1）逻辑回归

特征和最终分类结果之间表示为线性关系，但是得到的 f 是映射到整个实数域中的。分类问题，例如二分类问题需要将 f 映射到 $\{0, 1\}$ 空间，因此仍需要一个函数 g 完成实数域到 $\{0, 1\}$ 空间的映射。在逻辑回归中 g 为 Logistic() 函数，当 $g>0$ 时，x 的预测结果为正，否则为负。

逻辑回归的优点是直接对分类概率（可能性）进行建模，无须事先假设数据分布，是一个判别模型。并且 $g()$ 相当于对 x 正样本的概率预测，对于一些任务来说可以得到更多的信息。Logistic() 函数本身也有很好的性质，是任意阶可导的凸函数，许多数学方面的优化算法都可以使用该函数。

（2）线性判别分析

线性判别分析的思想是针对训练集，将其投影到一条直线上，使得同类样本点尽量接近，异类样本点尽量远离。

（3）支持向量机

支持向量机（Support Vector Machine，SVM）是一种监督式学习的方法，广泛应用于统计分类以及回归分析中。它的思想来源是基于训练集在样本空间中找到一个超平面将不同类别的样本分开，并且使得所有的点尽可能远离超平面，但实际上离超平面很远的点都已经被正确分类，用户所关心的是离超平面较近的点，这是容易被误分类的点，如何使离得较近的点尽可远离超平面，如何找一个最优的超平面以及最优超平面如何定义是支持向量机需要解决的问题。用户所需要寻找的超平面应该对样本局部扰动的"容忍性"最好，即结果对于未知样本的预测更加准确。

定义超平面的方程为：

$$\boldsymbol{w}^{\mathrm{T}} \cdot \boldsymbol{x} + b = 0$$

其中，w 为超平面的法向量，b 为位移项。定义函数间隔 $\dot{\gamma}$ 为 $y(\boldsymbol{w}^{\mathrm{T}} \cdot \boldsymbol{x} + b)$，其中，$y$ 是样本的分类标签（在支持向量机中使用 1 和 -1）表示，y 与 $(\boldsymbol{w}^{\mathrm{T}} \cdot \boldsymbol{x} + b)$ 同号，代表分类正确，但是函数间隔不能正常反映点到超平面的距离，当 w 和 b 成比例增加时，函数间隔也成倍增长，所以加入对于法向量 w 的约束，可以得到几何间隔 $\dfrac{y(\boldsymbol{w}^{\mathrm{T}} \cdot \boldsymbol{x} + b)}{\| w \|_2}$。

支持向量机中寻找最优超平面的思想是离超平面最近的点与超平面之间的距离尽量大，平行超平面间的距离或差距越大，分类器的总误差越小。如图 8-6 所示，如果所有样本不仅可以被超平面分开，还和超平面保持一定的函数距离（图 8-6 中的函数距离为 1），这样的超平面是支持向量机中的最优超平面，和超平面保持一定函数距离的样本被定义为支持向量。

SVM 模型目的是让所有点到超平面的距离大于一定的值，即所有点要在各自类别的支持向量的两边。

上述内容介绍了线性可分 SVM 的学习方法（即保证存在这样一个超平面使得样本数据可以被分开），但是对于非线性数据集，这样的数据集中可能存在一些异常点导致不能线性可分，此时可以利用线性 SVM 的软间隔最大化思想解决，具体方法请读者自行查阅。

SVM 的优点是泛化错误率低，计算开销不大，结果易解释。缺点是对参数调节和核函数的选择敏感，原始分类器不加修改仅适用于处理二类问题。

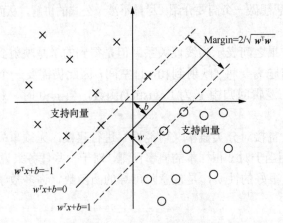

图 8-6　支持向量机基本思想

（4）决策树

使用决策树能够完成对样本的分类，可以看成对于"当前样本是否属于正类"这一问题的决策过程，模仿人类做决策时的处理机制，基于树的结果进行决策。例如，在进行信用卡申请时估计一个人是否可以通过信用卡申请（分类结果为是与否）可能需要其多方面特征，例如年龄、工作、历史信用评价等。人们在做类似的决策时会进行一系列子问题的判断，例如是否有固定工作，年龄属于青年、中年还是老年，以及历史信用评价的好与差等。在决策树过程中会根据子问题的搭建构造中间结点，叶结点为总问题的分类结果，即是否通过信用卡申请。

如图 8-7 所示的决策树，先看"年龄"，如果年龄为中年，看"是否有房产"，如没有房产再判断"是否有固定工作"，如果没有固定工作，则得到最终决策，不通过信用卡申请。

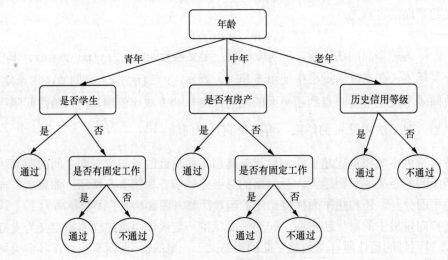

图 8-7　信用卡申请的决策树

以上为决策树的基本决策过程，决策过程的每个判定问题都是对属性的测试，例如年龄、历史信用评价等，每个判定结果都是导出最终结论或者进入下一个判定问题，并在上次判定结果的限定范围之内进行考虑。

一般一棵决策树包含一个根结点、若干个中间结点和若干个叶结点，叶结点对应总问题的决策结果，根结点和中间结点对应中间的属性判定问题，每经过一次划分就得到符合该结果的一个样本子集，从而完成对样本集的划分过程。

决策树的生成过程是一个递归过程，在决策树的构造过程中，若当前结点所包含样本全部属于同一类，则这个结点可以作为叶结点，递归返回；若当前结点所包含样本在所有属性上取值相同，只能将其类型设为集合中含样本数最多的类别，同时也实现了模糊分类的效果。

决策树学习主要是为了生成一棵泛化能力强的决策树，同一个问题和样本可能产生不同的决策树，如何评价决策树的好坏以及如何选择划分的属性是决策树学习需要考虑的两个问题，目的是每一次划分都使分支结点纯度尽量高，即样本尽可能属于同一个类别。

决策树的优点是计算复杂度不高，输出结果易于理解，对中间值的缺失不敏感，可以处理不相关特征数据。缺点是可能会产生过度匹配问题。

（5）K 近邻

K 近邻（K-Nearest Neighbor）分类算法是一个理论上比较成熟的方法，也是最简单的机器学习算法之一。该方法的思路是：如果一个样本在特征空间中的 k 个最相似（即特征空间中最邻近）的样本中的大多数属于某一个类别，则该样本也属于这个类别。K 近邻算法需要考虑的首先是 k 值的确定、距离计算公式的确定，以及 k 个样本对于到测试样本的分类的影响的确定。前两者的确定需要根据实际情况考虑，对于分类影响的确定，最基本的选项是采用 k 个样本中样本最多的类别作为测试样本的类别，或者根据距离加入权重的考虑。

K 近邻算法与前面提到的算法都不大相同，它几乎不需要使用训练集进行训练，训练时间复杂度为 0，训练时间开销为 0，这一类算法被称为"懒惰学习"。

K 近邻算法的优点是精度高、对异常值不敏感、无数据输入假定。缺点是计算复杂度高、空间复杂度高。

（6）朴素贝叶斯

朴素贝叶斯是一个简单但十分实用的分类模型，发源于古典数学理论，有着坚实的数学基础，以及稳定的分类效率。同时，朴素贝叶斯模型所需估计的参数很少，对缺失数据不太敏感，算法也比较简单。朴素贝叶斯的基础理论是贝叶斯理论。贝叶斯理论公式为：

$$P(y \mid x) = \frac{P(x \mid y)P(y)}{P(x)}$$

其中 x 代表 n 维特征向量，y 为所属类别，目标是寻出所有类别中 $P(x|y)$ 最大的。换个比较形象的形式：

$$P(类别特征) = \frac{P(特征 \mid 类别)P(类别)}{P(特征)}$$

朴素贝叶斯模型建立在条件独立假设的基础上，即各个维度上的特征是相互独立的，所以 $P(x|y)=P(x_1|y)P(x_2|y)\cdots P(x_n|y)$。

在属性个数比较多或者属性之间相关性较大时，朴素贝叶斯模型的分类效率比不上决策树模型。而在属性相关性较小时，朴素贝叶斯模型的性能最为良好。

朴素贝叶斯的优点是在数据较少的情况下仍然有效，可以处理多类别问题。缺点是对于输入数据的准备方式较为敏感。

2．关联规则

（1）基本概念

关联规则是描述数据库中数据项之间所存在关系的规则，也就是根据一个事务中某些项的出现可导出另一些项在同一事务中也出现，即隐藏在数据间的关联或相互关系。关联规则的学习属于无监督学习过程，在实际生活中的应用很多，例如分析客户超市购物记录可以发现许多隐含的关联规则，如经典的啤酒尿布问题。

① 关联规则的定义。

首先给出一个项的集合 $I=\{I_1, I_2, \cdots I_n\}$，关联规则是形如 $A>=B$ 的蕴含式，A、B 属于 I，并且 A 与 B 的交集为空。

② 关联规则的指标。

在关联挖掘中有 4 个重要的指标。

- 置信度（Confidence）。

定义：设 W 中支持物品集 A 的事务中有 $c\%$ 的事务同时也支持物品集 B，$c\%$ 称为关联 $A \to B$ 的置信度，即条件概率 $P(y|x)$。

实例说明：以啤酒尿布问题为例，如果一个顾客购买啤酒，那么他也购买尿布的可能性有多大呢？在该例中，若购买啤酒的顾客中有 50% 的人购买了尿布，那么置信度是 50%。

- 支持度（Support）。

定义：设 W 中有 $s\%$ 的事务同时支持物品集 A 和 B，$s\%$ 称为关联规则 $A \to B$ 的支持度。支持度描述了 A 和 B 这两个物品集的并集 C 在所有事务中出现的概率，即 $P(X \cap Y)$。

实例说明：某天共有 100 个客户到商场购买物品，其中 15 个顾客同时购买啤酒和尿布，那么上述关联规则的支持度就是 15%。

- 期望置信度（Expected Confidence）。

定义：设 W 中有 $e\%$ 的事务支持物品集 B，$e\%$ 称为关联规则 $A \to B$ 的期望置信度，即 $P(B)$。期望置信度描述了物品集 B 在所有事务中出现的概率。

实例说明：如果某天共有 100 个顾客到商场购买物品，其中有 25 个顾客购买了尿布，则上述关联规则的期望置信度就是 25%。

- 提升度（Lift）。

定义：提升度是置信度与期望置信度的比值，反映了"物品集 A 的出现"对物品集 B 出现的概率产生了多大的变化。

实例说明：在上述实例中置信度为 50%，期望置信度为 25%，则上述关联规则的提升度=50%|25%=2。

③ 关联规则挖掘的定义。

定义：给定一个交易数据集 T，找出其中所有支持度 support≥min-support、置信度 confidence≥min-confidence 的关联规则。

有一个简单而粗鲁的方法可以找出所需要的规则，那就是穷举项集的所有组合，并测试每个组合是否满足条件，一个元素个数为 n 的项集的组合个数为 2^n-1（除去空集），所需要的时间复杂度明显为 $0（2^n）$，对于普通的超市，其商品的项集数也在 1 万以上，用指数时间复杂度的算法不能在可接受的时间内解决问题，因此怎样快速挖掘出满足条件的关联规则是关联挖掘需要解决的主要问题。

仔细想一下可以发现：对于{啤酒→尿布}和{尿布→啤酒}这两个规则的支持度，只要计算{啤酒，尿布}的支持度，即它们交集的支持度，因此可以把关联规则挖掘分两步进行。

● 生成频繁项集：这一阶段找出所有满足最小支持度的项集，找出的这些项集称为频繁项集。

● 生成规则：在上一步产生的频繁项集的基础上生成满足最小置信度的规则，产生的规则称为强规则。

（2）典型算法

项的集合称为项集，频繁项集是指支持度大于等于最小支持度（Min_sup）的集合。对于挖掘数据集合中的频繁项集，经典算法包括 Apriori 算法和 FP-Tree 算法，但是这两类算法都假设数据集合是无序的，对于序列数据中频繁序列的挖掘则使用 Prefixspan 算法。项集数据和序列数据的区别如图 8-8 所示，左边的数据集就是项集数据，每个项集数据由若干项组成，这些项没有时间上的先后关系；右边的序列数则不一样，它是由若干数据项集组成的序列。比如第 1 个序列$<a(abc)(ac)d(cf)>$，它由 a、abc、ac、d、cf 共 5 个项集数据组成，并且这些项有时间上的先后关系。对于超过一个项的项集要加上括号，以便和其他的项集分开。同时，由于项集内部是不区分先后顺序的，为了方便进行数据处理，一般将序列数据中所有的项集按字母排序。

项集数据			序列数据	
TID	itemsets		SID	sequences
10	a, b, d		10	$<a(abc)(ac)d(cf)>$
20	a, c, d		20	$<(ad)c(bc)(ae)>$
30	a, d, e		30	$<(ef)(ab)(df)cb>$
40	b, e, f		40	$<eg(af)cbc>$

图 8-8　项集数据和序列数据

① Apriori 算法。

Apriori 算法用于找出数据值中频繁出现的数据集合，为了减少频繁项集的生成时间，应该尽早消除完全不可能是频繁项集的集合，Apriori 算法的基本思想基于下面两条定律。

Apriori 定律 1：如果一个集合是频繁项集，则它的所有子集都是频繁项集。举例：假设集合$\{A，B\}$是频繁项集，即 A 和 B 同时出现在一条记录中的次数大于等于最小支持度 Min_support，则它的子集$\{A\}$和$\{B\}$出现的次数必定大于等于 Min_support，即它的子集都是频繁项集。

Apriori 定律 2：如果一个集合不是频繁项集，则它的所有超集都不是频繁项集。举例：假设集合$\{A\}$不是频繁项集，即出现的次数小于 Min_support，则它的任何超集（如$\{A，B\}$）出现的次数必定小于 Min_support，因此其超集必定也不是频繁项集。

利用这两条定律，抛掉了很多候选项集，Apriori 算法采用迭代的方法，先搜索出 1 项集（长度为 1 的项集）及对应的支持度，对于 Support 低于 Min_support 的项进行剪枝，对于剪枝后的 1 项集进行排列组合得到候选 2 项集，再次扫描数据库得到每个候选 2 项集的 Support，对于 Support 低于 Min_support 的项进行剪枝，得到频繁 2 项集，以此类推进行迭代，直到没有频繁项集为止。

② FP-Tree 算法。

FP-Tree 算法同样用于挖掘频繁项集，其中引入 3 个部分来存储临时数据结构。首先是项头表，记录所有频繁 1 项集（Support 大于 Min_support 的 1 项集）出现的次数，并按照次数进行降序排列，如图 8-9 所示；其次是 FP 树，将原始数据映射到内存中，以树的形式存储；最后是结点链表，所有项头表里的频繁 1 项集都是一个结点链表的头，它依次指向 FP 树中该频繁 1 项集出现的位置，将 FP 树中所有出现的相同项的结点串联起来。

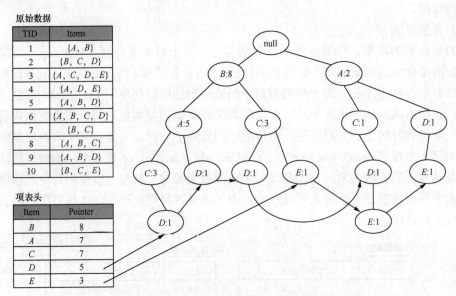

图 8-9　FP-Tree 算法的临时数据结构

FP-Tree 算法首先需要建立降序排列的项头表，并根据项头表中结点的顺序对原始数据集中每条数据的结点进行排序，同时去除非频繁项得到排序后的数据集，具体过程如图 8-10 所示。

在建立项头表并得到经过排序的数据集后建立 FP 树，FP 树的每个结点由项和次数两部分组成。逐条扫描数据集，将其插入 FP 树，插入规则为每条数据中排名靠后的作为前一个结点的子结点，如果有公用的祖先，则对应公用点的计数加 1。插入后，如果有新结点出现，则项头表对应的结点会通过结点连接表链接到新的结点，直到所有的数据都插入 FP 树种，FP 树才建立完成。图 8-11 所示是插入第 2 条数据的过程，图 8-12 所示为构建好的 FP 树。

图 8-10　项头表及排序后的数据集　　　　图 8-11　FP 树的构建过程

156

在得到 FP 树后，可以挖掘所有的频繁项集，从项头表底部开始，找到以该结点为子结点的子树，则可以得到其条件模式基，基于条件模式基可以递归发现所有包含该结点的频繁项集。以 D 结点为例，挖掘过程如图 8-13（a）所示，D 结点有两个叶结点，因此首先得到的 FP 子树如图 8-13（b）所示。接着所有的祖先结点的计数设置为叶结点的计数，即变成{A:2, C:2, E:1, G:1, D:1, D:1}，此时 E 结点和 G 结点由于在条件模式基里面的支持度低于阈值，因此被删除，最终在去除低支持度结点并不包括叶结点后 D 的条件

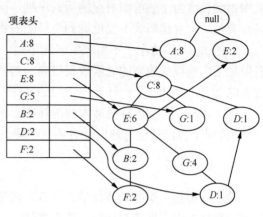

图 8-12　构建好的 FP 树

模式基为{A:2, D:2}, {C:2, D:2}。递归合并 2 项集，得到频繁 3 项集为{A:2, C:2, D:2}。D 对应的最大频繁项集为频繁 3 项集。

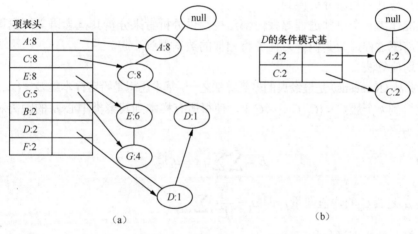

（a）　　　　　　　　　　　　　　　　　（b）

图 8-13　频繁项集的挖掘过程

③ PrefixSpan 算法。

PrefixSpan 算法是挖掘频繁序列的经典算法，子序列是指如果某序列 A 的所有项集都能在序列 B 的项集中找到，则 A 是 B 的子序列。PrefixSpan 算法的全称是 Perfix-Projected Pattern Growth，即前缀投影的模式挖掘。这里的前缀投影指的是前缀对应于某序列的后缀。序列 <a(abc)(ac)d(cf)>的前缀和后缀如表 8-2 所示。

表 8-2　　　　　　　　　　　　　　　　　前缀和后缀示例

前缀	后缀（前缀投影）
<a>	<(abc)(ac)d(cf)>
<aa>	<(_bc)(ac)d(cf)>
<ab>	<(_c)(ac)d(cf)>

PrefixSpan 算法的思想是首先从长度为 1 的前缀开始挖掘序列模式，搜索对应的投影数

据库得到长度为 1 的前缀对应的频繁序列，然后递归挖掘长度为 2 的前缀对应的频繁序列，以此类推，一直递归到不能挖掘到更长的前缀挖掘为止。

PrefixSpan 算法由于不用产生候选序列，并且投影数据库缩小很快，内存消耗比较稳定，在做频繁序列模式挖掘的时候效果很高，与其他序列挖掘法（比如 GSP、FreeSpan）相比有较大的优势，因此是生产环境中常用的算法。

PrefixSpan 算法运行时最大的消耗在于递归构造投影数据库。如果序列数据集较大，项数种类较多，算法的运行速度会有明显下降。用户可以使用伪投影计数等方法对其进行改进。

3．聚类分析

聚类分析是典型的无监督学习任务，训练样本的标签信息未知，通过对无标签样本的学习揭示数据的内在性质及规律，这个规律通常是样本间相似性的规律。聚类分析是把一组数据按照相似性和差异性分为几个类别，其目的是使属于同一类别的数据间的相似性尽可能大，使不同类别中数据间的相似性尽可能小。聚类试图将数据集样本划分为若干个不相交的子集，这样划分出来的子集可能有一些潜在规律和语义信息，但其规律是事先未知的，概念语义和潜在规律是在得到类别后分析得到的。

聚类既能作为一个单独过程寻找内部结构，供分析者来分析其概念语义，也可作为其他学习任务的前驱过程，为其他学习任务将相似的数据聚到一起。

（1）K 均值算法

K 均值算法（K-means）是最经典的聚类算法之一，基本思想是给定样本集 $D = \{x_1, x_2, \cdots, x_m\}$，将样本划分得到 k 个簇 $C = \{C_1, C_2, \cdots, C_k\}$，使得所有样本到其聚类中心 μ_i 的距离和 E 最小，形式化表示为：

$$E = \sum_{i=1}^{k} \sum_{x \in C_i} \| x - \mu_i \|_2^2$$

其中，μ_i 是簇 C_i 的均值向量，即 $\mu_i = \frac{1}{|C_i|} \sum_{x \in C_i} x$。

K 均值算法的实现过程如下。

① 随机选取 k 个聚类中心。

② 重复以下过程直至收敛。

- 对于每个样本计算其所属类别。
- 对于每个类重新计算聚类中心。

聚类个数需要提前指定。

K 均值算法思想简单，应用广泛，但存在以下缺点。

- 需要提前指定差，但是在大多数情况下对于差的确定是困难的。
- K 均值算法对噪声和离群点比较敏感，可能需要一定的预处理。
- 初始聚类中心的选择可能会导致算法陷入局部最优，而无法得到全局最优。

（2）DBSCAN 算法

具有噪声的基于密度的聚类算法（Density-Based Spatial Clustering of Applications with Noise，DBSCAN 算法）是在 1996 年被提出的一种基于密度空间的数据聚类算法。该算法将具有足够密度的区域划分为簇，并在具有噪声的空间数据库中发现任意形状的簇，它将簇定义为密度相连的点的最大集合。

DBSCAN 算法将具有足够密度的点作为聚类中心，即核心点，不断对区域进行扩展，该算法利用基于密度的聚类的概念，即要求聚类空间中的一定区域内所包含对象（点或其他空间对象）的数目不小于某一给定阈值。

DBSCAN 算法的优点如下。

① 聚类速度快且能够有效处理噪声点和发现任意形状的空间聚类。

② 与 K-means 算法相比，不需要输入要划分的聚类个数。

③ 聚类簇的形状没有 Bias（偏倚）。

④ 可以在需要时输入过滤噪声的参数。

DBSCAN 算法的缺点如下。

① 当数据量增大时要求较大的内存支持，I/O 消耗也很大。

② 当空间聚类的密度不均匀、聚类间距差相差很大时聚类质量较差。

③ 算法聚类效果依赖于距离公式的选取，在实际应用中常用欧氏距离，对于高维数据，存在"维数灾难"。

4．回归分析

回归分析反映的是事务数据库中属性值在时间上的特征，产生一个将数据项映射到一个实值预测变量的函数，发现变量或属性间的依赖关系，其主要研究问题包括数据序列的趋势特征、数据序列的预测以及数据间的相关关系等。

回归分析的目的在于了解变量间是否相关以及相关方向和强度，并建立数学模型来进行预测。

回归问题与分类问题相似，也是典型的监督学习问题，与分类问题的区别在于，分类问题测的目标是离散变量，而回归问题预测的目标是连续变量。由于回归分析与分类分析之间有着很多的相似性，所以用于分类的经典算法经过一些改动即可应用于回归分析，典型的回归分析模型包括线性回归分析、支持向量机（回归）、K 近邻（回归）等。

（1）线性回归分析

线性回归分析与分类分析算法中的逻辑回归类似，逻辑回归为了将实数域的计算结果映射到分类结果，例如二分类问题需要将 f 映射到 {0，1} 空间，引入 Logistic() 函数。在线性回归问题中，预测目标直接是实数域上的数值，因此优化目标更简单，即最小化预测结果与真实值之间的差异。样本数量为 m 的样本集，特征向量 $X = \{x_1, x_2, \cdots, x_m\}$，对应的回归目标 $Y = \{y_1, y_2, \cdots, y_m\}$。线性回归是用线性模型刻画特征向量 X 与回归目标 Y 之间的关系：

$$f(x_i) = w_1 x_{i1} + w_2 x_{i2} + \cdots + w_n x_{in} + b，\text{使得 } f(x_i) \cong y_i$$

对于 w 和 b 的确定，则是使 $f(x_i)$ 和 y_i 的差别尽可能小。那么如何衡量两者之间的差别？在回归任务中最常用的则是均方误差，基于均方误差最小化的模型求解方法被称为"最小二乘法"，即找到一条直线使得样本到直线的欧氏距离最小。基于此思想，损失函数 L 可以被定义为：

$$L(w, b) = \sum_{i=1}^{m} (y_i - w^T x_i - b)^2$$

求解 w 和 b 使得损失函数最小化的过程被称为线性回归模型的最小二乘"参数估计"。

以上为最简单形式的线性模型,但是允许有一些变化,可以加入一个可微函数 $g()$,使得 y 和 $f(x)$ 之间存在非线性关系,形式为:

$$y_i = g^{-1}(w^T x_i + b)$$

这样的模型被称为广义线性模型,函数 $g()$ 被称为联系函数。

（2）支持向量回归

支持向量回归与传统回归模型不同的是,传统回归模型通常直接基于 y 和 $f(x)$ 之间的差别来计算损失,当 $f(x)=y$ 时损失为 0；支持向量回归则是对 $f(x)$ 和 y 之间的差别有一定的容忍度,可以容忍 ϵ 的偏差,所以当 $f(x)$ 和 y 之间的偏差小于 ϵ 时,则不被考虑。相当于以 $f(x)$ 为中心构建了一个宽度为 2ϵ 的间隔带,若落入此间隔带,则被认为预测正确。

（3）K 近邻回归

用于回归的 K 近邻算法与用于分类的 K 近邻算法思想类似,通过找出一个样本的 k 个最近邻居,将这些邻居的回归目标的平均值赋给该样本,就可以预测出该样本的回归目标值。更进一步,可以将不同距离的邻居对该样本产生的影响赋予不同的权值,距离越近影响越大。

思考与练习

1. 数据预处理的基本过程是什么?
2. 数据质量的 4 个要素分别是什么?
3. 数据清洗的目的是什么?
4. 最常见的两种监督式学习任务是什么?
5. 要将顾客分为多个组,你会使用什么类型的算法?
6. 你会将垃圾邮件检测的问题列为监督式学习还是无监督式学习?

第 **9** 章　使用 NumPy 进行数据分析

NumPy 是最基础和最强大的科学计算和数据处理的工具包，它是一个提供多维数组对象的 Python 库。Python 语言中的数据分析工具 Pandas 也是基于 NumPy 构建的，机器学习包 scikit-learn 也大量使用了 NumPy 方法。本章将介绍 NumPy ndarray 对象、NumPy 的数据类型、NumPy 数组的创建、相关操作，以及 NumPy 函数。

9.1　NumPy 概述

NumPy（Numerical Python）是 Python 的一种开源的数值计算扩展。这种工具可用来存储和处理大型矩阵，比 Python 自身的嵌套列表（Nested List Structure）结构要高效得多（该结构也可以用来表示矩阵），支持大量的维度数组与矩阵运算，此外也针对数组运算提供大量的数学函数库。NumPy 的前身 Numeric 最早由 Jim Hugunin 与其他协作者共同开发。2005 年，Travis Oliphant 在 Numeric 中结合了另一个同性质的程序库 Numarray 的特色，并加入了其他扩展开发了 NumPy。NumPy 为开放源代码并且由许多协作者共同维护开发。

NumPy 是 Python 处理数组和矢量运算的工具包，是进行高性能计算和数据分析的基础，也是本书介绍 Pandas、scikit-learn 和 Matplotlib 的基础。NumPy 提供了对数组进行快速运算的标准数学函数，并提供了简单易用的面向 C 语言的 API。NumPy 对于适量运算不但提供了很多方便的接口，而且其效率比用户手动用 Python 实现数组运算要更高。虽然 NumPy 本身没有提供很多高级的数据分析功能，但是对于 NumPy 的了解将有助于后续数据分析工具的使用。NumPy 的引入代码如下：

```
# 多维数组 ndarray
import numpy as np
```

后续代码中，"np" 代表 NumPy 模块，这是 NumPy 比较通用的一个表达，因此对读者也是这样使用的。

9.2　NumPy ndarray 对象

NumPy 最重要的一个特点是其 N 维数组对象 ndarray，它是一系列同类型数据的集合，以 0 下标开始进行集合中元素的索引。ndarray 对象是用于存放同类型元素的多维数组。ndarray 中的每个元素在内存中都有相同的存储空间。

NumPy 的 ndarray 提供了一种将同质数据块（可以是连续或跨越）解释为多维数组对象的方式，数据类型（Dtype）决定了数据的解释方式，比如浮点数、整数、布尔值等。ndarray 所有数组对象都是数据块的一个跨度视图（Strided View）。简单地说，ndarray 不只是一块内存和一个数据类型，它还有跨度信息，这使得数组能以各种步幅（Step Size）在内存中移动。这是 ndarray 强大的部分原因。

ndarray 由以下几个部分组成。

（1）一个指向数据（内存或内存映射文件中的一块数据）的指针。

（2）数据类型，描述在数组中数据的类型。

（3）一个表示数组形状（Shape）的元组，表示各维度大小的元组。

（4）一个跨度元组（Stride），其中整数指的是为了前进到当前维度的下一个元素需要"跨过"的字节数。

ndarray 的内部结构如图 9-1 所示。

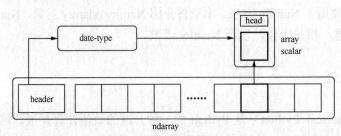

图 9-1 ndarray 的内部结构图

通常，跨度在一个轴上越大，沿这个轴进行计算的开销就越大。跨度可以是负数，这样会使数组在内存中向后移动，切片中 obj[::-1]或 obj[:,::-1]就是如此。创建一个 ndarray 只需调用 NumPy 的 array()函数：

numpy.array(object, dtype = None, copy = True, order = None, subok = False, ndmin = 0)

其中各参数描述如表 9-1 所示。

表 9-1　　　　　　　　　　　　　　array()函数的参数说明

名称	描述
object	数组或嵌套的数列
dtype	数组元素的数据类型，可选
copy	对象是否需要复制，可选
order	创建数组的样式，C 为行方向，F 为列方向，A 为任意方向（默认）
subok	默认返回一个与基类类型一致的数组
ndmin	指定生成数组的最小维度

接下来可以通过以下实例帮助我们更好地理解 ndarray 对象。

【例 9.1】简单数组的创建方法示例。

示例如下。

```
import numpy as np
#简单数组的创建
a = np.array([1,2,3,4])
```

```
print("一维数组:",a,sep='\n')
b = np.array([[1,2], [3,4]])
print("二维数组:",b,sep='\n')
```

程序运行结果如下。

```
一维数组:
[1 2 3 4]
二维数组:
[[1 2]
 [3 4]]
```

【例 9.2】利用参数 ndmin 设置数组最小维度的示例。

示例如下。

```
#最小维度
import numpy as np
a = np.array([1, 2, 3, 4, 5],ndmin=2)
print(a)
```

程序运行结果如下。

```
 [[1, 2, 3, 4, 5]]
```

本例中，ndmin=2 是设置数组最小维度为 2，需要特别注意，[[1,2,3,4,5]]是个二维数组。

【例 9.3】利用 dtype 参数调整数组元素的类型示例。

示例如下。

```
# dtype 参数
import numpy as np
arr = np.array([1,  2,  3])
print("dtype 参数调整前:",arr)
arr = np.array([1,  2,  3], dtype = complex)
print("dtype 参数调整后:",arr)
```

程序运行结果如下。

```
dtype 参数调整前: [1 2 3]
dtype 参数调整后: [1.+0.j 2+0.j 3.+0.j]
```

本例中，将数组中元素的类型 int 转换成 complex。

　　ndarray 对象由计算机内存中连续的部分组成，并结合索引模式，将每个元素映射到内存块中。内存块以行顺序（C 样式）或列顺序（FORTRAN 或 MATLAB 风格）保存元素。

9.3　NumPy 数据类型

　　NumPy 支持的数据类型比 Python 内置的类型要多很多，基本上可以和 C 语言的数据类型对应上，其中部分类型对应为 Python 内置的类型。表 9-2 列举了常用 NumPy 基本类型。

表 9-2　　　　　　　　　　　　　常用 NumPy 基本类型

名称	描述
bool_	布尔型数据类型（True 或者 False）
int_	默认的整数类型（类似于 C 语言中的 long、int32 或 int64）
intc	与 C 语言的 int 类型一样，一般是 int32 或 int 64
intp	用于索引的整数类型（类似于 C 语言的 ssize_t，一般情况下仍然是 int32 或 int64）

名称	描述
int8	字节（−128～127）
int16	整数（−32768～32767）
int32	整数（−2147483648～2147483647）
int64	整数（−9223372036854775808～9223372036854775807）
uint8	无符号整数（0～255）
uint16	无符号整数（0～65535）
uint32	无符号整数（0～4294967295）
uint64	无符号整数（0～18446744073709551615）
float_	float64 类型的简写
float16	半精度浮点数，包括：1 个符号位，5 个指数位，10 个尾数位
float32	单精度浮点数，包括：1 个符号位，8 个指数位，23 个尾数位
float64	双精度浮点数，包括：1 个符号位，11 个指数位，52 个尾数位
complex_	complex128 类型的简写，即 128 位复数
complex64	复数，表示双 32 位浮点数（实数部分和虚数部分）
complex128	复数，表示双 64 位浮点数（实数部分和虚数部分）

NumPy 的数值类型实际上是 dtype 对象的实例，并对应唯一的字符，包括 np.bool_、np.int32、np.float32 等。

dtype 对象用来描述如何使用与数组对应的内存区域，主要包括以下 5 个方面。

（1）数据的类型（整数、浮点数或者 Python 对象）。

（2）数据的大小（例如整数使用多少个字节存储）。

（3）数据的字节顺序（小端法或大端法）。

（4）在结构化类型的情况下，字段的名称、每个字段的数据类型和每个字段所取的内存块的部分。

（5）如果数据类型是子数组，它的形状和数据类型字节顺序是通过对数据类型预先设定"<"或">"决定的。"<"意味着小端法（最小值存储在最小的地址，即低位组放在最前面）。">"意味着大端法（最重要的字节存储在最小的地址，即高位组放在最前面）。

dtype 对象的构造语法如下。

numpy.dtype(object, align, copy)

其中 object 为要转换为的数据类型对象；align 如果为 True，填充字段使其类似 C 语言的结构体；copy 即复制 dtype 对象，如果 copy 为 False，则是对内置数据类型对象的引用。

每个内建类型都有一个唯一定义它的字符代码，如表 9-3 所示。

表 9-3　　　　　　　　　　　　　　内建类型的字符代码

字符	对应类型
B	布尔型
I	（有符号）整型
U	（无符号）整型

字符	对应类型
F	浮点型
C	复数浮点型
M	时间间隔（timedelta）
M	日期时间（datetime）
O	对象
S, a	字符串（byte）
U	Unicode
V	原始数据（void）

接下来我们可以通过实例来理解 dtype 对象。

【例 9.4】dtype 设置数据对象的类型方法一的示例。

示例如下。

```
import numpy as np
# 使用标量类型
dt = np.dtype(np.float 64)
print(dt)
```

程序运行结果如下。

```
float 64
```

本例中，将数组元素的数值类型设置为 np.float 64。

【例 9.5】dtype 设置数据对象的类型方法二的示例。

示例如下。

```
import numpy as np
# int8, int16, int32, int64 四种数据类型可以使用字符串 'i1', 'i2','i4','i8' 代替
dt = np.dtype('i4')
print(dt)
```

程序运行结果如下。

```
int32
```

本例中，利用字符串 'i1', 'i2','i4','i8'代替数据字段类型。

下面【例 9.6】～【例 9.8】是结构化数据类型的使用实例，将创建类型字段和对应的实际类型。

【例 9.6】创建结构化数据类型的示例。

```
import numpy as np
dt = np.dtype([('age',np.int8)])
print(dt)
```

程序运行结果如下。

```
[('age', 'i1')]
```

【例 9.7】将数据类型应用于 ndarray 对象的示例。

示例如下。

```
import numpy as np
dt = np.dtype([('age',np.int8)])
```

```
a = np.array([(10,),(20,),(30,)], dtype = dt)
print(a)
```
结果如下。
```
[(10,) (20,) (30,)]
```
【例 9.8】类型字段名用于存取实际的 age 列的示例。

示例如下。
```
import numpy as np
dt = np.dtype([('age',np.int8)])
a = np.array([(10,),(20,),(30,)], dtype = dt)
print(a['age'])
```
程序运行结果如下。
```
[10 20 30]
```
下面是定义一个结构化数据类型 student，包含字符串字段 name，整数字段 age，浮点字段 marks，并将这个 dtype 应用到 ndarray 对象的示例。

【例 9.9】创建结构化数据类型 student 的示例。

示例如下。
```
import numpy as np
student = np.dtype([('name','S20'), ('age', 'i1'), ('marks', 'f4')])
a = np.array([('abc', 21, 50),('xyz', 18, 75)], dtype = student)
print(a)
```
程序运行结果如下。
```
[('abc', 21, 50.0), ('xyz', 18, 75.0)]
```

9.4 NumPy 数组属性

本节将介绍 NumPy 数组的一些基本属性。NumPy 数组的维数称为秩（Rank），一维数组的秩为 1，二维数组的秩为 2，以此类推。在 NumPy 中，每一个线性的数组都称为一个轴（Axis），也就是维度（Dimensions）。比如说，二维数组相当于是两个一维数组，其中第一个一维数组中的每个元素也是一个一维数组。所以一维数组就是 NumPy 中的轴，第一个轴相当于是底层数组，第二个轴是底层数组里的数组。而轴的数量——秩，就是数组的维数。很多时候可以通过声明 axis 说明对数组的操作方法。当 axis=0，表示沿着第 0 轴进行操作，即对每一列进行操作；axis=1，表示沿着第 1 轴进行操作，即对每一行进行操作。

NumPy 的数组中比较重要的 ndarray 对象属性的如表 9-4 所示。

表 9-4　　　　　　　　　　　NumPy 的数组中比较重要的 ndarray 对象属性

属性	描述
ndarray.ndim	秩，即轴的数量或维度的数量
ndarray.shape	数组的形状，对于矩阵，表示为 *n* 行 *m* 列
ndarray.size	数组元素的总个数，相当于.shape 中 *n**m 的值
ndarray.dtype	ndarray 对象的元素类型
ndarray.itemsize	ndarray 对象中每个元素的大小，以字节为单位
ndarray.flags	ndarray 对象的内存信息

属性	描述
ndarray.real	ndarray 元素的实部
ndarray.imag	ndarray 元素的虚部
ndarray.data	包含实际数组元素的缓冲区，由于一般通过数组的索引获取元素，所以通常不需要使用这个属性

【例 9.10】返回数组属性的示例。

示例如下。

```
a = np.array([[1, 2, 3], [4, 5,6]])
print(a)
print('ndim:',a.ndim)    #数组的维数
print('shape:',a.shape)   #数组的形状, 对于矩阵, 表示为 n 行 m 列
print ('size:',a.size)    #数组的元素数
print ('dtype:',a.dtype)  #元素类型
print ('itemsize:',a.itemsize)  #每个元素所占的字节数
```

程序运行结果如下。

```
[[1 2 3]
 [4 5 6]]
ndim: 2
shape: (2, 3)
size: 6
dtype: int32
itemsize: 4
```

【例 9.11】用 reshape() 函数改变数组形状的示例。

示例如下。

```
import numpy as np
a = np.array([[1,2,3],[4,5,6]])
b = a.reshape(3,2)        #改变数组的形状
print (b)
print('ndim:',b.ndim)      #数组的维数
print('shape:',b.shape)    #数组的形状, 对于矩阵, 表示为 n 行 m 列
print ('size:',b.size)     #数组的元素数
```

程序运行结果如下。

```
[[1 2]
 [3 4]
 [5 6]]
ndim: 2
shape: (3, 2)
size: 6
```

9.5　NumPy 创建数组

NumPy 数组除了可以使用 ndarray 创建，还可以通过以下 4 种方式来创建。

1. numpy.empty

numpy.empty 方法用于创建一个指定形状（Shape）、数据类型（Dtype）且未初始化的数

组，格式如下：

numpy.empty(shape, dtype = float, order = 'C')。

其参数说明如表 9-5 所示。

表 9-5 numpy.empty 参数说明

参数	描述
shape	数组形状
dtype	数据类型，可选
order	有"C"和"F"两个选项，分别代表行优先和列优先，是在计算机内存中存储元素的顺序

【例 9.12】创建空数组的示例。

示例如下。

```
import numpy as np
x = np.empty([3,2], dtype = int)
print (x)
```

程序运行结果如下。

```
[[ 6917529027641081856  5764616291768666155]
 [ 6917529027641081859 -5645987754299804209]
 [          4497473538        844429428932120]]
```

注意：数组元素为随机值，因为它们未初始化。

2．numpy.zeros

numpy.zeros 方法用来创建指定大小的数组，数组元素以 0 来填充，格式如下：

numpy.zeros(shape, dtype = float, order = 'C')。

其参数说明如表 9-6 所示。

表 9-6 numpy.zeros 参数说明

参数	描述
shape	数组形状
dtype	数据类型，可选
order	'C' 用于 C 的行数组，或者 'F' 用于 FORTRAN 的列数组

【例 9.13】填充全零数组的示例。

示例如下。

```
import numpy as np
# 默认为浮点数
x = np.zeros(5)
print("x:", x)

# 设置类型为整数
y = np.zeros((5,), dtype = np.int)
print("y:", y)

# 自定义类型
z = np.zeros((2,2), dtype = [('x', 'i4'), ('y', 'i4')])
print("z:", z)
```

程序运行结果如下。

```
x: [0. 0. 0. 0. 0.]
y: [0 0 0 0 0]
z: [[(0, 0) (0, 0)]
 [(0, 0) (0, 0)]]
```

3．numpy.ones

numpy.ones 方法用来创建指定形状的数组，数组元素以 1 来填充，格式如下：

numpy.ones(shape, dtype = None, order = 'C')。

其参数说明如表 9-7 所示。

表 9-7　　　　　　　　　　　　　　numpy.ones 参数说明

参数	描述
shape	数组形状
dtype	数据类型，可选
order	'C'用于 C 的行数组，或者'F'用于 FORTRAN 的列数组

【例 9.14】创建数组元素全为 1 的数组示例。

示例如下。

```
import numpy as np
# 默认为浮点数
x = np.ones(5)
print("默认:",x)

# 自定义类型
x = np.ones([2,2], dtype = int)
print("自定义类型:","\n",x)
```

程序运行结果如下。

```
默认: [1. 1. 1. 1. 1.]
自定义类型:
[[1 1]
 [1 1]]
```

4．从数值范围创建数组

NumPy 从数值范围创建数组主要是创建指定范围的数组，下面我们将介绍从数值范围创建数组的方法。

Numpy 包中使用 arange()函数创建数值范围并返回 ndarray 对象，格式如下：

numpy.arange(start, stop, step, dtype)

功能：根据 start 与 stop 指定的范围（元素区间为[start，stop)，注意是左闭右开区间）以及 step 设定的步长，生成一个 ndarray 对象。参数说明如表 9-8 所示。

表 9-8　　　　　　　　　　　　　　numpy.arange 参数说明

参数	描述
start	起始值，默认为 0
stop	终止值（不包含）

参数	描述
step	步长，默认为 1
dtype	返回 ndarray 对象的数据类型，如果没有提供，则会使用输入数据的类型

【例 9.15】创建指定范围的数组示例。

示例如下：

```python
import numpy as np
x = np.arange(5)              #起始值默认为 0，步长默认为 1
print ("x:",x)
y= np.arange(2,10,2)          #设置数组起始值、终止值及步长
print("y:",y)
```

程序运行结果如下。

```
x: [0 1 2 3 4]
y: [ 2 4 6 8]
```

【例 9.16】设置返回类型为 float 的数组示例。

示例如下。

```python
import numpy as np
# 设置了 dtype
x = np.arange(5, dtype = float)
print (x)
```

程序运行结果如下。

```
 [0. 1. 2. 3. 4.]
```

9.6　NumPy 切片和索引

ndarray 对象的内容可以通过索引或切片来访问和修改，与 Python 中 list 的切片操作一样。ndarray 数组可以基于 0～n 的下标进行索引。切片可以通过内置的 slice()函数设置 start, stop 及 step 参数，从原数组中切割出一个新的数组。

【例 9.17】对利用 arange()函数创建数组进行数组切片的示例。

示例如下。

```python
import numpy as np
a = np.arange(10)
print ("a:",a)
s = slice(2,7,2)    # 从索引 2 开始到索引 7 停止，间隔为 2
print ("a[s]:", a[s])
```

程序运行结果如下。

```
a:[0 1 2 3 4 5 6 7 8 9]
a[s]:[2 4 6]
```

以上实例中，我们首先通过 arange() 函数创建 ndarray 对象。 然后，分别设置起始、终止和步长的参数为 2、7 和 2。也可以通过冒号分隔切片参数（start:stop:step）来进行切片操作。

【例 9.18】通过冒号分隔方法进行切片的示例。

示例如下。

```
import numpy as np
a = np.arange(10)
b = a[2:7:2]    # 从索引 2 开始到索引 7 停止，间隔为 2
print(b)
```

程序运行结果如下。

```
 [2  4  6]
```

如果数组索引中只放置一个参数，如 a[2]，将返回与该索引相对应的单个元素。如果数组索引为 a[2:]，表示从该索引开始以后的所有项都将被提取。如果使用了两个参数，如 a[2:7]，那么则提取两个索引（不包括停止索引）之间的项。【例 9-19】中的 a[5]表示数组的第 6 个元素。【例 9-20】中 a[2:]是获得从当前数组索引为 2 的元素，即第 3 个元素开始到结束位置的新数组。

【例 9.19】编写程序，要求获取数组的第 6 个元素。

示例如下。

```
import numpy as np
a = np.arange(10)  # [0 1 2 3 4 5 6 7 8 9]
b = a[5]
print(b)
```

程序运行结果如下。

```
5
```

【例 9.20】编写程序，要求获取从当前数组的第 3 个元素开始到结束位置的新数组。

示例如下。

```
import numpy as np
a = np.arange(10)
print(a[2:])
```

程序运行结果如下。

```
 [2  3  4  5  6  7  8  9]
```

多维数组同样适用上述索引提取方法。

【例 9.21】多维数组索引提取的示例。

示例如下。

```
import numpy as np
a = np.array([[1,2,3],[3,4,5],[4,5,6]])
print(a)
# 从某个索引处开始切割
print('从数组索引 a[1:]处开始切割')
print(a[1:])
```

程序运行结果如下。

```
 [[1 2 3]
 [3 4 5]
 [4 5 6]]
从数组索引 a[1:]处开始切割
[[3 4 5]
 [4 5 6]]
```

切片还可以通过符号（…）使元组的长度与数组的维度相同。如果在行位置使用省略号，它将返回包含行中元素的 ndarray 对象。

【例 9.22】用省略号进行切片的示例。

示例如下。

```
import numpy as np
a = np.array([[1,2,3],[3,4,5],[4,5,6]])
print(a)
print ("第 2 列元素;",a[...,1])        # 第 2 列元素
print ("第 2 行元素",a[1,...])          # 第 2 行元素
print ("第 2 列及剩下的所有元素;","\n",a[...,1:])  # 第 2 列及剩下的所有元素
```

程序运行结果显示如

```
[[1 2 3]
 [3 4 5]
 [4 5 6]]
第 2 列元素: [2 4 5]
第 2 行元素  [3 4 5]
第 2 列及剩下的所有元素:
 [[2 3]
 [4 5]
 [5 6]]
```

9.7 NumPy 数组操作

NumPy 中包含了一些用于处理数组的函数，大概可分为修改数组形状和数组元素的添加与删除两大类。

9.7.1 修改数组形状

修改数组形状是 Numpy 中最常见的操作之一。NumPy 中包含了一些用于修改数组形状的函数，可分为表 9-9 所示的 4 种。

表 9-9 修改数组形状的函数

函数	描述
numpy.reshape()	在不改变数据的条件下修改形状
numpy.ndarray.flat()	数组元素迭代器
numpy.ndarray.flatten()	返回一份数组备份，对备份所做的修改不会影响原始数组
numpy.ravel()	返回展开数组

1．numpy.reshape()函数

numpy.reshape()函数可以在不改变数据的条件下修改数组的形状，格式如下。

numpy.reshape(arr, newshape, order='C')

参数说明：arr：要修改形状的数组；newshape：整数或者整数数组，数组新的形状应当兼容原有形状；order：'C'为按行，'F'为按列，'A'为按原顺序，'k'为按元素在内存中的出现顺序。

数组形状变化是基于数组元素不能改变的，变成的新形状中所包含的元素个数必须符合原来元素个数。如果数组元素个数发生变化，就会抛出异常。numpy.reshape()函数生成的新数组和原始数组共用一个内存，也就是说，不管是改变新数组还是原始数组的元素，另一个数组也会随之改变。

【例 9.23】利用 numpy.reshape()函数修改数组形状的示例。

示例如下。

```
import numpy as np
a = np.arange(8)
print ('原始数组: ')
print (a)
print ('\n')

b = a.reshape(4,2)
print ('修改后的数组: ')
print (b)
```

程序运行结果如下。

```
原始数组:
[0 1 2 3 4 5 6 7]

修改后的数组:
[[0 1]
 [2 3]
 [4 5]
 [6 7]]
```

原来的数组形状为 1 行 8 列，利用 reshape()函数修改后的数组形状为 4 行 2 列。

【例 9.24】利用 numpy.reshape 函数修改数组形状，改变后的新形状中所包含的元素个数不符合原来元素个数的示例。

示例如下。

```
import numpy as np
a = np.array([[1,2,3],[3,4,5],[4,5,6]])
print("数组 a:")
print(a)
b = a.reshape(4,2)
print("数组 b:")
print(b)
```

程序运行结果如下。

```
数组 a:
[[1 2 3]
 [3 4 5]
 [4 5 6]]
Traceback (most recent call last):
  File "C:\Users\GDUFS\未命名 3.py", line 12, in <module>
    b = a.reshape(4,2)
ValueError: cannot reshape array of size 9 into shape (4,2)
```

数组 a 的元素个数是 9 个，在【例 9.24】中用试图用 reshape()函数将数组形状修改为（4，2），元素个数为 4×2，共 8 个，数组元素个数发生了变化，所以抛出异常信息 "ValueError: cannot reshape array of size 9 into shape (4,2)"。

2．numpy.ndarray.flat()函数

numpy.ndarray.flat()函数返回的是一个迭代器，可以用 for 语句访问数组每一个元素。

【例 9.25】利用数组元素迭代器修改数组的示例。

示例如下。

```
import numpy as np
a = np.arange(9).reshape(3,3)
print ('原始数组: ')
for row in a:
        print (row)
#对数组中每个元素都进行处理，可以使用 flat 属性，该属性是一个数组元素迭代器
print ('迭代后的数组: ')
for element in a.flat:
        print (element)
```

程序运行结果如下。

```
原始数组:
[0 1 2]
[3 4 5]
[6 7 8]
迭代后的数组:
0
1
2
3
4
5
6
7
8
```

3. numpy.ndarray.flatten()函数

numpy.ndarray.flatten()函数的功能是返回一个数组备份，将其展平为一个维度。对备份所做的修改不会影响原始数组，格式如下。

ndarray.flatten([order='C'])

参数说明：

Order 参数为可选参数。参数值可以是 {'C','F', 'A','K'}中的一个。

- 'C'表示按行优先（C 样式）的顺序展平。
- 'F'表示按列优先（Fortran 样式）的顺序展平。
- 'A'表示如果数组 a 在内存中是连续的，则按列优先顺序进行展平，否则按行优先进行展平。
- 'K'表示按元素在内存中出现的顺序展平数组。

默认是 numpy.ndarray.flatten(order='C')。

【例 9.26】numpy.ndarray.flatten 函数用法的示例。

示例如下。

```
import numpy as np
a = np.arange(8).reshape(2,4)

print ('原数组a: ')
print (a)
```

```
print ('\n')
# 默认按行

print ('展开的数组: ')
print (a.flatten())
print ('\n')

print ('以 F 风格顺序展开的数组: ')
print (a.flatten(order = 'F'))
```

程序运行结果如下。

```
原数组 a:
[[0 1 2 3]
 [4 5 6 7]]


展平的数组:
[0 1 2 3 4 5 6 7]

以 F 风格顺序展平的数组:
[0 4 1 5 2 6 3 7]
```

原数组 a 是二维的，经过 a.flatten() 运算后，将数组 a 的备份转换为一维的并返回。

4．numpy.ravel 函数

numpy.ravel() 函数展平的数组元素，顺序通常是"C 样式"，返回的是数组视图（View），有点类似 C/C++引用 reference，修改会影响原始数组。

该函数接收两个参数，格式如下。

numpy.ravel(arr, order='C')

参数说明：

● arr：数组。

● order：展平顺序。order 参数值可以是{'C','F', 'A', 'K'}中的一个。默认是"C"。

'C''F''A''K'的说明同 numpy.ndarray.flatten 函数，在此不再赘述。

【例 9.27】numpy.ravel 函数展平数组元素的示例。

示例如下。

```
import numpy as np
a = np.arange(8).reshape(2,4)

print ('原数组: ')
print (a)
print ('\n')

print ('调用 ravel 函数之后: ')
print (a.ravel())
print ('\n')

print ('以 F 风格顺序调用 ravel 函数之后: ')
print (a.ravel(order = 'F'))
```

程序运行结果如下。

原数组:

```
[[0 1 2 3]
 [4 5 6 7]]
```

调用 ravel 函数之后:
```
[0 1 2 3 4 5 6 7]
```

以 F 风格顺序调用 ravel 函数之后:
```
[0 4 1 5 2 6 3 7]
```

9.7.2　数组元素的添加与删除

数组是一种有序的集合,可以随时添加和删除其中的元素。对于二维数组,轴 0 表示数组的行,所以轴 0 的方向从上到下;轴 1 表示数组的列,所以轴 1 的方向是从左到右。对于三维数组,轴的编号从外向内、从行到列,所以轴的方向是从外到内、从上到下、从左到右。常用的数组元素的添加与删除的函数如表 9-10 所示。

表 9-10　　　　　　　　　　　数组元素的添加与删除的函数

函数	元素及描述
numpy.resize()	返回指定形状的新数组
numpy.append()	将值添加到数组末尾
numpy.insert()	沿指定轴将值插入到指定下标之前
numpy.delete()	删掉某个轴的子数组,并返回删除后的新数组
numpy.unique()	查找数组内的唯一元素

1. numpy.resize()函数

numpy.resize()函数返回指定大小的新数组。如果新数组大小大于原始大小,则包含原始数组中元素的备份。格式如下。

numpy.resize(arr, shape)

参数说明:

* arr:要修改大小的数组。
* shape:返回数组的新形状。

【例 9.28】利用 numpy.resize()函数返回指定大小的新数组的示例。

示例如下。

```
import numpy as np
a = np.array([[1,2,3],[4,5,6]])

print ('第一个数组: ')
print (a)
print ('\n')

print ('第一个数组的形状: ')
print (a.shape)
```

```
print ('\n')
b = np.resize(a, (3,2))

print ('第二个数组: ')
print (b)
print ('\n')

print ('第二个数组的形状: ')
print (b.shape)
print ('\n')
# 要注意 a 的第一行在 b 中重复出现，因为尺寸变大了

print ('修改第二个数组的大小: ')
b = np.resize(a,(3,3))
print (b)
```

程序运行结果如下。

第一个数组:
[[1 2 3]
 [4 5 6]]

第一个数组的形状:
(2, 3)

第二个数组:
[[1 2]
 [3 4]
 [5 6]]

第二个数组的形状:
(3, 2)

修改第二个数组的大小:
[[1 2 3]
 [4 5 6]
 [1 2 3]]

2．numpy.append()函数

numpy.append()函数在数组的末尾添加值。追加操作会分配整个数组，并把原来的数组复制到新数组中。此外，输入数组的维度必须匹配，否则将抛出异常"ValueError"。numpy.append()函数返回的始终是一个一维数组。格式如下。

numpy.append(arr, values, axis=None)

参数说明：

- arr：输入数组。
- values：要向 arr 添加的值，需要和 arr 形状相同（除了要添加的轴）。
- axis：默认为 None。当 axis 无定义或为 None 时，操作是横向加成，返回的是一维数组。

【例 9.29】利用 numpy.append()函数在数组的末尾添加值的示例。

示例如下。
```
import numpy as np
a = np.array([[1,2,3],[4,5,6]])

print ('第一个数组: ')
print (a)
print ('\n')

print ('向数组添加元素: ')
print (np.append(a, [7,8,9]))
print ('\n')

print ('沿轴 0 添加元素: ')
print (np.append(a, [[7,8,9]],axis = 0))
print ('\n')

print ('沿轴 1 添加元素: ')
print (np.append(a, [[5,5,5],[7,8,9]],axis = 1))
```
程序运行结果如下。
```
第一个数组:
[[1 2 3]
 [4 5 6]]

向数组添加元素:
[1 2 3 4 5 6 7 8 9]

沿轴 0 添加元素:
[[1 2 3]
 [4 5 6]
 [7 8 9]]

沿轴 1 添加元素:
[[1 2 3 5 5 5]
 [4 5 6 7 8 9]]
```
Numpy 的数组没有动态改变大小的功能,numpy.append()函数每次都会重新分配整个数组,并把原来的数组复制到新数组中。

3. numpy.insert 函数

numpy.insert()函数沿着给定轴(由参数 axis 指定)和给定索引在数组中插入值。如果参数 axis 为 None 或未提供,则默认先将数组展平为一维数组,然后再在对应的位置上插入值。格式如下:

numpy.insert(arr, obj, values, axis)

参数说明:

- arr:输入数组。
- obj:在其之前插入值的索引(即插入在第几行/列之前)。
- values:要插入的值。
- axis:沿着给定轴插入。axis=0 时插入指定行,axis=1 时插入指定列,如果 axis=None

或未提供，则输入数组会被展平，返回一个扁平数组。

【例 9.30】利用 numpy.insert()函数在数组插入值的示例。

示例如下。

```
import numpy as np
a = np.array([[1,2],[3,4],[5,6]])

print ('第一个数组: ')
print (a)
print ('\n')

print ('未传递 Axis 参数。 在插入之前输入数组会被展开。')
print (np.insert(a,3,[11,12]))
print ('\n')
print ('传递了 Axis 参数。广播值数组来匹配输入数组。')

print ('沿轴 0 广播: ')
print (np.insert(a,1,[11],axis = 0))
print ('\n')

print ('沿轴 1 广播: ')
print (np.insert(a,1,11,axis = 1))
```

程序运行结果如下。

```
第一个数组:
[[1 2]
 [3 4]
 [5 6]]

未传递 Axis 参数。在插入之前输入数组会被展开。
[ 1  2  3  11  12  4  5  6]


传递了 Axis 参数。广播数组值来匹配输入数组。
沿轴 0 广播:
[[ 1  2]
 [11 11]
 [ 3  4]
 [ 5  6]]


沿轴 1 广播:
[[ 1 11  2]
 [ 3 11  4]
 [ 5 11  6]]
```

4．numpy.delete()函数

numpy.delete()函数的功能是返回从输入数组中删除指定子数组的新数组。与 numpy.insert()函数的情况一样，如果未提供轴参数，则输入数组将被展平，返回一个扁平数组。格式如下。

numpy.delete(arr, obj, axis)

参数说明：

- arr：输入数组。

- obj：可以是切片、整数或者整数数组，表明要从输入数组删除的子数组。
- axis：删除给定子数组的轴，axis=0 时删除指定行，axis=1 时删除指定列，如果 axis 为 None 或未提供，则输入数组会被展平。

【例 9.31】利用 numpy.delete()函数在数组中删除元素的示例。

示例如下。

```python
import numpy as np
a = np.arange(12).reshape(3,4)

print ('第一个数组: ')
print (a)
print ('\n')

print ('未传递 Axis 参数。在插入之前输入数组会被展平。')
print (np.delete(a,5))
print ('\n')

print ('删除第二列: ')
print (np.delete(a,1,axis = 1))
print ('\n')

print ('包含从数组中删除的替代值的切片: ')
a = np.array([1,2,3,4,5,6,7,8,9,10])
print (np.delete(a, np.s_[::2]))
```

程序运行结果如下。

```
第一个数组:
[[ 0  1  2  3]
 [ 4  5  6  7]
 [ 8  9 10 11]]

未传递 Axis 参数。在插入之前输入数组会被展平。
[ 0  1  2  3  4  6  7  8  9 10 11]

删除第二列:
[[ 0  2  3]
 [ 4  6  7]
 [ 8 10 11]]

包含从数组中删除的替代值的切片:
[ 2  4  6  8 10]
```

5. numpy.unique()函数

numpy.unique()函数用于去除数组中的重复元素。格式如下。

numpy.unique(arr, return_index, return_inverse, return_counts)

参数说明：

- arr：输入数组，如果不是一维数组则会被展平；
- return_index：如果为 True，返回新列表元素在旧列表中的位置（下标），并以列表形式储存。

- return_inverse：如果为 True，返回原列表元素在新列表中的位置（下标），并以列表形式储存。
- return_counts：如果为 True，返回去重数组中元素在原数组中的出现次数。

【例 9.32】numpy.unique()函数去除重复元素的示例。

示例如下。

```
import numpy as np
a = np.array([5,2,6,2,7,5,6,8,2,9])

print ('第一个数组：')
print (a)
print ('\n')

print ('第一个数组的去重值：')
u = np.unique(a)
print (u)
print ('\n')

print ('去重数组的索引数组：')
u,indices = np.unique(a, return_index = True)
print (indices)
print ('\n')

print ('我们可以看到每个和原数组下标对应的数值：')
print (a)
print ('\n')

print ('去重数组的下标：')
u,indices = np.unique(a,return_inverse = True)
print (u)
print ('\n')

print ('下标为：')
print (indices)
print ('\n')

print ('使用下标重构原数组：')
print (u[indices])
print ('\n')

print ('返回去重元素的重复数量：')
u,indices = np.unique(a,return_counts = True)
print (u)
print (indices)
```

结果如下。

第一个数组：
[5 2 6 2 7 5 6 8 2 9]

第一个数组的去重值：
[2 5 6 7 8 9]

去重数组的索引数组：
[1 0 2 4 7 9]

我们可以看到每个和原数组下标对应的数值：
[5 2 6 2 7 5 6 8 2 9]

去重数组的下标：
[2 5 6 7 8 9]

下标为：
[1 0 2 0 3 1 2 4 0 5]

使用下标重构原数组：
[5 2 6 2 7 5 6 8 2 9]

返回去重元素的重复数量：
[2 5 6 7 8 9]
[3 2 2 1 1 1]

9.8　NumPy 字符串函数

NumPy 字符串函数用于对数据类型为 numpy.string_ 或 numpy.unicode_ 的数组执行向量化字符串操作。它们是基于 Python 内置库中的标准字符串函数。这些函数在字符数组类（numpy.char）中定义，具体如表 9-11 所示。

表 9-11　　　　　　　　　　　　　　NumPy 字符串函数

函数	描述
add()	对两个数组的逐个字符串元素进行连接
multiply()	返回按元素多重连接后的字符串
center()	居中字符串
capitalize()	将字符串第一个字母转换为大写
title()	将字符串的每个单词的第一个字母转换为大写
lower()	数组元素转换为小写
upper()	数组元素转换为大写
split()	指定分隔符对字符串进行分割，并返回数组列表
splitlines()	返回元素中的行列表，以换行符分割
strip()	移除元素开头或者结尾处的特定字符
join()	通过指定分隔符来连接数组中的元素
replace()	使用新字符串替换字符串中的所有子字符串
decode()	数组元素依次调用 str.decode
encode()	数组元素依次调用 str.encode

9.9 NumPy Matplotlib

Matplotlib 是 Python 的绘图库。它可与 NumPy 一起使用，提供了一种有效的 MatLab 开源替代方案，它也可以和图形工具包（如 PyQt 和 wxPython）一起使用。

9.9.1 安装 Matplotlib

进入 Anaconda3 的命令提示符环境中，执行以下命令。

```
python -m pip install -U pip setuptools
python -m pip install matplotlib
```

安装完成后，可使用 python -m pip list 命令查看是否安装了 Matplotlib 模块。

```
$ python -m pip list | grep matplotlib
matplotlib (1.3.1)
```

【例 9.33】一个简单图形的示例。

示例如下。

```
import numpy as np
from matplotlib import pyplot as plt

x = np.arange(1,11)
y = 2 * x + 5
plt.title("Matplotlib demo")
plt.xlabel("x axis caption")
plt.ylabel("y axis caption")
plt.plot(x,y)
plt.show()
```

在【例 9.33】中利用 np.arange() 函数创建 x 轴上的值。y 轴上的对应值储存在另一个数组对象 y 中。使用 Matplotlib 中 pyplot 子模块的 plot() 函数绘制图形，并使用 show() 函数显示图形，结果如图 9-2 所示。

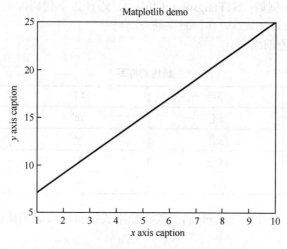

图 9-2 使用 Matplotlib 软件包绘图

9.9.2 图形中中文的显示

Matplotlib 默认情况下不支持中文，可以使用以下简单的方法解决中文显示问题：首先下载字体（注意操作系统版本），然后把字体库 SimHei.ttf 文件放在当前执行的代码文件中。

【例 9.34】图形中中文的显示方法示例。

示例如下。

```
import numpy as np
from matplotlib import pyplot as plt
x = np.arange(1,11)
y = 2 * x + 5


# fontproperties 设置中文显示, fontsize 设置字体大小,color 设置字体颜色
plt.title("测试", fontproperties='simhei',fontsize=24)
plt.xlabel("x 轴", fontproperties='simhei',color='b',fontsize=18)
plt.ylabel("y 轴", fontproperties='simhei',color='r',fontsize=18)
plt.plot(x,y)
plt.show()
```

程序运行结果如图 9-3 所示。

此外，我们还可以使用系统的字体，查看系统支持的字体，示例如下。

```
import matplotlib
from matplotlib import pyplot as plt
from matplotlib.font_manager import
fontManager
fonts=sorted([f.name for f in matplotlib.
font_manager.fontManager.ttflist])#将字体按
升序排序
for font in fonts:
    print(font)
```

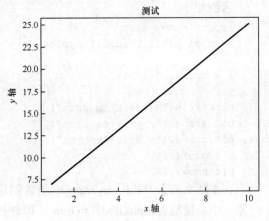

图 9-3　图形中中文的显示

打印 font_manager 的 ttflist 中所有注册的名字，选择中文字体，例如：STFangsong（仿宋），添加以下代码即可。

```
plt.rcParams['font.family']=['STFangsong']
```

表 9-12 所示是颜色的缩写。

表 9-12　　　　　　　　　　　颜色的缩写

字符	颜色	字符	颜色
'b'	蓝色	'm'	品红色
'g'	绿色	'y'	黄色
'r'	红色	'k'	黑色
'c'	青色	'w'	白色

作为线性图的替代，可通过向 plot() 函数添加格式字符串来显示离散值。常用的格式化字符如表 9-13 所示。

表 9-13		常用格式化字符		
字符	描述	字符	描述
'-'	实线样式	'1'	下箭头标记
'--'	短横线样式	'2'	上箭头标记
'-.'	点画线样式	'3'	左箭头标记
':'	虚线样式	'4'	右箭头标记
'.'	点标记	's'	正方形标记
','	像素标记	'p'	五边形标记
'o'	圆标记	'*'	星形标记
'v'	倒三角标记	'h'	六边形标记 1
'^'	正三角标记	'H'	六边形标记 2
'<'	左三角标记	'+'	加号标记
'>'	右三角标记	'x'	X 标记
		'D'	菱形标记
		'd'	窄菱形标记
		'|'	竖直线标记
		'_'	水平线标记

如果图形中要用小圆点而非线条来代表数据，可以使用 ob 作为 plot()函数中的格式字符串。如果图形中要用星形标记代表数据，可以使用*b 作为 plot()函数中的格式字符串。

【例 9.35】在【例 9.34】的图形中用星形标记表示数据。

示例如下。

```
import numpy as np
from matplotlib import pyplot as plt
x = np.arange(1,11)
y = 2 * x + 5
# fontproperties 设置中文显示,fontsize
设置字体大小,color 设置字体颜色
plt.title("测试", fontproperties=
'simhei',fontsize=24)
plt.xlabel("x 轴", fontproperties=
'simhei',color='b',fontsize=18)
plt.ylabel("y 轴", fontproperties=
'simhei',color='r',fontsize=18)
plt.plot(x,y,"*b")
plt.show()
```

程序运行结果如图 9-4 所示。

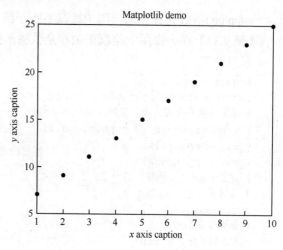

图 9-4　用星形标记表示数据

9.9.3　绘制单一图形

【例 9.36】使用 Matplotlib 生成正弦和余弦图形示例。

示例如下。

```
import numpy as np
import matplotlib.pyplot as plt
```

```
# 计算正弦曲线上点的 x 坐标和 y 坐标
x = np.arange(0, 3 * np.pi, 0.1)      #生成一个 0~3π 步长为 0.1 的数组作为自变量取值范围
y = np.sin(x)
z = np.cos(x)
plt.title("sine wave form")
# 使用 matplotlib 绘制点
plt.plot(x, y)
plt.plot(x, z)
plt.show()
```

程序运行结果如图 9-5 所示。

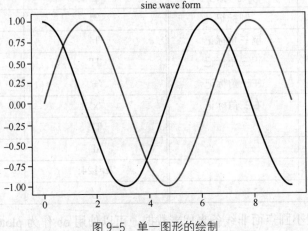

图 9-5　单一图形的绘制

9.9.4　在同一图中绘制多张子图

subplot() 函数允许在同一图中绘制多张子图。

【例 9.37】在一张图中绘制正弦和余弦图形的示例。

示例如下。

```
import numpy as np
import matplotlib.pyplot as plt
# 计算正弦和余弦曲线上点的 x 坐标和 y 坐标
x = np.arange(0, 3 * np.pi, 0.1)
y_sin = np.sin(x)
y_cos = np.cos(x)
# 建立 subplot 网格，高为 2，宽为 1
# 激活第一个 subplot
plt.subplot(2, 1, 1)
# 绘制第一个图像
plt.plot(x, y_sin)
plt.title('Sine')
# 将第二个 subplot 激活，并绘制第二个图像
plt.subplot(2, 1, 2)
plt.plot(x, y_cos)
plt.title('Cosine')
# 展示图像
plt.show()
```

程序运行结果如图 9-6 所示。

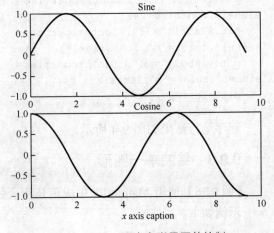

图 9-6　同一图中多张子图的绘制

9.9.5　生成条形图

pyplot 子模块提供 bar() 函数来生成条形图。

【例 9.38】生成两组 *x* 和 *y* 数组的条形图示例。

示例如下。

```
from matplotlib import pyplot as plt
x = [5,8,10]
y = [12,16,6]
x2 = [6,9,11]
y2 = [6,15,7]
plt.bar(x, y, align = 'center')
plt.bar(x2, y2, color = 'g', align =
'center')
plt.title('Bar graph')
plt.ylabel('Y axis')
plt.xlabel('X axis')
plt.show()
```

结果如图 9-7 所示。

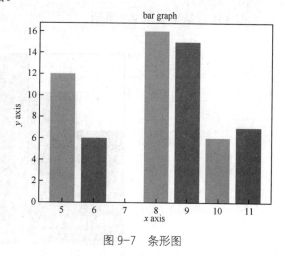

图 9-7　条形图

9.9.6　生成频率分布图

numpy.histogram 函数可生成数据的频率分布图。水平尺寸相等的矩形对应于类间隔，称为 bin，变量 height 对应于频率。numpy.histogram 函数将输入数组和 bin 作为两个参数。bin 数组中的连续元素作为每个 bin 的边界。

【例 9.39】数据的频率分布图示例。

示例如下。

```
import numpy as np
a = np.array([22,87,5,43,56,73,55,54,11,20,51,5,79,31,27])
np.histogram(a,bins = [0,20,40,60,80,100])
hist,bins = np.histogram(a,bins = [0,20,40,60,80,100])
print (hist)
print (bins)
```

结果如下。

```
[3 4 5 2 1]
[0 20 40 60 80 100]
```

9.9.7　生成直方图

Matplotlib 可以将数字表示转换为直方图。pyplot 子模块的 plt() 函数将包含数据和 bin 数组的数组作为参数，并转换为直方图。

【例 9.40】　绘制直方图示例。

示例如下。

```
from matplotlib import pyplot as plt
import numpy as np
```

```
a = np.array([22,87,5,43,56,73,55,54,11,20,51,5,79,31,27])
plt.hist(a, bins = [0,20,40,60,80,100])
plt.title("histogram")
plt.show()
```

程序运行结果如图 9-8 所示。

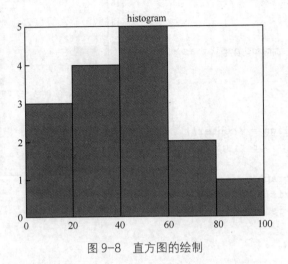

图 9-8　直方图的绘制

思考与练习

1. 导入 NumPy 库，并简写为 np。（提示：import…as…）

2. 编写程序，要求创建一个长度为 10 的空向量。（提示：np.zeros）

3. 编写程序，要求创建一个长度为 10 并且第五个值为 1 的空向量。（提示：array[4]）

4. 编写程序，要求创建一个值域范围为 10~49 的向量。

5. 编写程序，要求创建一个 3×3 并且元素的值为 0~8 的矩阵。（提示：reshape）

6. 编写程序，要求创建一个 3×3 的单位矩阵。（提示：np.eye）

7. 编写程序，要求创建一个 10×10 的随机数组并找到它的最大值和最小值。（提示：min，max）

8. 编写程序，要求创建一个二维数组，其中边界值为 1，其余值为 0。（提示：array[1:-1,1:-1]）

第10章 使用 Pandas 处理结构化数据

Pandas 是 Python 的一个开源工具包，为 Python 提供了高性能、简单易用的数据结构和数据分析工具。本章将介绍 Pandas 的两种主要的数据结构 Series 和 DataFrame 的基本操作、基本技巧和常用方法，时间序列分析常用的方法以及缺失值、重复值的常用处理方法。

Pandas 提供了便捷的类表格的统计操作和类 SQL 操作，可以方便地做一些数据预处理工作；同时提供了强大的缺失值处理等功能，使得预处理工作更加便捷。

Pandas 具有以下特色功能。

（1）索引对象：包括简单索引和多层次索引。

（2）引擎集成组合：用于汇总和转化数据集合。

（3）日期范围生成器以及自定义日期偏移（实现自定义频率）。

（4）输入工具和输出工具：从各种格式的文件中（CSV、Delimited、Excel 2003）加载表格数据，以及快速高效地从 PyTables/HDF5 格式中保存和加载 Pandas 对象。

（5）标准数据结构的稀疏形式：可以存储大量缺失值或者大量一致的数据。

（6）移动窗口统计（滚动平均值、滚动标准偏差等）。

Pandas 提供两种主要的数据结构：Series 和 DataFrame，分别适用于一维和多维的数据，是在 Numpy 的 ndarray 的基础上加入了索引形式的高级数据结构。Pandas 的默认引入方法如下。

```
import pandas as pd
from pandas import DateFrame,Series    #此定义后续的"pd"均代表 Pandas
```

10.1 Pandas 数据结构——Series

10.1.1 Series 基本概念及创建

Series 是带有标签的一维数组，由一组数据（各种 Numpy 数据类型）以及一组与之相关的数据标签（即索引）组成。Series 可以保存任何数据类型（整数、字符串、浮点数、Python 对象等）。

Series 与 ndarray、Dict 的应用对比如下。

（1）Series 相比于 ndarray，是一个自带索引的一维数组，所以当只看 Series 的值时，Series 就是一个 ndarray。

（2）Series 和 ndarray 相似，索引切片功能差别不大。

（3）与 Dict 相比，Series 更像一个有顺序的字典，而 Dict 本身并不存在顺序。

189

（4）Series 的索引原理与 Dict 相似（Series 用 key 索引，Dict 用 index 索引）。

【例 10.1】构建 Series 结构数据的示例。

示例如下。

```
import numpy as np
import pandas as pd
# 导入 Numpy、Pandas 模块
s = pd.Series(np.random.rand(5))
print(s)
print(type(s))
# 查看数据、数据类型
print(s.index,type(s.index))
print(s.values,type(s.values))
# .index 用于查看 Series 索引，类型为 rangeindex
# .values 用于查看 Series 值，类型是 ndarray
```

程序运行结果如下。

```
0    0.118401
1    0.921763
2    0.363906
3    0.674144
4    0.462142
dtype: float64
<class'pandas.core.series.Series'>
RangeIndex(start=0, stop=5, step=1) <class'pandas.core.indexes.range.RangeIndex'>
[0.11840124 0.92176334 0.36390605 0.67414408 0.46214172] <class'numpy.ndarray'>
```

Series 创建方法一般有三种：第一种方法是由字典（Dict）创建，字典的 keys 就是 Series 的索引，values 就是 Series 的值，如 s = pd.Series(dic)；第二种方法是由数组 arr 创建一维数组，如 s = pd.Series(arr)；第三种方法是由标量创建，如 s = pd.Series(10, index = range(4))。

10.1.2　Series 的索引

Series 的索引包含位置下标索引、标签索引、切片索引和布尔型索引四种。

1．位置下标索引

Series 可以通过位置下标进行索引，位置下标从 0 开始，如 s[0]。位置下标的范围取决于 Series 的长度，使用 float(s[0])或 int(s[0])能够改变原 s[0]的数据类型。

注意：s[-1]表示索引的最后一位。

2．标签索引

Series 通过标签同样能进行索引，与其他方法不同的是，标签索引需要数据中设置了标签，如 s = pd.Series(np.random.rand(5), index = ['a','b','c','d','e'])，Series 中 index 的值不能为空，索引的方法类似于下标索引，用[]表示，[]内的值为 index 中的值（注意 index 是字符串），如 sci = s[['a','b','e']]。

3．切片索引

切片索引是 Series 索引重要的方法之一，也是数据处理经常用到的方法，如 s[1:3]，是

对位置下标 1，2，3 的数据进行索引。注意：Series 使用标签切片运算与使用 Python 切片运算不同：Series 使用标签切片时，包含其末端。Series 使用 Python 切片运算是使用位置数值切片，不包含其末端。

4．布尔型索引

布尔型索引也是 Series 索引的一种方式，通过.isnull()或.notnull()判断是否为空值（None代表空值，NaN 代表有问题的数值，两个都会被识别为空值）。用.isnull()来判断，如 s.isnull，若该值为空，则返回 True，否则为 False；用.notnull()来判断，如 s.notnull，若该值为空，则返回 False，否则为 True。

下面通过例子来更好地理解四个索引方法。

【例 10.2】四种索引方法的示例。

示例如下。

```
# 位置下标，类似序列
# 若不加 index 参数，则默认编号为 1，2，3，4
import pandas as pd
import numpy as np
s = pd.Series(np.random.rand(4), index = ['a','b','c','d'])
print(s)
print(s[0],type(s[0]),s[0].dtype)
print(float(s[0]),type(float(s[0])))
print(s[-1])
print('-----')
# 标签索引
print(s['a'],type(s['a']),s['a'].dtype)
sci = s[['a','b','d']]
print(sci,type(sci))
print('-----')
# 切片索引
print(s[1:3],s[3])
print(s['a':'c'],s['c'])
print('-----')
# 布尔值索引
s[3] = None   # 添加一个空值
s[2] = 100    # 将 s[2]设置为 100
print(s)
bs1 = s > 50
bs2 = s.isnull()
bs3 = s.notnull()
print(bs1, type(bs1), bs1.dtype)
print(bs2, type(bs2), bs2.dtype)
print(bs3, type(bs3), bs3.dtype)
print('-----')
```

结果如下。

```
a    0.159737
b    0.210815
c    0.546811
d    0.627059
```

```
dtype: float64
0.1597369890004805 <class 'numpy.float64'> float64
0.1597369890004805 <class 'float'>
0.6270585297211871
-----
0.1597369890004805 <class 'numpy.float64'> float64
a    0.159737
b    0.210815
d    0.627059
dtype: float64 <class 'pandas.core.series.Series'>
-----
b    0.210815
c    0.546811
dtype: float64 0.6270585297211871
a    0.159737
b    0.210815
c    0.546811
dtype: float64 0.5468112382604994
-----
a      0.159737
b      0.210815
c    100.000000
d           NaN
dtype: float64
a    False
b    False
c     True
d    False
dtype: bool <class 'pandas.core.series.Series'> bool
a    False
b    False
c    False
d     True
dtype: bool <class 'pandas.core.series.Series'> bool
a     True
b     True
c     True
d    False
dtype: bool <class 'pandas.core.series.Series'> bool
-----
```

10.1.3 Series 的基本技巧

Series 的基本技巧包括：数据查看、重新索引、对齐、修改、添加、删除值等。

1. 数据查看.head()

通过.head()查看数据的头部，通过.tail()查看尾部的数据，默认查看 5 条数据，添加整型参数可以设置查看数据的个数。比如 s.head()表示查看数据 s 的前 5 条数据，s.head(10)表示查看数据 s 的前 10 条数据，另外，s.head(-3)表示查看数据 s 除了最后三条数据的其他数据。.tail()

参数的用法与.head()相同。

2. 重新索引.reindex()

.reindex()将会根据索引重新排序，如果当前索引不存在，则引入缺失值 NaN，设参数 fill_value 的值填充缺失值。

【例 10.3】重新索引的示例。

示例如下。

```
import pandas as pd
import numpy as np
s = pd.Series(np.random.rand(3), index = ['a','b','c'])
print(s)
s1 = s.reindex(['c','b','a','d'])
print(s1)
s2 = s.reindex(['c','b','a','d'], fill_value = 0)
print(s2)
```

程序运行结果如下。

```
a    0.597539
b    0.928567
c    0.860639
dtype: float64
c    0.860639
b    0.928567
a    0.597539
d         NaN
dtype: float64
c    0.860639
b    0.928567
a    0.597539
d    0.000000
dtype: float64
```

3. 对齐.Series()

Series()将会根据标签自动对齐。

【例 10.4】Series 对齐的示例。

示例如下。

```
import pandas as pd
import numpy as np
s1 = pd.Series(np.random.rand(3), index = ['Jack','Marry','Tom'])
s2 = pd.Series(np.random.rand(3), index = ['Wang','Jack','Marry'])
print(s1)
print(s2)
print(s1+s2)
# Series 和 ndarray 之间的主要区别是，Series 会根据标签自动对齐
# 空值和任何值计算的结果仍为空值
```

程序运行结果如下。

```
Jack     0.786610
Marry       0.528231
```

```
Tom             0.045639
dtype: float64
Wang            0.532018
Jack            0.403301
Marry           0.461899
dtype: float64
Jack            1.189911
Marry           0.990130
Tom                  NaN
Wang                 NaN
dtype: float64
```

4．删除.drop()

.drop()通过索引删除数据，比如 s.drop('n')表示删除索引为 n 的数据，s.drop(['n', 'j'])表示同时删除索引为 n 和 j 的数据。

5．添加、修改

直接通过下标索引/标签添加、修改值，比如 s[5]=100 表示修改数据 s 下标 5 的值为 100，若数据 s 下标 5 不存在，则添加该下标并赋值为 100，而 s['a'] =100 表示修改数据 s 索引 a 的值为 100，若 s 中没有索引 a，则添加该索引并赋值为 100。

10.2　Pandas 数据结构——DataFrame

DataFrame 是一个表格型的数据结构，包含一组有序的列，其列的值的类型可以是数值、字符串、布尔值等。

10.2.1　DataFrame 基本概念及创建

DataFrame 中的数据以一个或多个二维块存放，而不是列表、字典或一维数组结构。
【例 10.5】DataFame 创建方法的示例。
示例如下。

```python
# Dataframe 数据结构
# Dataframe 是一个表格型的数据结构，是"带有标签的二维数组"
# Dataframe 带有 index（行标签）和 columns（列标签）
import pandas as pd
data = {'name':['Jack','Tom','Mary'],
        'age':[18,19,20],
        'gender':['m','m','w']}
frame = pd.DataFrame(data)
print(frame)
print(type(frame))
print(frame.index,'\n 该数据类型为: ',type(frame.index))
print(frame.columns,'\n 该数据类型为: ',type(frame.columns))
print(frame.values,'\n 该数据类型为: ',type(frame.values))
# 查看数据，数据类型为 DataFrame
# .index 查看行标签
```

```
# .columns 查看列标签
# .values 查看值，数据类型为 ndarray
```
结果如下。
```
   name  age gender
0  Jack  18      m
1  Tom   19      m
2  Mary  20      w
<class 'pandas.core.frame.DataFrame'>
RangeIndex(start=0, stop=3, step=1)
```
该数据类型为：`<class 'pandas.core.indexes.range.RangeIndex'>`
```
Index(['name', 'age', 'gender'], dtype='object')
```
该数据类型为：`<class 'pandas.core.indexes.base.Index'>`
```
[['Jack' 18 'm']
 ['Tom' 19 'm']
 ['Mary' 20 'w']]
```
该数据类型为：`<class 'numpy.ndarray'>`

DataFrame 创建方法一般有五种：第一种方法是由数组或列表组成的字典，创建方法为 pandas.DataFrame()，如 s = pd.DataFrame(dic)；第二种方法是由 Series 组成的字典；第三种方法是通过二维数组直接创建，如 s = pd.DataFrame(arr)；第四种方法是由字典组成的列表创建；第五种是由字典组成的字典创建。

10.2.2 DataFrame 的索引

DataFrame 既有行索引也有列索引，可以被看作由 Series 组成的字典（共用一个索引），其中包含：选择行、索引列、切片索引和布尔型索引。

1. 选择行

选择行的索引方式一般有 loc 和 iloc 两种。loc 通过行的标签来进行索引，如【例 10.6】中的 one、two、three；而 iloc 按照行的位置下标进行索引，如 0、1、2（【例 10.6】的下标 0 等于索引为 one 的行）。

【例 10.6】 选择行的方法的示例。

示例如下。
```
import pandas as pd
import numpy as np
df = pd.DataFrame(np.random.rand(12).reshape(3,4)*100,
                  index = ['one','two','three'],
                  columns = ['a','b','c','d'])
print(df)
data1 = df.loc['one'] # 等同于 df.iloc[0]，因为索引为 "one" 的行也是第 0 行
data2 = df.loc[['one','three']] #选择多行，等同于 df.iloc[[0,2]]
print(data1,type(data1))
print(data2,type(data2))
# 按照 index 选择行，只选择一行输出 Series，选择多行输出 DataFrame
```
程序运行结果如下。

```
         a          b          c          d
one  95.961900  56.984828  39.581153  23.343038
```

```
two     90.863961  23.490428  71.884913  56.354201
three   20.216425  26.215971  90.200405  50.019004
a       95.961900
b       56.984828
c       39.581153
d       23.343038
Name: one, dtype: float64 <class 'pandas.core.series.Series'>
             a          b          c          d
one     95.961900  56.984828  39.581153  23.343038
three   20.216425  26.215971  90.200405   50.019004 <class 'pandas.core.frame.DataFrame'>
```

2. 索引列

索引列的方法分别是.和[]。

【例 10.7】索引列的方法的示例。

示例如下。

```python
import pandas as pd
import numpy as np
df = pd.DataFrame(np.random.rand(12).reshape(3,4)*100,
                  index = ['one','two','three'],
                  columns = ['a','b','c','d'])
print(df)
print('-----')
data1 = df['a'] #用 df.a 也可以索引 a 列
data2 = df[['b','c']]  # 尝试输入 data2 = df[['b','c','e']]
print(data1)
print(data2)
# df[]默认选择列，[]中写列名（所以一般数据 colunms 都会单独制订，不会用默认数字列名，以免和
index 冲突）
# 单选列为 Series，print 结果为 Series 格式
# 多选列为 DataFrame，print 结果为 DataFrame 格式
data3 = df[:1]
#data3 = df[0]
#data3 = df['one']
print(data3,type(data3))
# df[]中为数字时，默认选择行，并且只能进行切片的选择，不能单独选择（df[0]）
# 即使只选择一行，输出结果也为 DataFrame
# df[]不能通过索引标签名来选择行(df['one'])
# 核心笔记：df[col]一般用于选择列，[]中写列名
```

程序运行结果如下。

```
             a          b          c          d
one     87.772269  16.080479  94.418804  52.194152
two     62.084617  74.525909  37.893120  29.870639
three   57.370773  12.153270  88.704540  26.276528
-----
one     87.772269
two     62.084617
three   57.370773
Name: a, dtype: float64
             b          c
```

```
one    16.080479  94.418804
two    74.525909  37.893120
three  12.153270  88.704540
         a          b          c          d
one 87.772269  16.080479  94.418804  52.194152 <class 'pandas.core.frame.DataFrame'>
```

3. 切片索引

切片索引与之前学习的切片用法相似，经常与 loc、iloc 配合使用，loc 索引的切片是左闭右闭，如【例 10.8】的 df.loc['one': 'three']表示索引 one、two、three 三行，而 iloc 索引的切片是左闭右开，如【例 10.8】的 df.iloc[0:2]表示索引 0、1 两行。

【例 10.8】切片索引的方法的示例。

示例如下。

```
import pandas as pd
import numpy as np
df = pd.DataFrame(np.random.rand(16).reshape(4,4)*100,
                  index = ['one','two','three','four'],
                  columns = ['a','b','c','d'])
print(df)
print('-----')
data1 = df.loc['one':'three'] #相当于df.iloc[0:3]
print(data1)
print('切片索引')
# 可以做切片对象

# 核心笔记：df.loc[label]主要针对index选择行，同时支持指定index及默认数字index
```

程序运行结果如下。

```
         a          b          c          d
one    82.456346   7.541215  91.055523   1.394165
two     3.075166   2.897856  39.951499  29.144180
three  46.419883  26.595784  62.376551  84.309444
four   31.835219  29.201252  33.205316  15.781167
--------------------
         a          b          c          d
one    82.456346   7.541215  91.055523   1.394165
two     3.075166   2.897856  39.951499  29.144180
three  46.419883  26.595784  62.376551  84.309444
        a         b         c         d
one 82.456346  7.541215  91.055523   1.394165
two  3.075166  2.897856  39.951499  29.144180
切片索引
```

4. 布尔型索引

该布尔型索引方法和 Series 布尔型索引类似。

【例 10.9】布尔型索引方法的示例。

示例如下。

```
import pandas as pd
import numpy as np
```

```
df = pd.DataFrame(np.random.rand(16).reshape(4,4)*100,
                  index = ['one','two','three','four'],
                  columns = ['a','b','c','d'])
print(df)
print('------')
b1 = df < 20
print(b1,type(b1))
print(df[b1])    # 也可以书写为 df[df < 20]
print('------')
# 不做索引则会对数据每个值进行判断
# 索引结果保留所有数据：True 返回原数据，False 返回值为 NaN
b2 = df['a'] > 50
print(b2,type(b2))
print(df[b2])    # 也可以书写为 df[df['a'] > 50]
print('------')
# 单列做判断
# 索引结果保留单列判断为 True 的行数据，包括其他列
b3 = df[['a','b']] > 50
print(b3,type(b3))
print(df[b3])    # 也可以书写为 df[df[['a','b']] > 50]
print('------')
# 多列做判断
# 索引结果保留所有数据：True 返回原数据，False 返回值为 NaN
b4 = df.loc[['one','three']] < 50
print(b4,type(b4))
print(df[b4])    # 也可以书写为 df[df.loc[['one','three']] < 50]
print('------')
# 多行做判断
# 索引结果保留所有数据：True 返回原数据，False 返回值为 NaN
```

程序运行结果如下。

```
              a          b          c          d
one    51.964292  48.346785  58.988929  37.027388
two    36.519110  87.582318  18.860282  17.542142
three  13.474343  81.894266  84.923833  93.131975
four   84.970759  79.618229  93.140479  93.537973
------
           a      b      c      d
one    False  False  False  False
two    False  False   True   True
three   True  False  False  False
four   False  False  False  False <class 'pandas.core.frame.DataFrame'>
           a      b         c         d
one      NaN    NaN       NaN       NaN
two      NaN    NaN  18.860282  17.542142
three  13.474343 NaN       NaN       NaN
four     NaN    NaN       NaN       NaN
------
one      True
two      False
three    False
four     True
```

```
Name: a, dtype: bool <class 'pandas.core.series.Series'>
            a            b            c            d
one   51.964292    48.346785    58.988929    37.027388
four  84.970759    79.618229    93.140479    93.537973
------
            a            b
one     True     False
two     False    True
three   False    True
four    True     True <class 'pandas.core.frame.DataFrame'>
            a            b            c      d
one   51.964292          NaN    NaN    NaN
two         NaN    87.582318    NaN    NaN
three       NaN    81.894266    NaN    NaN
four  84.970759    79.618229    NaN    NaN
------
            a        b        c        d
one    False    True    False    True
three  True     False   False    False <class 'pandas.core.frame.DataFrame'>
            a            b        c        d
one         NaN    48.346785    NaN    37.027388
two         NaN          NaN    NaN          NaN
three  13.474343        NaN    NaN          NaN
four        NaN          NaN    NaN          NaN
```

5. 多重索引

同时索引行和列，先选择列，再选择行，相当于对于一个数据，先筛选字段，再选择数据量。

【例 10.10】多重索引的方法的示例。

示例如下。

```python
import pandas as pd
import numpy as np
df = pd.DataFrame(np.random.rand(16).reshape(4,4)*100,
                  index = ['one','two','three','four'],
                  columns = ['a','b','c','d'])
print(df)
print('------')
print(df['a'].loc[['one','three']])        # 选择 a 列的 one, three 行
print(df[['b','c','d']].iloc[::2])         # 选择 b, c, d 列的 one, three 行
print(df[df['a'] < 50].iloc[:2])           # 选择满足判断索引的前两行数据
```

程序运行结果如下。

```
            a            b            c            d
one    48.050115     2.450574    16.508876    96.906866
two     6.178527    32.702971    53.444528    57.435465
three  67.840742    81.094740    97.016173    91.652835
four   88.469512     4.098770    52.793686    97.649731
------
one    48.050115
three  67.840742
Name: a, dtype: float64
```

199

```
            b          c          d
one      2.450574  16.508876  96.906866
three   81.094740  97.016173  91.652835
            a          b          c          d
one     48.050115   2.450574  16.508876  96.906866
two      6.178527  32.702971  53.444528  57.435465
```

10.2.3 DataFrame 的基本技巧

Dataframe 的基本技巧包括数据查看、转置、修改、添加、删除值、对齐和排序。

1. 数据查看和转置

数据查看与 Series 的数据查看相同，通过.head()查看头部数据，通过.tail()查看尾部数据，默认查看 5 条。通过.T 转置，如 df.T。

2. 修改、添加

数据修改操作与 Series 的数据修改相似，通过前面所学习的索引方式进行索引，再进行赋值，通过 loc 添加/修改一行的值，比如 df.loc[4]=100 表示修改 df 索引为 4 的值为 100，若 df 中索引为 4 不存在，则添加该下标并赋值为 100（iloc 操作相同），而 df['a'] =100 表示修改 df 中列为'a'的值为 100，若 df 中没有列'a'，则添加该列并赋值为 100。

3. 删除值

DataFrame 可通过 del 删除列，通过 drop 删除行或列。使用 del 删除列，如 del df['a']表示删除"a"列。使用 drop 删除行，如 df.drop('one')表示删除索引为"one"的行；使用 drop 删除列，如 df(['a'], axis=1)表示删除"a"列。两种方法删除行或列后生成新的数据，不改变原数据。

4. 对齐

对齐的方式与 Series 的对齐相似，具体通过下面例子进行介绍。

【例 10.11】对齐实现方法的示例。

示例如下。

```
import pandas as pd
import numpy as np
df1 = pd.DataFrame(np.random.randn(10, 4), columns=['A', 'B', 'C', 'D'])
df2 = pd.DataFrame(np.random.randn(7, 3), columns=['A', 'B', 'C'])
print(df1 + df2)
# DataFrame 对象之间的数据自动按照列和索引（行标签）对齐
```

程序运行结果如下。

```
         A          B          C    D
0  0.027510   0.979620  -0.374886  NaN
1 -0.783250  -1.801384  -0.478090  NaN
2 -0.816627   1.119257   1.910906  NaN
3 -1.760754   0.779566   0.565410  NaN
4 -2.036576  -0.450295  -0.461154  NaN
```

```
5  2.365090 -1.035815  1.133293 NaN
6 -1.922905  0.590476  0.839276 NaN
7       NaN       NaN       NaN NaN
8       NaN       NaN       NaN NaN
9       NaN       NaN       NaN NaN
```

5．排序

排序一般有两种方式，一是使用 .sort_values 按值排序，二是使用 .sort_index 按索引排序。两种方式均适用于 Series。

【例 10.12】排序方法 1：.sort_values。

示例如下。

```
import pandas as pd
import numpy as np
df1 = pd.DataFrame(np.random.rand(16).reshape(4,4)*100,
                   columns = ['a','b','c','d'])
print(df1)
print(df1.sort_values(['a'], ascending = True))  # 升序
print(df1.sort_values(['a'], ascending = False))  # 降序
print('------')
# ascending 参数：设置升序降序，默认升序
# 单列排序
df2 = pd.DataFrame({'a':[1,1,1,1,2,2,2,2],
                    'b':list(range(8)),
                    'c':list(range(8,0,-1))})
print(df2)
print(df2.sort_values(['a','c']))
# 多列排序，按列顺序排序
```

程序运行结果如下。

```
          a          b          c          d
0  30.440505  90.063639  22.626848  97.079795
1  93.023831  30.527504  15.899562  21.899247
2  23.344484  40.349310   5.021337  81.914373
3  59.465280  57.952998  16.811712  23.974926
          a          b          c          d
2  23.344484  40.349310   5.021337  81.914373
0  30.440505  90.063639  22.626848  97.079795
3  59.465280  57.952998  16.811712  23.974926
1  93.023831  30.527504  15.899562  21.899247
          a          b          c          d
1  93.023831  30.527504  15.899562  21.899247
3  59.465280  57.952998  16.811712  23.974926
0  30.440505  90.063639  22.626848  97.079795
2  23.344484  40.349310   5.021337  81.914373
------
   a b c
0  1 0 8
1  1 1 7
2  1 2 6
3  1 3 5
```

```
4  2  4  4
5  2  5  3
6  2  6  2
7  2  7  1
   a  b  c
3  1  3  5
2  1  2  6
1  1  1  7
0  1  0  8
7  2  7  1
6  2  6  2
5  2  5  3
4  2  4  4
```

【例 10.13】 排序方法 2：.sort_index。

示例如下。

```
import pandas as pd
import numpy as np
df1 = pd.DataFrame(np.random.rand(16).reshape(4,4)*100,
                   index = [5,4,3,2],
                   columns = ['a','b','c','d'])
df2 = pd.DataFrame(np.random.rand(16).reshape(4,4)*100,
                   index = ['h','s','x','g'],
                   columns = ['a','b','c','d'])
print(df1)
print(df1.sort_index())
print(df2)
print(df2.sort_index())
# 按照 index 排序
# 默认 ascending=True, inplace=False
```

程序运行结果如下。

```
          a          b          c          d
5  26.140225  62.653585  22.204026   1.757701
4  68.203950  21.455522   3.306580   7.985207
3  38.059556  64.508166  87.095233  95.377053
2  45.576185  20.390844  24.354453  75.942340
          a          b          c          d
2  45.576185  20.390844  24.354453  75.942340
3  38.059556  64.508166  87.095233  95.377053
4  68.203950  21.455522   3.306580   7.985207
5  26.140225  62.653585  22.204026   1.757701
          a          b          c          d
h  82.883457  19.150635  88.962078  11.158997
s  89.889070  75.533054  62.070524   1.307541
x  12.639676  81.916727  39.088034  46.851120
g  80.601865  33.242590  96.149638  23.338209
          a          b          c          d
g  80.601865  33.242590  96.149638  23.338209
h  82.883457  19.150635  88.962078  11.158997
s  89.889070  75.533054  62.070524   1.307541
x  12.639676  81.916727  39.088034  46.851120
```

10.3　Pandas 时间模块

Pandas 时间模块（datetime）主要用于获得当前日期、时间等信息。它包含的函数主要有 datetime.date()、datetime.datetime()、datetime.timedelta()和 parser.parse()。

【例 10.14】日期解析方法 date()函数用法的示例。

示例如下。

```
# datetime.date: date 对象
import datetime  # 也可以写 from datetime import date
today = datetime.date.today()
print(today,type(today))
print(str(today),type(str(today)))
# datetime.date.today 返回今日
# 输出格式为 date 类
t = datetime.date(2019,6,1)
print(t)
#（年，月，日）→ 直接得到当时日期
```

程序运行结果如下。

```
2020-04-3 <class 'datetime.date'>
2020-04-3 <class 'str'>
2019-06-01
```

【例 10.15】日期时间解析方法 datetime.datetime()函数用法的示例。

示例如下。

```
import datetime
now = datetime.datetime.now()
print(now,type(now))
print(str(now),type(str(now)))
# .now()方法，输出当前时间
# 输出格式为 datetime 类
# 可通过 str()转化为字符串


t1 = datetime.datetime(2019,6,1)
t2 = datetime.datetime(2019,1,1,12,44,33)
print(t1,t2)
#（年，月，日，时，分，秒），至少输入年月日
Print(t2-t1)
# 相减得到时间差 —timedelta
```

程序运行结果如下。

```
2020-04-04 21:14:58.902893 <class 'datetime.datetime'>
2020-04-04 21:14:58.902893 <class 'str'>
2019-06-01 00:00:00 2019-01-01 12:44:33
-151 days, 12:44:33
```

【例 10.16】时间差方法 datetime.timedelta()函数用法的示例。

示例如下。

```
import datetime
today = datetime.datetime.today()  # datetime.datetime 也有 today()方法
yesterday = today - datetime.timedelta(1)  #
```

```
print(today)
print(yesterday)
print(today - datetime.timedelta(7))
# 时间差主要用于时间的加减法，相当于可被识别的时间"差值"
```

程序运行结果如下。

```
2020-04-04 21:17:30.340555
2020-04-03 21:17:30.340555
2020-03-28 21:17:30.340555
```

【例 10.17】日期字符串转换 parser.parse()用法的示例。

示例如下。

```
from dateutil.parser import parse
date = '12-21-2019'
t = parse(date)
print(t,type(t))
# 直接将 str 转化成 datetime.datetime
print(parse('2019-1-1'),'\n',
      parse('5/1/2019'),'\n',
      parse('5/1/2019', dayfirst = True),'\n',  # 在国际通用格式中，日在月之前，可以
通过 dayfirst 来设置
      parse('22/1/2019'),'\n',
      parse('Jan 31, 2019 10:45 PM'))
# 可以解析各种格式，但无法支持中文
```

程序运行结果如下。

```
2019-12-21 00:00:00 <class 'datetime.datetime'>
2019-01-01 00:00:00
 2019-05-01 00:00:00
 2019-01-05 00:00:00
 2019-01-22 00:00:00
 2019-01-31 22:45:00
```

10.4 Pandas 时刻数据

时刻数据（Timestamp）代表时间点，是 Pandas 的数据类型，是将值与时间点相关联的最基本类型的时间序列数据，通常用于金融领域数据分析。Pandas 时刻数据需要掌握两个函数：pandas.Timestamp()和 pd.to_datetime()。

【例 10.18】利用时间戳 pandas.Timestamp()函数生成 Pandas 的时刻数据。

示例如下。

```
import datetime
import pandas as pd
date1 = datetime.datetime(2019,12,1,12,45,30)  # 创建一个 datetime.datetime
date2 = '2019-12-21'  # 创建一个字符串
t1 = pd.Timestamp(date1)
t2 = pd.Timestamp(date2)
print(t1,type(t1))
print(t2)
print(pd.Timestamp('2019-12-21 15:00:22'))
# 直接生成 pandas 的时刻数据——时间戳
# 数据类型为 pandas 的 Timestamp
```

程序运行结果如下。

```
2019-12-01 12:45:30 <class 'pandas._libs.tslibs.timestamps.Timestamp'>
2019-12-21 00:00:00
2019-12-21 15:00:22
```

【例 10.19】利用转换成时刻数据的 pd.to_datetime()函数将单个时间数据转换成 Pandas 的时刻数据。

示例如下。

```
from datetime import datetime
import pandas as pd
date1 = datetime(2019,12,1,12,45,30)
date2 = '2019-12-21'
t1 = pd.to_datetime(date1)
t2 = pd.to_datetime(date2)
print(t1,type(t1))
print(t2,type(t2))
lst_date = [ '2019-12-21', '2019-12-22', '2019-12-23']
t3 = pd.to_datetime(lst_date)
print(t3,type(t3))
# 多个时间数据，将会转换为 Pandas 的 DatetimeIndex
```

程序运行结果如下。

```
2019-12-01 12:45:30 <class 'pandas._libs.tslibs.timestamps.Timestamp'>
2019-12-21 00:00:00 <class 'pandas._libs.tslibs.timestamps.Timestamp'>
DatetimeIndex(['2019-12-21', '2019-12-22', '2019-12-23'], dtype='datetime64[ns]',
freq=None) <class 'pandas.core.indexes.datetimes.DatetimeIndex'>
```

10.5　Pandas 时间戳索引

在 Pandas 中可以利用 DatetimeIndex()生成多个时间戳，并利用 date_range()函数对时间戳进行索引。

【例 10.20】利用 DatetimeIndex()生成多个时间戳的示例。

示例如下。

```
# pd.DatetimeIndex() 与 TimeSeries 时间序列
import pandas as pd
import numpy as np
rng = pd.DatetimeIndex(['12/1/2019','12/2/2019','12/3/2019','12/4/2019','12/5/2019'])
print(rng,type(rng))
print(rng[0],type(rng[0]))
# 直接生成时间戳索引，支持 str、datetime.datetime
# 单个时间戳为 Timestamp，多个时间戳为 DatetimeIndex
st = pd.Series(np.random.rand(len(rng)), index = rng)
print(st,type(st))
print(st.index)
# 以 DatetimeIndex 为 index 的 Series，是 TimeSeries 时间序列
```

程序运行结果如下。

```
DatetimeIndex(['2019-12-01', '2019-12-02', '2019-12-03', '2019-12-04',
               '2019-12-05'],
              dtype='datetime64[ns]', freq=None) <class 'pandas.core.indexes.
```

```
datetimes.DatetimeIndex'>
    2019-12-01 00:00:00 <class 'pandas._libs.tslibs.timestamps.Timestamp'>
    2019-12-01    0.807443
    2019-12-02    0.194916
    2019-12-03    0.201490
    2019-12-04    0.669686
    2019-12-05    0.471175
dtype: float64 <class 'pandas.core.series.Series'>
DatetimeIndex(['2019-12-01', '2019-12-02', '2019-12-03', '2019-12-04',
                '2019-12-05'],
                dtype='datetime64[ns]', freq=None)
```

利用 date_range()函数可以进行时间戳索引，具体方法有两种。

1. date_range()-日期范围：生成日期范围

【例 10.21】生成日期范围的示例。

示例如下。

```
# pd.date_range()-日期范围：生成日期范围
# 2 种生成方式：①start + end；②start/end + periods
# 默认频率：day
import pandas as pd
rng1 = pd.date_range('1/1/2020','1/10/2020', normalize=True)
rng2 = pd.date_range(start = '1/1/2020', periods = 10)
rng3 = pd.date_range(end = '1/30/2020 15:00:00', periods = 10)  # 增加了时、分、秒
print(rng1,type(rng1))
print(rng2)
print(rng3)
print('-------')
# 直接生成 DatetimeIndex
# pd.date_range(start=None, end=None, periods=None, freq='D', tz=None, normalize=
False, name=None, closed=None, **kwargs)
# start：开始时间
# end：结束时间
# periods：偏移量
# freq：频率，默认为天，pd.date_range()默认频率为自然日，pd.bdate_range()默认频率为工作日
# tz：时区

rng4 = pd.date_range(start = '1/1/2020 15:30', periods = 10, name = 'hello world!',
normalize = True)
print(rng4)
print('-------')
# normalize：时间参数值正则化到午夜时间戳（这里时间最后就直接变成 0:00:00，并不是 15:30:00）
# name：索引对象名称

print(pd.date_range('20200101','20200104'))  # 20200101 也可读取
print(pd.date_range('20200101','20200104',closed = 'right'))
print(pd.date_range('20200101','20200104',closed = 'left'))
print('-------')
# closed：默认为 None 的情况下，左闭右闭，left 则左闭右开，right 则左开右闭

print(pd.bdate_range('20200101','20200107'))
# pd.bdate_range()默认频率为工作日
```

```
print(list(pd.date_range(start = '1/1/2020', periods = 10)))
# 直接转化为 list，元素为 Timestamp
```

程序运行结果如下。

```
DatetimeIndex(['2020-01-01', '2020-01-02', '2020-01-03', '2020-01-04',
               '2020-01-05', '2020-01-06', '2020-01-07', '2020-01-08',
               '2020-01-09', '2020-01-10'],
              dtype='datetime64[ns]', freq='D') <class 'pandas.core.indexes.
datetimes.DatetimeIndex'>
DatetimeIndex(['2020-01-01', '2020-01-02', '2020-01-03', '2020-01-04',
               '2020-01-05', '2020-01-06', '2020-01-07', '2020-01-08',
               '2020-01-09', '2020-01-10'],
              dtype='datetime64[ns]', freq='D')
DatetimeIndex(['2020-01-21 15:00:00', '2020-01-22 15:00:00',
               '2020-01-23 15:00:00', '2020-01-24 15:00:00',
               '2020-01-25 15:00:00', '2020-01-26 15:00:00',
               '2020-01-27 15:00:00', '2020-01-28 15:00:00',
               '2020-01-29 15:00:00', '2020-01-30 15:00:00'],
              dtype='datetime64[ns]', freq='D')
-------
DatetimeIndex(['2020-01-01', '2020-01-02', '2020-01-03', '2020-01-04',
               '2020-01-05', '2020-01-06', '2020-01-07', '2020-01-08',
               '2020-01-09', '2020-01-10'],
              dtype='datetime64[ns]', name='hello world!', freq='D')
-------
DatetimeIndex(['2020-01-01', '2020-01-02', '2020-01-03', '2020-01-04'], dtype=
'datetime64[ns]', freq='D')
DatetimeIndex(['2020-01-02', '2020-01-03', '2020-01-04'], dtype='datetime64[ns]',
freq='D')
DatetimeIndex(['2020-01-01', '2020-01-02', '2020-01-03'], dtype='datetime64[ns]',
freq='D')
-------
DatetimeIndex(['2020-01-01', '2020-01-02', '2020-01-03', '2020-01-06',
               '2020-01-07'],
              dtype='datetime64[ns]', freq='B')
[Timestamp('2020-01-01 00:00:00', freq='D'), Timestamp('2020-01-02 00:00:00',
freq='D'), Timestamp('2020-01-03 00:00:00', freq='D'), Timestamp('2020-01-04 00:00:00',
freq='D'), Timestamp('2020-01-05 00:00:00', freq='D'), Timestamp('2020-01-06 00:00:00',
freq='D'), Timestamp('2020-01-07 00:00:00', freq='D'), Timestamp('2020-01-08 00:00:00',
freq='D'), Timestamp('2020-01-09 00:00:00', freq='D'), Timestamp('2020-01-10 00:00:00',
freq='D')]
```

2．date_range()-日期范围：超前/滞后数据

【例 10.22】　日期范围超前和滞后方法的示例。

示例如下。

```
import pandas as pd
import numpy as np
ts = pd.Series(np.random.rand(4),
                index = pd.date_range('20200101','20200104'))
print(ts)
```

```
print(ts.shift(2))
print(ts.shift(-2))
print('------')
# 正数：数值后移（滞后）；负数：数值前移（超前）
per = ts/ts.shift(1) - 1
print(per)
print('------')
# 计算变化百分比，这里计算：该时间戳与上一个时间戳相比，变化的百分比
print(ts.shift(2, freq = 'D'))
print(ts.shift(2, freq = 'T'))
# 加上 freq 参数：对时间戳进行位移，而不是对数值进行位移
```

程序运行结果如下。

```
2020-01-01    0.782552
2020-01-02    0.682387
2020-01-03    0.810723
2020-01-04    0.267981
Freq: D, dtype: float64
2020-01-01         NaN
2020-01-02         NaN
2020-01-03    0.782552
2020-01-04    0.682387
Freq: D, dtype: float64
2020-01-01    0.810723
2020-01-02    0.267981
2020-01-03         NaN
2020-01-04         NaN
Freq: D, dtype: float64
------
2020-01-01         NaN
2020-01-02   -0.127998
2020-01-03    0.188070
2020-01-04   -0.669454
Freq: D, dtype: float64
------
2020-01-03    0.782552
2020-01-04    0.682387
2020-01-05    0.810723
2020-01-06    0.267981
Freq: D, dtype: float64
2020-01-01 00:02:00    0.782552
2020-01-02 00:02:00    0.682387
2020-01-03 00:02:00    0.810723
2020-01-04 00:02:00    0.267981
Freq: D, dtype: float64
```

10.6 Pandas 时期

Period()函数用于创建 Pandas 时期，时期表示在时间轴上的长度。与时间戳不同，时间戳是时间轴的位置。

【例 10.23】 利用 Period() 函数创建时期的示例。

示例如下。

```
# pd.Period()创建时期
import pandas as pd
import numpy as np
p = pd.Period('2020', freq = 'M')
print(p, type(p))
# 生成一个以 2020-01 开始、月为频率的时间构造器
# pd.Period()参数: freq用于指明该 Period 的长度, 时间戳则说明该 Period 在时间轴上的位置

print(p + 1)
print(p - 2)
print(pd.Period('2020', freq = 'A-DEC') - 1)
# 通过加减整数, 将周期整体移动
# 这里是按照月、年移动
```

程序运行结果如下。

```
2020-01 <class 'pandas._libs.tslibs.period.Period'>
2020-02
2019-11
2019
```

10.7　时间序列——索引及切片

时间序列（TimeSeries）是 Series 的一个子类，所以 Series 索引与数据选取方面的方法基本一样。同时通过 TimeSeries 可以更便捷地做索引和切片。

【例 10.24】 时间序列的索引方法的示例。

示例如下。

```
# 索引
from datetime import datetime
import pandas as pd
import numpy as np
rng = pd.date_range('2020/1','2020/3')
ts = pd.Series(np.random.rand(len(rng)), index = rng)
print(ts.head())

print(ts[0])
print(ts[:2])
print('-----')
# 基本下标位置索引

print(ts['2020/1/2'])
print(ts['20200103'])
print(ts['1/10/2020'])
print(ts[datetime(2020,1,20)])
print('-----')
# 时间序列标签索引, 支持各种时间字符串, 以及 datetime.datetime

# 时间序列由于按照时间先后排序, 故不用考虑顺序问题
# 索引方法同样适用于 DataFrame
```

程序运行结果如下。

```
2020-01-01      0.447443
2020-01-02      0.072478
2020-01-03      0.677777
2020-01-04      0.251865
2020-01-05      0.234441
Freq: D, dtype: float64
0.44744345228858506
2020-01-01      0.447443
2020-01-02      0.072478
Freq: D, dtype: float64
-----
0.0724781503177736
0.677776889009427
0.8344694536765198
0.6597413161323682
-----
```

【例 10.25】时间序列的切片方法的示例。

示例如下。

```python
# 切片
import pandas as pd
import numpy as np
rng = pd.date_range('2020/1','2020/3',freq = '12H')
ts = pd.Series(np.random.rand(len(rng)), index = rng)
print(ts['2020/1/5':'2020/1/10'])
print('-----')
# 和 Series 按照 index 索引原理一样,也是末端包含
print(ts['2020/2'].head())
# 传入月,直接得到一个切片
```

程序运行结果如下。

```
2020-01-05 00:00:00      0.710461
2020-01-05 12:00:00      0.702237
2020-01-06 00:00:00      0.958825
2020-01-06 12:00:00      0.260219
2020-01-07 00:00:00      0.132505
2020-01-07 12:00:00      0.247181
2020-01-08 00:00:00      0.011881
2020-01-08 12:00:00      0.146585
2020-01-09 00:00:00      0.199872
2020-01-09 12:00:00      0.467165
2020-01-10 00:00:00      0.191335
2020-01-10 12:00:00      0.152563
Freq: 12H, dtype: float64
-----
2020-02-01 00:00:00      0.461885
2020-02-01 12:00:00      0.794915
2020-02-02 00:00:00      0.803519
2020-02-02 12:00:00      0.687884
2020-02-03 00:00:00      0.360279
Freq: 12H, dtype: float64
```

10.8 时间序列——重采样

时间序列的重采样指的是，从一个频率到另一个频率，即降采样、升采样和采样时间点变化。降采样就如由每天的频率变成每月的频率，升采样就如每月的频率变成每天的频率，采样时间点变化就如由每周五采样改成每周三采样。

【例 10.26】重采样的示例。

示例如下。

```python
# 重采样: .resample()
# 创建一个以天为频率的 TimeSeries，重采样的频率为 12 天
import pandas as pd
import numpy as np
rng = pd.date_range('20200101', periods = 12)
ts = pd.Series(np.arange(12), index = rng)
print(ts)

ts_re = ts.resample('5D')
ts_re2 = ts.resample('5D').sum()
print(ts_re, type(ts_re))
print(ts_re2, type(ts_re2))
print('-----')
# ts.resample('5D'): 得到一个重采样构建器，频率改为 5 天
# ts.resample('5D').sum():得到一个新的聚合后的 Series，聚合方式为求和
# freq: 重采样频率 →ts.resample('5D')
# .sum(): 聚合方法

print(ts.resample('5D').mean(),'→ 求平均值\n')
print(ts.resample('5D').max(),'→ 求最大值\n')
print(ts.resample('5D').min(),'→ 求最小值\n')
print(ts.resample('5D').median(),'→ 求中值\n')
print(ts.resample('5D').first(),'→ 返回第一个值\n')
print(ts.resample('5D').last(),'→ 返回最后一个值\n')
print(ts.resample('5D').ohlc(),'→OHLC 重采样\n')
# OHLC:金融领域的时间序列聚合方式 →open 开盘、high 最大值、low 最小值、close 收盘
```

程序运行结果如下。

```
2020-01-01    0
2020-01-02    1
2020-01-03    2
2020-01-04    3
2020-01-05    4
2020-01-06    5
2020-01-07    6
2020-01-08    7
2020-01-09    8
2020-01-10    9
2020-01-11    10
2020-01-12    11
Freq: D, dtype: int32
```

```
DatetimeIndexResampler [freq=<5 * Days>, axis=0, closed=left, label=left, convention=
start, base=0] <class 'pandas.core.resample.DatetimeIndexResampler'>
2020-01-01        10
2020-01-06        35
2020-01-11        21
Freq: 5D, dtype: int32 <class 'pandas.core.series.Series'>
-----
2020-01-01        2.0
2020-01-06        7.0
2020-01-11        10.5
Freq: 5D, dtype: float64→ 求平均值


2020-01-01        4
2020-01-06        9
2020-01-11        11
Freq: 5D, dtype: int32→ 求最大值


2020-01-01        0
2020-01-06        5
2020-01-11        10
Freq: 5D, dtype: int32→ 求最小值


2020-01-01        2.0
2020-01-06        7.0
2020-01-11        10.5
Freq: 5D, dtype: float64→ 求中值


2020-01-01        0
2020-01-06        5
2020-01-11        10
Freq: 5D, dtype: int32→ 返回第一个值


2020-01-01        4
2020-01-06        9
2020-01-11        11
Freq: 5D, dtype: int32→ 返回最后一个值


            open  high  low  close
2020-01-01    0     4    0     4
2020-01-06    5     9    5     9
2020-01-11   10    11   10    11→OHLC 重采样
```

【例 10.27】降采样的示例。

示例如下。

```
# 降采样
import pandas as pd
import numpy as np
rng = pd.date_range('20200101', periods = 12)
ts = pd.Series(np.arange(1,13), index = rng)
print(ts)
```

```
print(ts.resample('5D').sum(),'→ 默认\n')
print(ts.resample('5D', closed = 'left').sum(),'→left\n')
print(ts.resample('5D', closed = 'right').sum(),'→right\n')
print('-----')
# closed: 各时间段哪一端是闭合（即包含）的，默认为左闭右闭
# 详解: 这里 values 为 0~11，按照 5D 重采样 →[1,2,3,4,5],[6,7,8,9,10],[11,12]
# left 指定间隔左边为结束 →[1,2,3,4,5],[6,7,8,9,10],[11,12]
# right 指定间隔右边为结束 →[1],[2,3,4,5,6],[7,8,9,10,11],[12]

print(ts.resample('5D', label = 'left').sum(),'→leftlabel\n')
print(ts.resample('5D', label = 'right').sum(),'→rightlabel\n')
# label: 聚合值的 index，默认为取左
# 值采样为默认（这里默认为 closed）
```

程序运行结果如下。

```
2020-01-01      1
2020-01-02      2
2020-01-03      3
2020-01-04      4
2020-01-05      5
2020-01-06      6
2020-01-07      7
2020-01-08      8
2020-01-09      9
2020-01-10     10
2020-01-11     11
2020-01-12     12
Freq: D, dtype: int32
2020-01-01     15
2020-01-06     40
2020-01-11     23
Freq: 5D, dtype: int32→ 默认

2020-01-01     15
2020-01-06     40
2020-01-11     23
Freq: 5D, dtype: int32→left

2019-12-27      1
2020-01-01     20
2020-01-06     45
2020-01-11     12
Freq: 5D, dtype: int32→right

-----
2020-01-01     15
2020-01-06     40
2020-01-11     23
Freq: 5D, dtype: int32→leftlabel

2020-01-06     15
2020-01-11     40
```

```
2020-01-16        23
Freq: 5D, dtype: int32→rightlabel
```

【例 10.28】升采样及插值的示例。

示例如下。

```
# 升采样及插值
import pandas as pd
import numpy as np
rng = pd.date_range('2020/1/1 0:0:0', periods = 5, freq = 'H')
ts = pd.DataFrame(np.arange(15).reshape(5,3),
                   index = rng,
                   columns = ['a','b','c'])
print(ts)


print(ts.resample('15T').asfreq())
print(ts.resample('15T').ffill())
print(ts.resample('15T').bfill())
# 低频转高频，主要是如何插入值
# .asfreq()：不做填充，返回 Nan
# .ffill()：向上填充
# .bfill()：向下填充
```

程序运行结果如下。

	a	b	c
2020-01-01 00:00:00	0	1	2
2020-01-01 01:00:00	3	4	5
2020-01-01 02:00:00	6	7	8
2020-01-01 03:00:00	9	10	11
2020-01-01 04:00:00	12	13	14

	a	b	c
2020-01-01 00:00:00	0.0	1.0	2.0
2020-01-01 00:15:00	NaN	NaN	NaN
2020-01-01 00:30:00	NaN	NaN	NaN
2020-01-01 00:45:00	NaN	NaN	NaN
2020-01-01 01:00:00	3.0	4.0	5.0
2020-01-01 01:15:00	NaN	NaN	NaN
2020-01-01 01:30:00	NaN	NaN	NaN
2020-01-01 01:45:00	NaN	NaN	NaN
2020-01-01 02:00:00	6.0	7.0	8.0
2020-01-01 02:15:00	NaN	NaN	NaN
2020-01-01 02:30:00	NaN	NaN	NaN
2020-01-01 02:45:00	NaN	NaN	NaN
2020-01-01 03:00:00	9.0	10.0	11.0
2020-01-01 03:15:00	NaN	NaN	NaN
2020-01-01 03:30:00	NaN	NaN	NaN
2020-01-01 03:45:00	NaN	NaN	NaN
2020-01-01 04:00:00	12.0	13.0	14.0

	a	b	c
2020-01-01 00:00:00	0	1	2
2020-01-01 00:15:00	0	1	2
2020-01-01 00:30:00	0	1	2
2020-01-01 00:45:00	0	1	2

```
2020-01-01 01:00:00    3    4    5
2020-01-01 01:15:00    3    4    5
2020-01-01 01:30:00    3    4    5
2020-01-01 01:45:00    3    4    5
2020-01-01 02:00:00    6    7    8
2020-01-01 02:15:00    6    7    8
2020-01-01 02:30:00    6    7    8
2020-01-01 02:45:00    6    7    8
2020-01-01 03:00:00    9   10   11
2020-01-01 03:15:00    9   10   11
2020-01-01 03:30:00    9   10   11
2020-01-01 03:45:00    9   10   11
2020-01-01 04:00:00   12   13   14
                       a    b    c
2020-01-01 00:00:00    0    1    2
2020-01-01 00:15:00    3    4    5
2020-01-01 00:30:00    3    4    5
2020-01-01 00:45:00    3    4    5
2020-01-01 01:00:00    3    4    5
2020-01-01 01:15:00    6    7    8
2020-01-01 01:30:00    6    7    8
2020-01-01 01:45:00    6    7    8
2020-01-01 02:00:00    6    7    8
2020-01-01 02:15:00    9   10   11
2020-01-01 02:30:00    9   10   11
2020-01-01 02:45:00    9   10   11
2020-01-01 03:00:00    9   10   11
2020-01-01 03:15:00   12   13   14
2020-01-01 03:30:00   12   13   14
2020-01-01 03:45:00   12   13   14
2020-01-01 04:00:00   12   13   14
```

【例 10.29】时期重采样的示例。

示例如下。

```
# 时期重采样——Period
import pandas as pd
import numpy as np
prng = pd.period_range('2019','2020',freq = 'M')
ts = pd.Series(np.arange(len(prng)), index = prng)
print(ts)

ts.index = ts.index.astype('datetime64[ns]')
print(ts.resample('3M').sum())  # 降采样
print(ts.resample('15D').ffill())  # 升采样
```

程序运行结果如下。

```
2019-01    0
2019-02    1
2019-03    2
2019-04    3
2019-05    4
2019-06    5
```

```
2019-07        6
2019-08        7
2019-09        8
2019-10        9
2019-11       10
2019-12       11
2020-01       12
Freq: M, dtype: int32
2019-01-31        0
2019-04-30        6
2019-07-31       15
2019-10-31       24
2020-01-31       33
Freq: 3M, dtype: int32
2019-01-01        0
2019-01-16        0
2019-01-31        0
2019-02-15        1
2019-03-02        2
2019-03-17        2
2019-04-01        3
2019-04-16        3
2019-05-01        4
2019-05-16        4
2019-05-31        4
2019-06-15        5
2019-06-30        5
2019-07-15        6
2019-07-30        6
2019-08-14        7
2019-08-29        7
2019-09-13        8
2019-09-28        8
2019-10-13        9
2019-10-28        9
2019-11-12       10
2019-11-27       10
2019-12-12       11
2019-12-27       11
Freq: 15D, dtype: int32
```

10.9 数值计算和统计基础

常用的数学、统计方法有计数，计算最大值、最小值、求和、均值、中位数和样本峰度等。

【例 10.30】数学统计方法的示例。

示例如下。

```
import pandas as pd
import numpy as np
```

```
df = pd.DataFrame({'key1':np.arange(10),
                   'key2':np.random.rand(10)*10})
print(df)
print('-----')

print(df.count(),'→count 统计非 Na 值的数量\n')
print(df.min(),'→min 统计最小值\n',df['key2'].max(),'→max 统计最大值\n')
print(df.quantile(q=0.75),'→quantile 统计分位数，参数 q 确定位置\n')
print(df.sum(),'→sum 求和\n')
print(df.mean(),'→mean 求平均值\n')
print(df.median(),'→median 求算数中位数，50%分位数\n')
print(df.std(),'\n',df.var(),'→std,var 分别求标准差、方差\n')
print(df.skew(),'→skew 样本的偏度\n')
print(df.kurt(),'→kurt 样本的峰度\n')
```

程序运行结果如下。

```
    key1    key2
0    0    1.267013
1    1    2.971018
2    2    7.725550
3    3    6.401100
4    4    6.631847
5    5    1.204763
6    6    6.984739
7    7    9.988381
8    8    3.740455
9    9    3.984870
-----
key1    10
key2    10
dtype: int64→count 统计非 Na 值的数量

key1    0.000000
key2    1.204763
dtype: float64→min 统计最小值
 9.98838112108116→max 统计最大值

key1    6.750000
key2    6.896516
Name: 0.75, dtype: float64→quantile 统计分位数，参数 q 确定位置

key1    45.000000
key2    50.899738
dtype: float64→sum 求和

key1    4.500000
key2    5.089974
dtype: float64→mean 求平均值

key1    4.500000
key2    5.192985
dtype: float64→median 求算数中位数，50%分位数
```

```
key1    3.027650
key2    2.903437
dtype: float64
key1    9.166667
key2    8.429948
dtype: float64→std,var 分别求标准差、方差

key1    0.000000
key2    0.117593
dtype: float64→skew 样本的偏度

key1    -1.200000
key2    -0.924386
dtype: float64→kurt 样本的峰度
```

【例 10.31】计算样本累计和的示例。

示例如下。

```
#主要的数学计算方法,可用于 Series 和 DataFrame(2)
import pandas as pd
import numpy as np
df = pd.DataFrame({'key1':np.arange(10),
                   'key2':np.random.rand(10)*10})
df['key1_s'] = df['key1'].cumsum()
df['key2_s'] = df['key2'].cumsum()
print(df,'→cumsum 样本的累计和\n')

df['key1_p'] = df['key1'].cumprod()
df['key2_p'] = df['key2'].cumprod()
print(df,'→cumprod 样本的累计积\n')

print(df.cummax(),'\n',df.cummin(),'→cummax,cummin 分别求累计最大值、累计最小值\n')
# 会填充 key1 和 key2 的值
```

程序运行结果如下。

```
   key1      key2  key1_s     key2_s
0     0  4.867491       0   4.867491
1     1  7.028003       1  11.895494
2     2  3.012730       3  14.908224
3     3  6.826134       6  21.734357
4     4  9.272971      10  31.007328
5     5  7.190469      15  38.197797
6     6  0.990700      21  39.188498
7     7  6.469376      28  45.657874
8     8  8.341114      36  53.998987
9     9  4.523788      45  58.522775→cumsum 样本的累计和

   key1      key2  key1_s     key2_s  key1_p        key2_p
0     0  4.867491       0   4.867491       0  4.867491e+00
1     1  7.028003       1  11.895494       0  3.420874e+01
2     2  3.012730       3  14.908224       0  1.030617e+02
3     3  6.826134       6  21.734357       0  7.035129e+02
```

```
4    4   9.272971      10   31.007328      0   6.523654e+03
5    5   7.190469      15   38.197797      0   4.690814e+04
6    6   0.990700      21   39.188498      0   4.647190e+04
7    7   6.469376      28   45.657874      0   3.006442e+05
8    8   8.341114      36   53.998987      0   2.507708e+06
9    9   4.523788      45   58.522775      0   1.134434e+07→cumprod 样本的累计积

     key1    key2    key1_s     key2_s      key1_p      key2_p
0    0.0   4.867491     0.0    4.867491      0.0    4.867491e+00
1    1.0   7.028003     1.0   11.895494      0.0    3.420874e+01
2    2.0   7.028003     3.0   14.908224      0.0    1.030617e+02
3    3.0   7.028003     6.0   21.734357      0.0    7.035129e+02
4    4.0   9.272971    10.0   31.007328      0.0    6.523654e+03
5    5.0   9.272971    15.0   38.197797      0.0    4.690814e+04
6    6.0   9.272971    21.0   39.188498      0.0    4.690814e+04
7    7.0   9.272971    28.0   45.657874      0.0    3.006442e+05
8    8.0   9.272971    36.0   53.998987      0.0    2.507708e+06
9    9.0   9.272971    45.0   58.522775      0.0    1.134434e+07
     key1    key2   key1_s  key2_s     key1_p    key2_p
0    0.0   4.867491    0.0   4.867491     0.0   4.867491
1    0.0   4.867491    0.0   4.867491     0.0   4.867491
2    0.0   3.012730    0.0   4.867491     0.0   4.867491
3    0.0   3.012730    0.0   4.867491     0.0   4.867491
4    0.0   3.012730    0.0   4.867491     0.0   4.867491
5    0.0   3.012730    0.0   4.867491     0.0   4.867491
6    0.0   0.990700    0.0   4.867491     0.0   4.867491
7    0.0   0.990700    0.0   4.867491     0.0   4.867491
8    0.0   0.990700    0.0   4.867491     0.0   4.867491
9    0.0   0.990700    0.0   4.867491     0.0   4.867491→cummax,cummin 分别求累计最
```
大值、累计最小值

【例 10.32】利用参数计算均值的示例。

示例如下。

```
# 基本参数: axis、skipna

import numpy as np
import pandas as pd
df = pd.DataFrame({'key1':[4,5,3,np.nan,2],
                   'key2':[1,2,np.nan,4,5],
                   'key3':[1,2,3,'j','k']},
                   index = ['a','b','c','d','e'])
print(df)
print(df['key1'].dtype,df['key2'].dtype,df['key3'].dtype)
print('-----')

m1 = df.mean()
print(m1,type(m1))
print('单独统计一列:',df['key2'].mean())
print('-----')
# np.nan: 空值
# .mean(): 计算均值
```

```
# 只统计数字列
# 可以通过索引单独统计一列

m2 = df.mean(axis=1)
print(m2)
print('-----')
# axis 参数: 默认为 0, 以列来计算; axis=1, 以行来计算, 这里按照行来汇总

m3 = df.mean(skipna=False)
print(m3)
print('-----')
# skipna 参数: 是否忽略 NaN, 默认 True; 若为 False, 有 NaN 的列统计结果仍为 NaN
```

程序运行结果如下。

```
    key1  key2 key3
a   4.0   1.0   1
b   5.0   2.0   2
c   3.0   NaN   3
d   NaN   4.0   j
e   2.0   5.0   k
float64 float64 object
-----
key1    3.5
key2    3.0
dtype: float64 <class 'pandas.core.series.Series'>
单独统计一列: 3.0
-----
a    2.5
b    3.5
c    3.0
d    4.0
e    3.5
dtype: float64
-----
key1    NaN
key2    NaN
dtype: float64
-----
```

10.10 文本数据

Pandas 针对字符串配备了一套方法, 使其易于对数组的每个元素进行操作。

【例 10.33】str 调用字符串方法的示例。

示例如下。

```
# 通过 str 访问, 并且自动排除丢失/ NA 值
import numpy as np
import pandas as pd
s = pd.Series(['A','b','C','bbhello','123',np.nan,'hj'])
df = pd.DataFrame({'key1':list('abcdef'),
                   'key2':['hee','fv','w','hija','123',np.nan]})
```

```
print(s)
print(df)
print('-----')

print(s.str.count('b'))
print(df['key2'].str.upper())
print('-----')
# 直接通过 .str 调用字符串方法
# 可以对 Series、DataFrame 使用
# 自动过滤 NaN 值

df.columns = df.columns.str.upper()
print(df)
# df.columns 是一个 Index 对象，也可使用 .str
```
程序运行结果如下。
```
0          A
1          b
2          C
3     bbhello
4        123
5        NaN
6         hj
dtype: object
  key1  key2
0    a   hee
1    b    fv
2    c     w
3    d  hija
4    e   123
5    f   NaN
-----
0    0.0
1    1.0
2    0.0
3    2.0
4    0.0
5    NaN
6    0.0
dtype: float64
0     HEE
1      FV
2       W
3    HIJA
4     123
5     NaN
Name: key2, dtype: object
-----
  KEY1  KEY2
0    a   hee
1    b    fv
2    c     w
```

```
3   d   hija
4   e   123
5   f   NaN
```

【例 10.34】字符串常用方法 1：lower、upper、len、startswith、endswith 的示例。
示例如下。

```
import numpy as np
import pandas as pd
s = pd.Series(['A','b','bbhello','123',np.nan])
print(s.str.lower(),'→lower 小写\n')
print(s.str.upper(),'→upper 大写\n')
print(s.str.len(),'→len 字符长度\n')
print(s.str.startswith('b'),'→ 判断起始是否为 a\n')
print(s.str.endswith('3'),'→ 判断结束是否为 3\n')
```

程序运行结果如下。

```
0         a
1         b
2   bbhello
3       123
4       NaN
dtype: object→lower 小写


0         A
1         B
2   BBHELLO
3       123
4       NaN
dtype: object→upper 大写


0   1.0
1   1.0
2   7.0
3   3.0
4   NaN
dtype: float64→len 字符长度


0   False
1    True
2    True
3   False
4     NaN
dtype: object→ 判断起始是否为 a


0   False
1   False
2   False
3    True
4     NaN
dtype: object→ 判断结束是否为 3
```

【例 10.35】字符串常用方法 2：去除字符串中的空格 strip 的示例。

示例如下。

```
import numpy as np
import pandas as pd
s = pd.Series([' jack', 'jill ', ' jesse ', 'frank'])
df = pd.DataFrame(np.random.randn(3, 2), columns=[' Column A ', ' Column B '],
                    index=range(3))
print(s)
print(df)
print('-----')

print(s.str.strip())    # 去除字符串中的空格
print(s.str.lstrip())   # 去除字符串中的左空格
print(s.str.rstrip())   # 去除字符串中的右空格

df.columns = df.columns.str.strip()
print(df)
# 这里去掉了 columns 的前后空格，但没有去掉中间空格
```

程序运行结果如下。

```
0       jack
1      jill
2     jesse
3      frank
dtype: object
    Column A    Column B
0    0.689081    0.437346
1    2.332891    1.603921
2    1.438915   -0.709351
-----
0      jack
1      jill
2     jesse
3     frank
dtype: object
0      jack
1      jill
2     jesse
3      frank
dtype: object
0      jack
1      jill
2     jesse
3      frank
dtype: object
    Column A   Column B
0   0.689081   0.437346
1   2.332891   1.603921
2   1.438915  -0.709351
```

【例 10.36】字符串常用方法 3：字符串替换 replace 的示例。

示例如下。

```
import numpy as np
```

```
import pandas as pd
df = pd.DataFrame(np.random.randn(3, 2), columns=[' Column A ', ' Column B '],
                     index=range(3))
df.columns = df.columns.str.replace(' ','-')
print(df)
# 替换

df.columns = df.columns.str.replace('-','hehe',n=1)
print(df)
# n: 替换个数
```

程序运行结果如下。

```
    -Column-A-   -Column-B-
0    1.958323     0.813526
1   -0.005055    -0.681357
2   -0.328337    -0.625357
   heheColumn-A-   heheColumn-B-
0      1.958323        0.813526
1     -0.005055       -0.681357
2     -0.328337       -0.625357
```

【例 10.37】 字符串常用方法 4：字符串分割函数 split、rsplit 的示例。

示例如下。

```
import numpy as np
import pandas as pd
s = pd.Series(['a,b,c','1,2,3',['a,,,c'],np.nan])
print(s.str.split(','))
print('-----')
# 类似字符串的 split

print(s.str.split(',')[0])
print('-----')
# 直接索引得到一个 list

print(s.str.split(',').str[0])
print(s.str.split(',').str.get(1))
print('-----')
# 可以使用 get 或 [] 符号访问拆分列表中的元素

print(s.str.split(',', expand=True))
print(s.str.split(',', expand=True, n = 1))
print(s.str.rsplit(',', expand=True, n = 1))
print('-----')
# 可以使用 expand 轻松扩展此操作以返回 DataFrame
# n: 参数限制分割数
# rsplit 类似于 split，反向工作，即从字符串的末尾到字符串的开头

df = pd.DataFrame({'key1':['a,b,c','1,2,3',[':,., ']],
                     'key2':['a-b-c','1-2-3',[':-.- ']]})
print(df['key2'].str.split('-'))
# DataFrame 使用 split
```

程序运行结果如下。

```
0      [a, b, c]
1      [1, 2, 3]
2            NaN
3            NaN
dtype: object
-----
['a', 'b', 'c']
-----
0      a
1      1
2    NaN
3    NaN
dtype: object
0      b
1      2
2    NaN
3    NaN
dtype: object
-----
     0    1    2
0    a    b    c
1    1    2    3
2  NaN  NaN  NaN
3  NaN  NaN  NaN
     0    1
0    a  b,c
1    1  2,3
2  NaN  NaN
3  NaN  NaN
     0    1
0  a,b    c
1  1,2    3
2  NaN  NaN
3  NaN  NaN
-----
0    [a, b, c]
1    [1, 2, 3]
2          NaN
Name: key2, dtype: object
```

【例 10.38】字符串常用方法 5：字符串索引的示例。

示例如下。

```
import numpy as np
import pandas as pd
s = pd.Series(['A','b','C','bbhello','123',np.nan,'hj'])
df = pd.DataFrame({'key1':list('abcdef'),
                   'key2':['hee','fv','w','hija','123',np.nan]})

print(s.str[0])    # 取第一个字符串
print(s.str[:2])   # 取前两个字符串
print(df['key2'].str[0])
```

```
# str 和字符串的索引方式相同
```

程序运行结果如下。

```
0       A
1       b
2       C
3       b
4       1
5      NaN
6       h
dtype: object
0       A
1       b
2       C
3      bb
4      12
5      NaN
6      hj
dtype: object
0       h
1       f
2       w
3       h
4       1
5      NaN
Name: key2, dtype: object
```

10.11 合并

合并是指利用 merge()函数的一个或多个键将数据集的行连接起来。merge()函数的功能是将包含同一主键不同特征的两张表，通过主键将数据合并。合并之后，两张表的行数没有增加，列数是两张表的列数之和减一。merge()函数的语法格式如下。

pd.merge(left, right, how='inner', on=None, left_on=None, right_on=None,
      left_index=False, right_index=False, sort=True,
      suffixes=('_x', '_y'), copy=True, indicator=False)

【例 10.39】使用 merge()函数合并的示例。

示例如下。

```
# merge 合并——类似 excel 的 vlookup
import numpy as np
import pandas as pd
df1 = pd.DataFrame({'key': ['K0', 'K1', 'K2', 'K3'],
                    'A': ['A0', 'A1', 'A2', 'A3'],
                    'B': ['B0', 'B1', 'B2', 'B3']})
df2 = pd.DataFrame({'key': ['K0', 'K1', 'K2', 'K3'],
                    'C': ['C0', 'C1', 'C2', 'C3'],
                    'D': ['D0', 'D1', 'D2', 'D3']})
df3 = pd.DataFrame({'key1': ['K0', 'K0', 'K1', 'K2'],
                    'key2': ['K0', 'K1', 'K0', 'K1'],
                    'A': ['A0', 'A1', 'A2', 'A3'],
```

```
                                  'B': ['B0', 'B1', 'B2', 'B3']})
df4 = pd.DataFrame({'key1': ['K0', 'K1', 'K1', 'K2'],
                    'key2': ['K0', 'K0', 'K0', 'K0'],
                    'C': ['C0', 'C1', 'C2', 'C3'],
                    'D': ['D0', 'D1', 'D2', 'D3']})
print(pd.merge(df1, df2, on='key'))
print('------')
# left: 第一个 df
# right: 第二个 df
# on: 参考键

print(pd.merge(df3, df4, on=['key1','key2']))
# 多个链接键
```

程序运行结果如下。

```
  key  A   B   C   D
0  K0  A0  B0  C0  D0
1  K1  A1  B1  C1  D1
2  K2  A2  B2  C2  D2
3  K3  A3  B3  C3  D3
------
  key1 key2  A   B   C   D
0  K0   K0  A0  B0  C0  D0
1  K1   K0  A2  B2  C1  D1
2  K1   K0  A2  B2  C2  D2
```

10.12　连接与修补

连接是指沿轴执行数据连接的操作，具体方法的语法格式如下。

pd.concat(objs, axis=0, join='outer', join_axes=None, ignore_index=False,
　　　　keys=None, levels=None, names=None, verify_integrity=False,
　　　　copy=True)

【例 10.40】concat 连接数组的示例。

示例如下。

```
import pandas as pd
s1 = pd.Series([1,2,3])
s2 = pd.Series([2,3,4])
s3 = pd.Series([1,2,3],index = ['a','c','h'])
s4 = pd.Series([2,3,4],index = ['b','e','d'])
print(pd.concat([s1,s2]))
print(pd.concat([s3,s4]).sort_index())
print('-----')
# 默认 axis=0，相同字段的表首尾相接

print(pd.concat([s3,s4], axis=1))
print('-----')
# axis=1，将两张表合并成为一个 Dataframe
```

程序运行结果如下。

```
0    1
1    2
```

```
2    3
0    2
1    3
2    4
dtype: int64
a    1
b    2
c    2
d    4
e    3
h    3
dtype: int64
-----
     0    1
a  1.0  NaN
b  NaN  2.0
c  2.0  NaN
d  NaN  4.0
e  NaN  3.0
h  3.0  NaN
-----
```

【例 10.41】利用 join，join_axes 参数进行数据连接的示例。

示例如下：

```
# 连接方式: join, join_axes
import pandas as pd
s5 = pd.Series([1,2,3],index = ['a','b','c'])
s6 = pd.Series([2,3,4],index = ['b','c','d'])
print(pd.concat([s5,s6], axis= 1))
print(pd.concat([s5,s6], axis= 1, join='inner'))
print(pd.concat([s5,s6], axis= 1, join_axes=[['a','b','d']]))
# join: {'inner', 'outer'}，默认为 "outer"，指定联合的方式
# join_axes: 指定联合的 index
```

程序运行结果如下。

```
     0    1
a  1.0  NaN
b  2.0  2.0
c  3.0  3.0
d  NaN  4.0
   0  1
b  2  2
c  3  3
     0    1
a  1.0  NaN
b  2.0  2.0
d  NaN  4.0
```

【例 10.42】Pandas 利用 combine_first()函数进行数据修补的示例。

示例如下。

```
# 修补 pd.combine_first()
import pandas as pd
```

```
import numpy as np
df1 = pd.DataFrame([[np.nan, 3., 5.], [-4.6, np.nan, np.nan],[np.nan, 7., np.nan]])
df2 = pd.DataFrame([[-42.6, np.nan, -8.2], [-5., 1.6, 4]],index=[1, 2])
print(df1)
print(df2)
print(df1.combine_first(df2))
# 如果 df2 的 index 多于 df1，则更新到 df1 上，比如 index=['a',1]
print('-----')
# 根据 index，df1 的空值被 df2 替代

df1.update(df2)
print(df1)
# 如果 df2 的 index 与 df1 相同，直接用 df2 覆盖 df1
```

程序运行结果如下。

```
     0    1    2
0  NaN  3.0  5.0
1 -4.6  NaN  NaN
2  NaN  7.0  NaN
      0    1    2
1 -42.6  NaN -8.2
2  -5.0  1.6  4.0
     0    1    2
0  NaN  3.0  5.0
1 -4.6  NaN -8.2
2 -5.0  7.0  4.0
-----
      0    1    2
0   NaN  3.0  5.0
1 -42.6  NaN -8.2
2  -5.0  1.6  4.0
```

10.13　去重及替换

duplicated()函数可以去除数组中的重复数据，而 replace()函数则可以替换数组中的指定数据。

【例 10.43】利用 duplicated()函数去掉重复数据的示例。

示例如下。

```
# 去重使用.duplicated
import pandas as pd
s = pd.Series([1,1,1,1,2,2,2,3,4,5,5,5,5])
print(s.duplicated())
print(s[s.duplicated() == False])
print('-----')
# 判断是否重复
# 通过布尔判断，得到不重复的值

s_re = s.drop_duplicates()
print(s_re)
```

```
print('-----')
# 使用 drop.duplicates 移除重复
# inplace 参数：是否替换原值，默认为 False

df = pd.DataFrame({'key1':['a','a',3,4,5],
                   'key2':['a','a','b','b','c']})
print(df.duplicated())
print(df['key2'].duplicated())
# 在 DataFrame 中使用 duplicated
```

程序运行结果如下。

```
0       False
1        True
2        True
3        True
4       False
5        True
6        True
7       False
8       False
9       False
10       True
11       True
12       True
dtype: bool
0     1
4     2
7     3
8     4
9     5
dtype: int64
-----
0     1
4     2
7     3
8     4
9     5
dtype: int64
-----
0       False
1        True
2       False
3       False
4       False
dtype: bool
0       False
1        True
2       False
3        True
4       False
Name: key2, dtype: bool
```

【例 10.44】利用 replace()函数替换指定数据的示例。

示例如下。

```
# 替换使用 .replace
import pandas as pd
import numpy as np
s = pd.Series(list('ascaazsd'))
print(s.replace('a', np.nan))
print(s.replace(['a','s'] ,np.nan))
print(s.replace({'a':'hello world!','s':123}))
# 可一次性替换一个值或多个值
# 可传入列表或字典
```

程序运行结果如下。

```
0       NaN
1         s
2         c
3       NaN
4       NaN
5         z
6         s
7         d
dtype: object
0       NaN
1       NaN
2         c
3       NaN
4       NaN
5         z
6       NaN
7         d
dtype: object
0       hello world!
1                123
2                  c
3       hello world!
4       hello world!
5                  z
6                123
7                  d
dtype: object
```

10.14　数据分组

利用 Pandas 中的 groupby 功能可以进行数据分组。具体步骤如下。

（1）根据某些条件将数据拆分成组。

（2）对每个组独立应用函数。

（3）将结果合并到一个数据结构中。DataFrame 在行（axis=0）或列（axis=1）上进行分组，将一个函数应用到各个分组并产生一个新值，函数执行结果被合并到最终的结果对象中。

具体方法如下。

df.groupby(by=None, axis=0, level=None, as_index=True, sort=True, group_keys=True, squeeze=False, **kwargs)

【例 10.45】 数据分组的示例。

示例如下。

```python
# 分组
import pandas as pd
import numpy as np
df = pd.DataFrame({'A' : ['foo', 'bar', 'foo', 'bar','foo', 'bar', 'foo', 'foo'],
                   'B' : ['one', 'one', 'two', 'three', 'two', 'two', 'one', 'three'],
                   'C' : np.random.randn(8),
                   'D' : np.random.randn(8)})

print(df)
print('------')

print(df.groupby('A'), type(df.groupby('A')))
print('------')
# 直接分组得到一个 groupby 对象，是一个中间数据，没有进行计算

a = df.groupby('A').mean()
b = df.groupby(['A','B']).mean()
c = df.groupby(['A'])['D'].mean()    # 以 A 分组，计算 D 的平均值
print(a,type(a),'\n',a.columns)
print(b,type(b),'\n',b.columns)
print(c,type(c))
# 通过分组后的计算，得到一个新的 DataFrame
# 默认 axis = 0，以行来分组
# 可以单个或多个行或列分组
```

程序运行结果如下。

```
   A     B      C          D
0  foo   one    0.863886  -1.991122
1  bar   one    1.432745  -1.623841
2  foo   two    0.346822  -0.142643
3  bar   three  0.225029  -0.612913
4  foo   two   -1.785247  -0.275946
5  bar   two   -0.112927  -1.080551
6  foo   one   -0.907575  -1.038467
7  foo   three  0.652682   1.194836
------
<pandas.core.groupby.generic.DataFrameGroupBy object at 0x078CC550> <class 'pandas.
core.groupby.generic.DataFrameGroupBy'>
------
A        C          D
bar   0.514949  -1.105769
foo  -0.165886  -0.450668 <class 'pandas.core.frame.DataFrame'>
 Index(['C', 'D'], dtype='object')
A     B         C          D
bar   one    1.432745  -1.623841
      three  0.225029  -0.612913
      two   -0.112927  -1.080551
```

```
foo one  -0.021845 -1.514795
    three 0.652682 1.194836
    two  -0.719212 -0.209294 <class 'pandas.core.frame.DataFrame'>
 Index(['C', 'D'], dtype='object')
A
bar  -1.105769
foo  -0.450668
Name: D, dtype: float64 <class 'pandas.core.series.Series'>
```

10.15 数据读取

Pandas 可以利用 read_table()函数读取表格，可以利用 read_csv()函数读取 CSV 文件，还可以利用 read_excel()函数读取 Excel 文件。

【例 10.46】 利用 read_table()函数读取数据的示例。

示例如下。

```
# 读取普通分隔数据: read_table
# 可以读取 txt, csv
import pandas as pd
import os
os.chdir('./')

data1 = pd.read_table('data1.txt', delimiter=',',header = 0, index_col=1)
print(data1)
# delimiter: 用于拆分的字符, 也可以用 sep: sep = ','
# header: 用于列名的序号, 默认为 0 ( 第一行 )
# index_col: 指定某列为行索引, 否则自动索引 0, 1, ……

# read_table: 用于读取简单的数据, txt, csv
# 读取 csv 数据: read_csv
# 先熟悉一下 excel 怎么导出 csv

data2 = pd.read_csv('data2.csv',engine = 'python')
print(data2.head())
# engine: 使用的分析引擎。可以选择 C 或者是 Python。C 引擎快但是 Python 引擎功能更加完备
# encoding: 指定字符集类型, 即编码, 通常指定为'utf-8'

# 大多数情况先将 Excel 导出 csv, 再读取
# 读取 excel 数据: read_excel

data3 = pd.read_excel('地市级党委书记数据库（2000-10）.xlsx',sheetname='中华人民共和国地市级党委书记数据库（2000-10）',header=0)
print(data3)
# io: 文件路径
# sheetname: 返回多表使用 sheetname=[0,1], 若 sheetname=None 则返回全表: ① int/string 返回的是 dataframe; ②none 和 list 返回的是 Dict
# header: 指定列名行, 默认为 0, 即取第一行
# index_col: 指定列为索引列
```

思考与练习

1. 简述 Pandas 的特色功能。
2. Pandas 提供哪两种主要的数据结构？各有哪些基本技巧？
3. Series DataFrame 各有哪些创建方法？
4. Pandas 时间模块（datetime）包含的函数主要有哪些？
5. Period()函数与时间戳有什么不同？

## 第 11 章

在科学计算和数据分析过程中，往往需要对现有的数据进行预处理，观察数据的格式、内容和数量，然后分析是否存在缺失值、异常值等问题，并根据需求对数据进行归一化或离散化处理。本章将详细介绍数据预处理的操作方法，并利用一个完整案例来介绍如何对真实数据进行预处理。

11.1 缺失值处理

Pandas 使用浮点值 NaN（Not a Number）表示浮点数组和非浮点数组中的缺失值，同时 Python 内置 None 值也会被当作是缺失值。数据缺失主要包括记录缺失和字段信息缺失两种情况。数据的缺失会对数据分析带来较大影响，导致分析结果的不确定性更加显著。现有的缺失值处理方法包括删除缺失值、填充/替换缺失值、缺失值插补三种方法，下面将进行详细讲解。

本章案例运行前需要提前加上以下模块导入语句。

```
import warnings #用于忽略警告
warnings.filterwarnings('ignore')
import numpy as np
import pandas as pd
import matplotlib.pyplot as plt
plt.rcParams['font.sans-serif']=['SimHei'] #用来正常显示中文标签
plt.rcParams['axes.unicode_minus']=False #用来正常显示负号
from scipy import stats
```

11.1.1 判断是不是缺失值——isnull()、notnull()

isnull()函数的返回结果：True 表示是缺失值，False 表示不是缺失值。

notnull()函数的返回结果：False 表示是缺失值，True 表示不是缺失值。

【例 11.1】利用 isnull()和 notnull()函数判断是否存在缺失值的示例。

示例如下。

```
%matplotlib inline
# 创建 Pandas 的 Series 数据结构的数据
```

```
s = pd.Series([12,33,45,23,np.nan,np.nan,66,54,np.nan,99])
# 创建 Pandas 的 DataFrame 数据结构的数据
df = pd.DataFrame({'value1':[12,33,45,23,np.nan,np.nan,66,54,np.nan,99,190],'value2':
['a', 'b','c','d','e',np.nan,np.nan,'f','g',np.nan,'g']})
print(s.isnull())  # Series 直接判断是不是缺失值，返回一个 Series
print(df.notnull())  # DataFrame 直接判断是不是缺失值，返回一个 Series
print(df['value1'].notnull())  # 通过索引判断是不是缺失值
print('------')


# 筛选并输出非缺失值
s2 = s[s.isnull() == False]
df2 = df[df['value2'].notnull()]
# 注意和 df2 = df[df['value2'].notnull()]['value1']的区别
print(s2)
print(df2)
```

程序运行结果如下。

```
0       False
1       False
2       False
3       False
4        True
5        True
6       False
7       False
8        True  ·
9       False
dtype: bool
       value1  value2
0        True    True
1        True    True
2        True    True
3        True    True
4       False    True
5       False   False
6        True   False
7        True    True
8       False    True
9        True   False
10       True    True
0        True
1        True
2        True
3        True
4       False
5       False
6        True
7        True
8       False
9        True
10       True
Name: value1, dtype: bool
------
```

```
0       12.0
1       33.0
2       45.0
3       23.0
6       66.0
7       54.0
9       99.0
dtype: float64
    value1  value2
0       12.0      a
1       33.0      b
2       45.0      c
3       23.0      d
4        NaN      e
7       54.0      f
8        NaN      g
10     190.0      g
```

11.1.2　删除缺失值——dropna()

dropna()函数是 Pandas 中删除缺失值的函数。dropna()函数的参数 inplace，默认情况下该参数为 False，表示删除缺失数据，返回一个删除后的新数据，不会修改原始数据。如果设置 inplace 参数为 True，则直接在原始数据中删除缺失值。

【例 11.2】利用 dropna()函数删除缺失值的示例。

示例如下。

```
# 创建数据
s = pd.Series([12,33,45,23,np.nan,np.nan,66,54,np.nan,99])
df = pd.DataFrame({'value1':[12,33,45,23,np.nan,np.nan,66,54,np.nan,99,190],
'value2': ['a','b','c','d','e',np.nan,np.nan,'f','g',np.nan,'g']})
# 删除缺失值
s.dropna(inplace = True)
df2 = df['value1'].dropna()
print(s)
print(df2)
# drop 方法: 可直接用于 Series, DataFrame
```

程序运行结果如下。

```
0       12.0
1       33.0
2       45.0
3       23.0
6       66.0
7       54.0
9       99.0
dtype: float64
0          12.0
1          33.0
2          45.0
3          23.0
6          66.0
7          54.0
```

```
9          99.0
10        190.0
Name: value1, dtype: float64
```

```
    value1 value2
0    12.0    a
1    33.0    b
2    45.0    c
3    23.0    d
4     NaN    e
5     NaN   NaN
6    66.0   NaN
7    54.0    f
8     NaN    g
9    99.0   NaN
10  190.0    g
```

11.1.3　填充/替换缺失值：fillna()、replace()

填充函数的语法格式如下。

```
fillna(value=None, method=None, axis=None, inplace=False, limit=None, downcast=None, **kwargs)
```

说明：

● value：确定用什么值去填充缺失值。

● axis：确定填充维度，从行开始或是从列开始。method 为 pad/ffill，说明用缺失值前面的一个值代替缺失值。如果 axis =1，那么就用横向的前面的值替换后面的缺失值；如果 axis=0，那么就用纵向的上面的值替换下面的缺失值。

● inplace 为 backfill/bfill，说明缺失值后面的一个值代替前面的缺失值。

注意参数 method 不能与 value 同时出现。参数 limit：确定填充的个数，如果 limit=2，则只填充两个缺失值。

替换函数的语法格式如下。

```
replace(to_replace=None, value=None, inplace=False, limit=None, regex=False, method='pad', axis=None)
```

其中，参数 to_replace 表示被替换的值，而 value 表示替换值。

【例 11.3】利用 fillna()函数和 replace()函数填充或替换缺失值的示例。

示例如下。

```
# 创建数据
s = pd.Series([12,33,45,23,np.nan,np.nan,66,54,np.nan,99])
df = pd.DataFrame({'value1':[12,33,45,23,np.nan,np.nan,66,54,np.nan,99,190],
'value2':['a','b','c','d','e',np.nan,np.nan,'f','g',np.nan,'g']})

s.fillna(0,inplace = True)
print(s)
print('------')

df['value1'].fillna(method = 'pad',inplace = True)
print(df)
```

```
print('------')

s = pd.Series([1,1,1,1,2,2,2,3,4,5,np.nan,np.nan,66,54,np.nan,99])
s.replace(np.nan,'缺失数据',inplace = True)
print(s)
print('------')

s.replace([1,2,3],np.nan,inplace = True)
print(s)
# 多值用 np.nan 代替
```

程序运行结果如下。

```
0      12.0
1      33.0
2      45.0
3      23.0
4       0.0
5       0.0
6      66.0
7      54.0
8       0.0
9      99.0
dtype: float64
------
    value1 value2
0    12.0     a
1    33.0     b
2    45.0     c
3    23.0     d
4    23.0     e
5    23.0    NaN
6    66.0    NaN
7    54.0     f
8    54.0     g
9    99.0    NaN
10  190.0     g
------
0        1
1        1
2        1
3        1
4        2
5        2
6        2
7        3
8        4
9        5
10    缺失数据
11    缺失数据
12      66
13      54
14    缺失数据
```

```
15      99
dtype: object
------
0       NaN
1       NaN
2       NaN
3       NaN
4       NaN
5       NaN
6       NaN
7       NaN
8        4
9        5
10      缺失数据
11      缺失数据
12      66
13      54
14      缺失数据
15      99
dtype: object
```

11.1.4 缺失值插补

11.1.2 小节介绍的是直接删除缺失值，但是有些场景中如果直接删除缺失值会导致数据信息的再次损失，因此有必要进行缺失值的插补。缺失值插补的方法有：均值/中位数/众数插补法、临近值插补法和拉格朗日插值法。

1. 均值/中位数/众数插补法

均值（Mean）也叫平均数，平均数（均值）和标准差是描述数据资料集中趋势和离散程度的两个重要的测度值。中位数（Median）是指在一组按大小排列好的数列中，位于中间的那个数，如果有两个数，就求中间两个数的平均值。众数（Mode）是指出现最多的数。我们可以利用这些描述数据平均水平的数值进行缺失值的插补。

【例 11.4】利用均值/中位数/众数进行缺失值插补的示例。

示例如下。

```
s = pd.Series([1,2,3,np.nan,3,4,5,5,5,5,np.nan,np.nan,6,6,7,12,2,np.nan,3,4])
#print(s)
print('------')
# 创建数据

u = s.mean()     # 均值
me = s.median()  # 中位数
mod = s.mode()    # 众数
print('均值为: %.2f, 中位数为: %.2f' % (u,me))
print('众数为: ', mod.tolist())
print('------')
# 分别求出均值/中位数/众数
```

```
s.fillna(u,inplace = True)
print(s)
# 用均值填补
```

程序运行结果如下。

```
------
均值为：4.56，中位数为：4.50
众数为：[5.0]
------
0       1.0000
1       2.0000
2       3.0000
3       4.5625
4       3.0000
5       4.0000
6       5.0000
7       5.0000
8       5.0000
9       5.0000
10      4.5625
11      4.5625
12      6.0000
13      6.0000
14      7.0000
15     12.0000
16      2.0000
17      4.5625
18      3.0000
19      4.0000
dtype: float64
```

2．临近值插补法

有时我们还可以利用数据趋势进行缺失值的插补，如延后、提前、左右临近值插补。

【例 11.5】利用缺失值的前一个非缺失值进行插补的示例。

示例如下。

```
s = pd.Series([1,2,3,np.nan,3,4,5,5,5,5,np.nan,np.nan,6,6,7,12,2,np.nan,3,4])
#print(s)
print('------')
# 创建数据

s.fillna(method = 'ffill',inplace = True)#其中 ffill 表示用前一个非缺失值去填充该缺失值
print(s)
```

程序运行结果如下。

```
------
0       1.0
1       2.0
2       3.0
```

```
3           3.0
4           3.0
5           4.0
6           5.0
7           5.0
8           5.0
9           5.0
10          5.0
11          5.0
12          6.0
13          6.0
14          7.0
15          12.0
16          2.0
17          2.0
18          3.0
19          4.0
dtype: float64
```

3. 拉格朗日插值法

在数值分析中，拉格朗日插值法是以法国 18 世纪数学家约瑟夫·拉格朗日命名的一种多项式插值方法。许多实际问题中都用函数来表示某种内在联系或规律，而不少函数都只能通过实验和观测来了解，如对实践中的某个物理量进行观测，在若干个不同的地方得到相应的观测值。拉格朗日插值法可以找到一个多项式，其恰好在各个观测的点取到观测到的值。

【例 11.6】利用拉格朗日插值法进行插值的示例。

示例如下。

```python
from scipy.interpolate import lagrange
x = [3, 6, 9]
y = [10, 8, 4]
print(lagrange(x,y))
print(type(lagrange(x,y)))
# 输出值为拉格朗日多项式的 n 个系数
# 这里输出 3 个值，分别为 a0,a1,a2
# y = a0 * x**2 + a1 * x + a2→y = -0.11111111 * x**2 + 0.33333333 * x + 10

print('插值 10 为: %.2f' % lagrange(x,y)(10))
print('------')
# -0.11111111*100 + 0.33333333*10 + 10 = -11.11111111 + 3.33333333 +10 = 2.22222222
```

程序运行结果如下。

```
       2
-0.1111 x + 0.3333 x + 10
<class 'numpy.lib.polynomial.poly1d'>
插值 10 为: 2.22
------
```

11.2　异常值分析和处理

异常值是指样本中的个别值，其数值明显偏离其余的观测值。异常值也称离群点，异常值的分析也称为离群点的分析。异常值处理方法包括删除和修正填补，具体方法与 11.1 节相同。异常值的分析方法包括：正态分布 3σ 原则和箱形图分析。

11.2.1　正态分布 3σ 原则

如果数据服从正态分布，在正态分布 3σ 原则下，异常值被定义为一组测定值中与平均值的偏差超过 3 倍标准差的值。在正态分布的假设下，距离平均值 3 倍标准差之外的值出现的概率为 $P(\,|x\text{-}\mu|>\sigma)\leqslant0.003$，属于极个别的小概率事件。如果数据不服从正态分布，也可以用远离平均值的标准差倍数来描述。

【例 11.7】利用正态分布 3σ 原则进行异常值分析的示例。

示例如下。

```
data = pd.Series(np.random.randn(10000)*100)
# 创建数据

u = data.mean()  # 计算均值
std = data.std()  # 计算标准差
stats.kstest(data, 'norm', (u, std))
print('均值为: %.3f, 标准差为: %.3f' % (u,std))
print('------')
# 正态性检验

fig = plt.figure(figsize = (10,6))
ax1 = fig.add_subplot(2,1,1)
data.plot(kind = 'kde',grid = True,style = '-k',title = '密度曲线')

# 绘制数据密度曲线

ax2 = fig.add_subplot(2,1,2)
error = data[np.abs(data - u) > 3*std]
data_c = data[np.abs(data - u) <= 3*std]
print('异常值共%i 条' % len(error))
# 筛选出异常值error、剔除异常值之后的数据 data_c

plt.scatter(data_c.index,data_c,color = 'k',marker='.',alpha = 0.3)
plt.scatter(error.index,error,color = 'r',marker='.',alpha = 0.5)
plt.xlim([-10,10010])
plt.grid()
# 图表表达
```

程序运行结果如图 11-1 及以下所示。

```
均值为: -0.131, 标准差为: 100.507
------
异常值共 28 条
```

从图 11-1 中可以看出数据中的异常值。

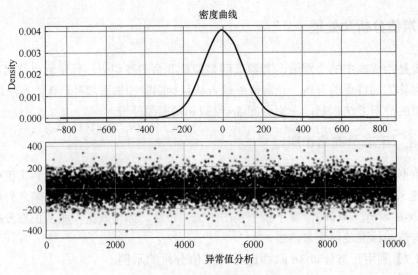

图 11-1　数据中的异常值分析

11.2.2　箱形图分析

箱形图分析异常值的方法是利用箱形图的四分位对异常值进行检测。通过箱形图设置一个识别异常值的标准，即大于箱形图设定的上界或小于其设定的下界数值则被识别为异常值，如图 11-2 所示。

箱形图有 7 个参数：

（1）下边缘：Q1–1.5×IQR。

（2）下四分位数（Q1）：一组数据按顺序排列，从小至大居 25%位置的数值。

（3）中位数：一组数据按顺序排列，从小至大居 50%位置的数值。

（4）四分位距（IQR）：Q3–Q1，上四分位数至下四分位数的距离。

（5）上四分位数（Q3）：一组数据按顺序排列，从小至大居 75%位置的数值。

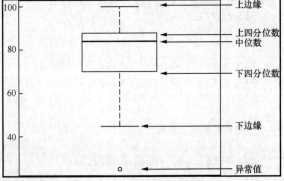

图 11-2　箱形图的参数

（6）上边缘：Q3+1.5×IQR。

（7）异常值：一组数据中超过上下界的真实值。

我们以 IQR 的 1.5 倍为标准，规定：大于上四分位数+1.5 倍 IQR，或者小于下四分位数–1.5 倍 IQR 的点为异常值。

【例 11.8】　利用箱形图查看数据分布情况的示例。

示例如下。

```
fig = plt.figure(figsize = (10,6))
ax1 = fig.add_subplot(2,1,1)
color = dict(boxes='DarkGreen', whiskers='DarkOrange', medians='DarkBlue', caps= 'Gray')
data.plot.box(vert=False, grid = True,color = color,ax = ax1,label = '样本数据')
```

```
# 用箱形图查看数据分布情况
# 以内限为界

s = data.describe()
print(s)
print('------')
# 基本统计量

q1 = s['25%']
q3 = s['75%']
iqr = q3 - q1
mi = q1 - 1.5*iqr
ma = q3 + 1.5*iqr
print('分位差为: %.3f, 下限为: %.3f, 上限为: %.3f' % (iqr,mi,ma))
print('------')
# 计算分位差

ax2 = fig.add_subplot(2,1,2)
error = data[(data < mi) | (data > ma)]
data_c = data[(data >= mi) & (data <= ma)]
print('异常值共%i 条' % len(error))
# 筛选出异常值 error、剔除异常值之后的数据 data_c

plt.scatter(data_c.index,data_c,color = 'k',marker='.',alpha = 0.3)
plt.scatter(error.index,error,color = 'r',marker='.',alpha = 0.5)
plt.xlim([-10,10010])
plt.grid()
# 图表表达
```

程序运行结果如下及图 11-3 所示。

```
count    10000.000000
mean        -0.130809
std        100.506884
min       -422.988125
25%         -68.999611
50%          -0.913973
75%          67.897666
max         357.367039
dtype: float64
------
分位差为: 136.897, 下限为: -274.346, 上限为: 273.244
------
异常值共 70 条
```

从图 11-3 中可以看出数据中的异常值。

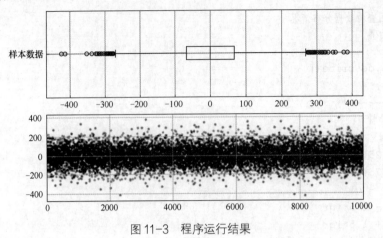

图 11-3　程序运行结果

11.3　数据归一化/标准化

数据的标准化（Normalization）是将数据按比例缩放，使之落入一个小的特定区间。在某些比较和评价的指标处理中经常会用到该方法，去除数据的单位限制，将其转化为无量纲的纯数值，便于不同单位或量级的指标进行比较和加权。

最典型的数据标准化就是数据的归一化/标准化处理，即将数据统一映射到[0,1]区间。数据归一化/标准化包括 0-1 标准化和 Z-score 标准化。

11.3.1　0-1 标准化

0-1 标准化是指将数据的最大最小值记录下来，并将 Max-Min 作为基数（即 Min=0，Max=1）进行数据的归一化处理 $x = (x-\text{Min}) / (\text{Max}-\text{Min})$，使数据统一映射到[0，1]的区间上。

【例 11.9】利用 0-1 标准化方法进行数据归一化/标准化的示例。

示例如下。

```
# 创建数据
df = pd.DataFrame({"value1":np.random.rand(10)*20,
                   'value2':np.random.rand(10)*100})

# 创建函数，标准化数据
def data_norm(df,*cols):
    df_n = df.copy()
    for col in cols:
        ma = df_n[col].max()
        mi = df_n[col].min()
        df_n[col + '_n'] = (df_n[col] - mi) / (ma - mi)
    return(df_n)

# 标准化数据
df_n = data_norm(df,'value1','value2')
print(df_n.head())
```

程序运行结果如下。

	Value1	Value2	Value1_n	Value2_n
0	12.127509	96.743508	0.598416	1.000000

1	17.193917	47.903941	0.909023	0.423310
2	10.503787	32.398111	0.498871	0.240220
3	13.799343	78.926780	0.700912	0.789623
4	17.286739	18.998789	0.914714	0.082003

结果表明 value1_n 列数据是 value1 列数据的归一化/标准化后的结果，value2_n 列数据是 value2 列数据的归一化/标准化后的结果。

11.3.2　Z-score 标准化

Z-score 标准化是一个分数与平均数的差再除以标准差的过程：$Z=(x-\mu)/\sigma$，其中 x 为某一个具体分数，μ 为平均数，σ 为标准差。Z 值的量代表原始分数和母体平均值之间的距离，是以标准差为单位计算。在原始分数低于平均值时，Z 值则为负数，反之则为正数。

【例 11.10】　利用 Z-score 标准化方法进行数据归一化/标准化示例。

示例如下。

```
# 创建数据
df = pd.DataFrame({"value1":np.random.rand(10) * 100,
                   'value2':np.random.rand(10) * 100})

# 创建函数，标准化数据
def data_Znorm(df, *cols):
    df_n = df.copy()
    for col in cols:
        u = df_n[col].mean()
        std = df_n[col].std()
        df_n[col + '_Zn'] = (df_n[col] - u) / std
    return(df_n)

df_z = data_Znorm(df,'value1','value2')
u_z = df_z['value1_Zn'].mean()
std_z = df_z['value1_Zn'].std()
print(df_z)
print('标准化后 value1 的均值为:%.2f, 标准差为: %.2f' % (u_z, std_z))
```

程序运行结果如下。

	value1	value2	value1_Zn	value2_Zn
0	42.129501	85.936631	-0.301298	1.574929
1	44.457392	27.130357	-0.219370	-0.342554
2	46.585327	13.213084	-0.144478	-0.796351
3	84.046319	20.044381	1.173937	-0.573605
4	97.047491	21.063986	1.631505	-0.540359
5	11.811865	99.009504	-1.368308	2.001193
6	38.619408	35.965097	-0.424834	-0.054482
7	67.310062	43.990536	0.584915	0.207202
8	65.655855	13.169647	0.526697	-0.797768
9	9.241612	16.836426	-1.458766	-0.678206

标准化后 value1 的均值为：0.00，标准差为：1.00

结果显示，经过处理的数据 value1_Zn 和 value2_Zn 符合标准正态分布，即均值为 0，标准差为 1。在分类、聚类算法中，需要使用距离来度量相似性时，Z-score 标准化方法表现更好。

11.4　数据连续属性离散化

连续属性离散化就是把连续属性变换成分类属性，首先在数值的取值范围内设定若干个离散划分点，然后将取值范围划分为一些离散化的区间，最后用不同的符号或整数值代表每个子区间中的数据值。常用的数据离散化的方法有等宽法和等频法。

11.4.1 等宽法

等宽法是将数据均匀划分成 n 等份，每份的间距相等，主要利用 cut()函数实现。cut(data, [18,25,35,60,100]))的含义是将数据划分为 "18～25" "26～35" "36～60" "60 以上" 4 个区间。

【例 11.11】利用等宽法进行数据连续属性离散化的示例。

示例如下。

```
ages=[20,22,25,27,21,23,37,31,61,45,41,32]
# 有一组人员年龄数据，希望将这些数据划分为 "18～25" "26～35" "36～60" "60 以上" 4 个区间

bins = [18,25,35,60,100]
cats = pd.cut(ages,bins)
print(cats)
print(type(cats))
print('-------')
# 返回的是一个特殊的 Categorical 对象——一组表示面元名称的字符串

print(cats.codes, type(cats.codes))  # 0～3 对应分组后的四个区间，用代号来注释数据对应
区间，结果为 ndarray
print(cats.categories, type(cats.categories))  # 四个区间，结果为 index
print(pd.value_counts(cats))  # 按照区间计数

df = pd.DataFrame({'ages':ages})
group_names=['Youth','YoungAdult','MiddleAged','Senior']
s = pd.cut(df['ages'],bins)  # 也可以使用 pd.cut(df['ages'],5)，将数据等分为 5 份
df['label'] = s
cut_counts = s.value_counts(sort=False)
print(df)
# 对一个 DataFrame 数据进行离散化，并计算各个区间的数据计数

plt.scatter(df.index,df['ages'],cmap = 'Reds',c = cats.codes)
plt.grid()
# 用散点图表示，其中颜色按照 codes 的分类显示
# 注意 codes 是来自 Categorical 对象
```

程序运行结果如下所示。

```
[(18, 25], (18, 25], (18, 25], (25, 35], (18, 25], ..., (25, 35], (60, 100], (35,
60], (35, 60], (25, 35]]
Length: 12
Categories (4, interval[int64]): [(18, 25] < (25, 35] < (35, 60] < (60, 100]]
<class 'pandas.core.arrays.categorical.Categorical'>
-------
[0 0 0 1 0 0 2 1 3 2 2 1] <class 'numpy.ndarray'>
IntervalIndex([(18, 25], (25, 35], (35, 60], (60, 100]]
              closed='right', dtype='interval[int64]')
              <class 'pandas.core.indexes.interval. IntervalIndex'>
(18, 25]    5
(35, 60]    3
```

```
(25, 35]    3
(60, 100]    1
dtype: int64
      ages    label
0     20    (18, 25]
1     22    (18, 25]
2     25    (18, 25]
3     27    (25, 35]
4     21    (18, 25]
5     23    (18, 25]
6     37    (35, 60]
7     31    (25, 35]
8     61    (60, 100]
9     45    (35, 60]
10    41    (35, 60]
11    32    (25, 35]
```

图 11-4 所示是个散点图，就是利用颜色的深浅不同来标记 codes 的不同分类。

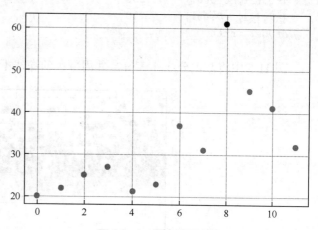

图 11-4　等宽法示例图

11.4.2　等频法

等频法是将相同数量的记录放在每个设定好的区间内，主要使用 qcut() 方法。qcut() 方法根据样本分位数对数据进行面元划分，得到大小基本相等的面元，但并不能保证每个面元都含有相同数据个数，例如 qcut(data,4) 表示将数据按四分位数进行切割。

【例 11.12】　利用等频法进行数据连续属性离散化的示例。

示例如下。

```
data = np.random.randn(1000)
s = pd.Series(data)
cats = pd.qcut(s,4)   # 按四分位数进行切割
print(cats.head())
print(pd.value_counts(cats))
print('------')

plt.scatter(s.index,s,cmap = 'Greens',c = pd.qcut(data,4).codes)
plt.xlim([0,1000])
plt.grid()
# 用散点图表示，其中颜色按照 codes 分类
# 注意 codes 是来自 Categorical 的对象
```

程序运行结果如下及图 11-5 所示。

```
0      (0.0807, 0.722]
1      (0.0807, 0.722]
2       (0.722, 2.959]
3      (0.0807, 0.722]
4     (-0.631, 0.0807]
dtype: category
Categories (4, interval[float64]): [(-2.721, -0.631] < (-0.631, 0.0807] < (0.0807,
0.722] < (0.722, 2.959]]
(0.722, 2.959]         250
```

```
(0.0807, 0.722]       250
(-0.631, 0.0807]      250
(-2.721, -0.631]      250
dtype: int64
------
```

图 11-5 中将数据分成 4 等份，并用颜色的深浅不同来标记不同分类的数据划分情况。

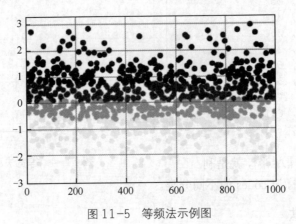

图 11-5　等频法示例图

11.5　数据预处理案例——分析各省市各年度的流感人口数据

本案例内容主要使用 Python 的 Pandas 进行操作，涉及的知识包括数据预处理、批量读取数据、变量类型的转换和数据框的重塑与合并等。

11.5.1　数据介绍和任务要求

将 2004～2016 年的流感数据，保存在 flu_data 文件夹的 by_year 文件夹中。flu_data 还包含 people 文件用于展示各年各省市的人口数据。

首先插入需要的模块。

```
import pandas as pd  #加载相关模块、包
import numpy as np
import os
import re
```

11.5.2　流感数据的读取与清洗

在处理流感数据之前，需要对数据进行预处理。

1. 读取第一年流感数据

首先读取第一年的数据，并展示数据，查看其格式。

```
os.chdir('./flu_data/')                        # 设置工作路径
dat0 = pd.read_csv("by_year/2004.csv", encoding = "gbk") # 读取数据，命名为 dat0
dat0.head()  # 展示数据前 5 行
```

程序运行结果如下。

	Unnamed: 0	Unnamed: 1	Unnamed: 2	Unnamed: 3	Unnamed: 4	Unnamed: 5
0	NaN	NaN	流行性感冒	NaN	NaN	NaN
1	NaN	地区	发病数	死亡数	发病率	死亡率
2	NaN	全国	49496	15	3.8077	0.0012
3	NaN	北京市	8	0	0.0540	NaN
4	NaN	天津市	13	0	0.1399	NaN

展示数据的最后 5 行。

```
dat0.tail()  # 展示数据后 5 行
```
程序运行结果如下。

	Unnamed: 0	Unnamed: 1	Unnamed: 2	Unnamed: 3	Unnamed: 4	Unnamed: 5
30	NaN	甘肃省	978	0	3.7416	NaN
31	NaN	青海省	230	1	4.2627	0.0185
32	NaN	宁夏	193	0	3.3051	NaN
33	NaN	新疆	95	0	0.5106	NaN
34	2018 年 9 月 10 日下午 9:09	NaN	NaN	NaN	NaN	NaN

从这里我们可以看出数据框的列名与实际需要的列名不符，并且数据框头尾均有不需要的空行。

2. 对第一年的数据进行预处理

针对上一步看出的现象对第一年的数据进行预处理，主要的步骤是重塑列名以及删除多余的列。

```
dat0.drop("Unnamed: 0", axis =1, inplace= True)              # 删除第一列
col_name = dat0.iloc[1]                                      # 选取真实列名所在的第 1 行
dat0.columns = col_name                                      # 更改列名
dat0.drop([0, 1, len(dat0)-1], axis =0, inplace= True)       # 删除多余的行
dat0.head()                                                  # 展示数据的前 5 行
```
程序运行结果如下。

	地区	发病数	死亡数	发病率	死亡率
1	地区	发病数	死亡数	发病率	死亡率
2	全国	49496	15	3.8077	0.0012
3	北京市	8	0	0.0540	NaN
4	天津市	13	0	0.1399	NaN
5	河北省	1923	0	2.8283	NaN
6	山西省	57	0	0.1720	NaN

查看展示的数据，可以发现数据的 index 在删除行时被弄乱了，于是在这一部分我们对 index 进行重置，并对数据新增年份变量。

```
dat0.reset_index(inplace = True, drop=True)   # 重新设置被打乱的 index
dat0["年份"] = 2004                            # 添加年份变量
dat0.head()                                   # 展示数据
```

程序运行结果如下。

	地区	发病数	死亡数	发病率	死亡率	年份
0	全国	49496	15	3.8077	0.0012	2004
1	北京市	8	0	0.0540	NaN	2004
2	天津市	13	0	0.1399	NaN	2004
3	河北省	1923	0	2.8283	NaN	2004
4	山西省	57	0	0.1720	NaN	2004

3. 批量读取连接数据

针对第一年数据的预处理，我们可以知道对后续数据的预处理操作，于是在这里自定义用于对后几年的数据进行预处理和重塑变量的函数。

```
# 自定义对后几年数据需要进行预处理的函数 Preprogress()
# 传入参数 df：数据框；year：年份数
# 返回处理过的数据框
def Preprogress(df, year):
    df.drop("Unnamed: 0", axis =1, inplace= True)            # 删除第 0 列
    df.drop([0, 1 , len(df)-1], axis =0, inplace= True)      # 删除头两行和后一行数据
    df["年份"] = year                                         # 重塑年份变量
    return(df)                                                # 返回值
```

在批量读取数据之前我们先获取需要读取的文件名，通过 os.listdir() 得到数据的文件名列表，并删除之前已经读取过的 2004 年的数据。

```
file_name = os.listdir('by_year')       # 获得 by_year 文件夹内的文件名 [list 形式]
file_name.remove("2004.csv")            # 剔除已经读取过的 2004 年的数据
file_name                               # 查看列表
```

程序运行结果如下。

```
['2005.csv',
 '2006.csv',
 '2007.csv',
 '2008.csv',
 '2009.csv',
 '2010.csv',
 '2011.csv',
 '2012.csv',
 '2013.csv',
 '2014.csv',
 '2015.csv',
 '2016.csv']
```

定义用于批量读取及拼接数据的函数，并在读取过程中使用上述 Preprogress() 函数进行预处理。

```
## 自定义用于批量读取拼接数据的函数 ReadYear()
## 传入参数 file_name：文件名列表；the_path：路径
## 返回值 other_data：拼接过的数据
def ReadYear(file_name, the_path):
    list = []                               # 建立空列表用于存放数据
    for i in range(len(file_name)):         # 通过循环遍历读取文件
```

```
                df = pd.read_csv(the_path + file_name[i] , encoding = "gbk")  # 读取数据
                year = 2004+i+1                        # 依次累加年份
                Preprogress(df, year)                  # 进行预处理及其重塑变量
                list.append(df)                        # 将处理过的数据框添加到 list 中
                other_data = pd.concat(list)           # 使用 concat 合并 list 内的数据
        return(other_data)                             # 返回值

other_data = ReadYear(file_name, "by_year/")  # 批量读取数据，命名为 other_data
other_data.head()                             # 展示拼接后的数据
```

程序运行结果如下。

	Unnamed: 1	Unnamed: 2	Unnamed: 3	Unnamed: 4	Unnamed: 5	年份
2	全国	45672	5	3.5136	0.0004	2005
3	北京市	120	0	0.7811	NaN	2005
4	天津市	377	1	3.6197	0.0096	2005
5	河北省	3916	0	5.7508	NaN	2005
6	山西省	79	0	0.2369	NaN	2005

　　拼接后的数据如上所示，而这份数据还需要与之前读取过的 2004 年的数据连接，一般情况下需要通过列名进行拼接，因此我们需要重塑 other_data 的列名，使其 data 一致。

```
other_data.columns = col_name.append(pd.Series("年份"))    # 重塑数据的列名
other_data.head()                                          # 展示数据的前 5 行
```

程序运行结果如下。

	地区	发病数	死亡数	发病率	死亡率	年份
2	全国	45672	5	3.5136	0.0004	2005
3	北京市	120	0	0.7811	NaN	2005
4	天津市	377	1	3.6197	0.0096	2005
5	河北省	3916	0	5.7508	NaN	2005
6	山西省	79	0	0.2369	NaN	2005

　　接下来就可以直接通过 concat 将两份数据连接起来，这里需要注意的是连接的数据需要放在一个 list 内。而且我们发现数据中存在部分的缺失值，在这里使用 0 对缺失值进行填补。

```
flu_data = pd.concat([dat0, other_data])  # 连接数据，命名为 flu_data
flu_data.fillna(0, inplace = True)        # 使用 0 填充缺失值
flu_data.head()                           # 展示数据的前 5 行
```

程序运行结果如下。

	地区	发病数	死亡数	发病率	死亡率	年份
0	全国	49496	15	3.8077	0.0012	2004
1	北京市	8	0	0.0540	0	2004
2	天津市	13	0	0.1399	0	2004
3	河北省	1923	0	2.8283	0	2004
4	山西省	57	0	0.1720	0	2004

11.5.3　检查数据

经过上面的操作，我们的第一个流感数据就算是大概出来了，但是该数据不太规整，所以我们先对地区这一列进行计数，用于检查。

```
flu_data["地区"].value_counts() # 对数据进行计数
```

程序运行结果如下。

```
贵州省                13
江西省                13
内蒙古自治区           13
安徽省                13
福建省                13
北京市                13
山西省                13
河北省                13
江苏省                13
湖南省                13
湖北省                13
陕西省                13
云南省                13
重庆市                13
辽宁省                13
上海市                13
青海省                13
广东省                13
浙江省                13
吉林省                13
天津市                13
海南省                13
四川省                13
甘肃省                13
山东省                13
河南省                13
建设兵团              12
西藏自治区            12
广西壮族自治区         12
全    国              12
宁夏回族自治区         12
新疆维吾尔自治区       11
黑龙江省              11
黑龙江                2
新疆维吾尔自治区        2
宁夏回族自治区          1
广西                 1
全国                 1
西藏自治区            1
Name: 地区, dtype: int64
```

通过输出结果可以看出数据存在一些问题，如部分数据中存在空格；黑龙江有"黑龙江"和"黑龙江省"两种表现形式；在人口数据中没有建设兵团这一类型，需要删除这一类型所在的行。针对这些问题我们还需要进行预处理。

```
flu_data["地区"] = flu_data["地区"].apply(lambda x: x.replace(" ", "")) # 替换文字中的空格
flu_data = flu_data.loc[flu_data["地区"] != "建设兵团"]          # 删除地区为建设兵团
flu_data.loc[flu_data['地区'] =='黑龙江','地区']='黑龙江省'       # 将黑龙江替换为黑龙江省
flu_data["地区"].value_counts()                                 # 再次检查地区列
```

程序运行结果如下。

```
贵州省                13
新疆维吾尔自治区      13
内蒙古自治区          13
安徽省                13
福建省                13
北京市                13
山西省                13
河北省                13
江苏省                13
湖南省                13
湖北省                13
宁夏回族自治区        13
陕西省                13
云南省                13
重庆市                13
广西壮族自治区        13
辽宁省                13
全国                  13
江西省                13
黑龙江省              13
西藏自治区            13
河南省                13
山东省                13
甘肃省                13
青海省                13
海南省                13
天津市                13
上海市                13
吉林省                13
浙江省                13
广东省                13
四川省                13
Name: 地区, dtype: int64
```

可见进行处理的地区变量的每一项均为 13 个，对应读入的 13 列的数据，说明数据符合处理规范，之后就可以对人口数据进行读取和处理了。

11.5.4　人口数据的清洗与重塑

读取人口数据，并展示查看它的前后 5 行。

```
os.chdir('./flu_data/')                               # 设置工作路径
people = pd.read_csv("people.csv",encoding="gbk")     # 读取人口数据，命名为 people
people.head()                                         # 展示数据的前 5 行
```

程序运行结果如图 11-6 所示。

数据库:分省年度数据	Unnamed: 1	Unnamed: 2	Unnamed: 3	Unnamed: 4	Unnamed: 5	Unnamed: 6	Unnamed: 7	Unnamed: 8	Unnamed: 9	Unnamed: 10	Unnamed: 11	Unnamed: 12	Unnamed: 13	U
0 指标:年末常住人口(万人)	NaN	NaN	NaN	NaN	NaN	NaN	NaN	NaN	NaN	NaN	NaN	NaN	NaN	
1 时间:最近20年	NaN	NaN	NaN	NaN	NaN	NaN	NaN	NaN	NaN	NaN	NaN	NaN	NaN	
2 地区	2016年	2015年	2014年	2013年	2012年	2011年	2010年	2009年	2008年	2007年	2006年	2005年	2004年	
3 北京市	2173	2171	2152	2115	2069	2019	1962	1860	1771	1676	1601	1538	1493	
4 天津市	1562	1547	1517	1472	1413	1355	1299	1228	1176	1115	1075	1043	1024	

图 11-6　人口数据的前 5 行

查看当前人口数据表的最后 5 行数据，如图 11-7 所示。

```
people.tail() # 展示数据的后 5 行
```

数据库:分省年度数据	Unnamed: 1	Unnamed: 2	Unnamed: 3	Unnamed: 4	Unnamed: 5	Unnamed: 6	Unnamed: 7	Unnamed: 8	Unnamed: 9	Unnamed: 10	Unnamed: 11	Unnamed: 12	Unnamed: 1
31 青海省	593	588	583	578	573	568	563	557	554	552	548	543	53
32 宁夏回族自治区	675	668	662	654	647	639	633	625	618	610	604	596	58
33 新疆维吾尔自治区	2398	2360	2298	2264	2233	2209	2185	2159	2131	2095	2050	2010	196
34 注:2000,2001年人口为当年人口普查推算数,其余年份人口为年度人口抽样调查推算数据,2...	NaN	NaN	NaN	NaN	NaN	NaN	NaN	NaN	NaN	NaN	NaN	NaN	NaN
35 数据来源:国家统计局	NaN	NaN	NaN	NaN	NaN	NaN	NaN	NaN	NaN	NaN	NaN	NaN	NaN

图 11-7　人口数据的最后 5 行

通过观察数据，我们可以发现数据的列名位于第 2 行，前 3 行和后 2 行均是需要去除的多余数据，通过之前使用过的方法对数据进行处理。

```
people.columns = people.iloc[2]                                      # 用第 2 行作为列名
people.drop([0,1,2,len(people)-1,len(people)-2], axis = 0, inplace = True) # 删除多余的行
people.reset_index(inplace=True, drop=True)                          # 删除多余的行
people.head()                                                        # 展示数据的前 5 行
```

程序运行结果如图 11-8 所示。

通过观察数据，我们可以发现人口数据的部分地区名与流感数据的地区名不一致，比如"内蒙古"，流感数据中的表现形式为"内蒙古"，而人口数据中的表现形式为"内蒙古自治区"。而后续对流感数据填充人口数据时需要同时通过地区和年份两列进行填充，因此需要统一地区名的格式，在这里选择统一对人口数据去掉"自治区"三个字。具体方法如下。

```
# 统一地区名的格式
people.loc[people['地区'] == '内蒙古自治区','地区']='内蒙古'
people.loc[people['地区'] == '广西壮族自治区','地区']='广西'
people.loc[people['地区'] == '西藏自治区','地区']='西藏'
people.loc[people['地区'] == '宁夏回族自治区','地区']='宁夏'
people.loc[people['地区'] == '新疆维吾尔自治区','地区']='新疆'
people["地区"].value_counts() # 通过计数检查地区名
```

2	地区	2016年	2015年	2014年	2013年	2012年	2011年	2010年	2009年	2008年	2007年	2006年	2005年	2004年	2003年	2002年	2001年	2000年
0	北京市	2173	2171	2152	2115	2069	2019	1962	1860	1771	1676	1601	1538	1493	1456	1423	1385	1364
1	天津市	1562	1547	1517	1472	1413	1355	1299	1228	1176	1115	1075	1043	1024	1011	1007	1004	1001
2	河北省	7470	7425	7384	7333	7288	7241	7194	7034	6989	6943	6898	6851	6809	6769	6735	6699	6674
3	山西省	3682	3664	3648	3630	3611	3593	3574	3427	3411	3393	3375	3355	3335	3314	3294	3272	3247
4	内蒙古自治区	2520	2511	2505	2498	2490	2482	2472	2458	2444	2429	2415	2403	2393	2386	2384	2381	2372

图 11-8 规范化区域名称

程序运行结果如下。

```
贵州省      1
辽宁省      1
内蒙古      1
安徽省      1
北京市      1
山西省      1
河北省      1
福建省      1
湖南省      1
湖北省      1
宁夏        1
陕西省      1
云南省      1
重庆市      1
广西        1
天津市      1
新疆        1
江西省      1
黑龙江省    1
西藏        1
河南省      1
山东省      1
甘肃省      1
青海省      1
海南省      1
江苏省      1
上海市      1
吉林省      1
浙江省      1
广东省      1
四川省      1
Name: 地区, dtype: int64
```

规范了地区名之后，为了方便数据的填充，我们需要对人口数据进行重塑，以地区、年份、总人口数三个变量的形式表示，使宽数据变为长数据。下面的代码展示了数据重塑及其预处理的过程。

```
peo_name = list(people.columns)                    # 获取 people 的变量名
peo_name.remove("地区")                             # 去除地区变量，得到年份数据
change_people = pd.melt(people, id_vars=["地区"], value_vars=peo_name,
\var_name="年份", value_name="总人口数")   # 通过melt重塑数据
# 去除年份数据中的"年"字
change_people["年份"] = change_people["年份"].apply(lambda x: re.findall("\d+", x)
[0])
change_people["年份"] = change_people["年份"].astype(np.int) # 将年份转换为数值形式
change_people.head()                                    # 展示数据前 5 行
```

输出前 5 行数据。

	地区	年份	总人口数
0	北京市	2016	2173
1	天津市	2016	1562
2	河北省	2016	7470
3	山西省	2016	3682
4	内蒙古	2016	2520

11.5.5　拼接数据

结束了对流感数据及人口数据的读取和处理，接下来我们对两个数据进行拼接，需要使用 merge()函数，按年份和地区对值进行填充。

```
result = pd.merge(flu_data, change_people, on=['年份', '地区'])
result.dtypes
```

输出结果如下。

```
地区            object
发病数          object
死亡数          object
发病率           object
死亡率           object
年份            int64
总人口数         object
dtype: object
```

通过以上的操作，已完成对数据的拼接。

```
change_list = ['发病率','死亡率','总人口数','发病数','死亡数']
result[change_list] = result[change_list].apply(pd.to_numeric)
result.head()
```

输出前 5 行数据。

	地区	发病数	死亡数	发病率	死亡率	年份	总人口数
0	北京市	8	0	0.0540	0.0	2004	1493
1	天津市	13	0	0.1399	0.0	2004	1024
2	河北省	1923	0	2.8242	0.0	2004	6809
3	山西省	57	0	0.1720	0.0	2004	3335
4	内蒙古	106	0	0.4446	0.0	2004	2393

将结果输出到 csv 中。

```
result.to_csv('data2.csv')
```

或者对年份进行汇总后，将结果输出到 data3.csv 文件中。

```
result.groupby('年份')
result.to_csv('data3.csv')
```

思考与练习

1. 怎么判断是否存在缺失值？现有的缺失值的处理方法有哪些？
2. 什么是异常值？异常值处理方法和分析方法各有哪些？
3. 什么是数据的标准化？如何进行数据的归一化处理？
4. 下载本章案例数据集，根据 11.5 节给出的步骤来完成数据预处理的相关操作。

第12章 使用 scikit-Learn 进行机器学习

SciPy 是一个常用的开源 Python 科学计算工具包，开发者针对不同领域的特性发展了众多的 SciPy 分支，统称为 Scikit，其中以 scikit-learn 最为著名，经常被运用在数据挖掘建模以及机器学习领域。scikit-learn 所支持的算法、模型均是经过广泛验证的，涵盖分类、聚类、回归三类。scikit-learn 还提供了数据降维、模型选择与数据预处理功能。

12.1 常用模块

scikit-learn 中常用的模块有分类、回归、聚类等方法。

12.1.1 分类方法

分类方法是识别某个对象属于哪个类别，常用的算法有：逻辑回归（Logistic Regression）、支持向量机（SVM）、最近邻（Nearest Neighbors）、决策树（Decision Tree）和朴素贝叶斯等，常见的应用有垃圾邮件识别和图像识别。

1. 逻辑回归

scikit-learn 中的逻辑回归在 sklearn.linear_model.LogisticRegression 类中实现，支持二分类（Binary）、一对多分类（One Vs Rest）以及多项式回归，并且可以选择 L1 或 L2 正则化。

【例 12.1】逻辑回归的使用方法的示例。

示例如下。

```
import numpy as np
from sklearn import linear_model,datasets
#导入鸢尾花数据集
iris=datasets.load_iris()
X=iris.data
Y=iris.target
#实现逻辑回归
log_reg=linear_model.LogisticRegression()
print(log_reg) #显示逻辑回归参数设置
log_reg.fit(X,Y)
log_reg.predict([[1,2,3,4]])
```

程序运行结果如下。

```
LogisticRegression(C=1.0, class_weight=None, dual=False, fit_intercept=True,
        intercept_scaling=1, max_iter=100, multi_class='ovr', n_jobs=1,
        penalty='l2', random_state=None, solver='liblinear', tol=0.0001,
        verbose=0, warm_start=False)
```
[2]

【例 12.1】中使用 scikit-learn 自带的 iris 数据集演示了如何利用逻辑回归进行训练和预测。下面将对 LogisticRegression 函数的参数进行详解介绍。

（1）C：正则化系数 λ 的倒数，float 类型，默认为 1.0，必须是正浮点型数，像 SVM 一样，越小的数值表示越强的正则化。

（2）class_weight：用于标示分类模型中各种类型的权重，可以是一个字典或者 "balanced" 字符串，默认为不输入，也就是不考虑权重，即 None。

- 如果选择输入的话，可以选择 balanced 让类库计算类型权重，或者自行输入各个类型的权重。例如，对于 0，1 二元模型，我们可以定义 class_weight = {0:0.9,1:0.1}，这样类型 0 的权重为 90%，而类型 1 的权重为 10%。

- 如果 class_weight 选择 balanced，那么类库会根据训练样本量来计算权重。某种类型样本量越多，则权重越低，样本量越少，则权重越高。

- 当 class_weight 为 balanced 时，类权重计算方法为：

```
n_samples / (n_classes * np.bincount(y))
```

n_samples 为样本数，n_classes 为类别数量，np.bincount(y)会输出每个类的样本数，例如 y=[1,0,0,1,1]，则 np.bincount(y)=[2,3]。

（3）dual：对偶或原始方法，bool 类型，默认为 False。对偶方法只用在求解线性多核的 L2 惩罚项上。当样本数量大于样本特征时，dual 通常设置为 False。

（4）fit_intercept：是否存在截距或偏差，bool 类型，默认为 True。

（5）intercept_scaling：仅在正则化为 "liblinear"，并且 fit_intercept 设置为 True 时有用。float 类型，默认为 1。

（6）max_iter：算法收敛最大迭代次数，int 类型，默认为 10。仅在正则化优化算法为 newton-cg、sag 和 lbfgs 时才有用，算法收敛的最大迭代次数。

（7）multi_class：分类方式选择参数，str 类型，可选参数为 ovr 和 multinomial，默认为 ovr。ovr 为一对多分类，而 multinomial 为多项式回归。如果是二元逻辑回归，ovr 和 multinomial 并没有任何区别，区别主要在多元逻辑回归上。

（8）n_jobs：并行数，int 类型，默认为 1。该值为–1 时，则用所有 CPU 的内核运行程序。

（9）penalty：惩罚项。

- str 类型，默认为 L2。newton-cg、sag 和 lbfgs 求解算法只支持 L2 规范，L2 假设的模型参数满足高斯分布。

- L1：L1 规范假设的是模型的参数满足拉普拉斯分布。

（10）random_state：随机数种子，int 类型，可选参数，默认为无，仅在正则化优化算法为 sag 和 liblinear 时有用。

（11）solver：优化算法选择参数。

- liblinear：使用开源的 liblinear 库，实现内部使用坐标轴下降法来迭代优化损失函数。

- lbfgs：拟牛顿法的一种，利用损失函数二阶导数矩阵，即海森矩阵来迭代优化损失函数。

● newton-cg：也是牛顿法家族的一种，利用损失函数二阶导数矩阵，即海森矩阵来迭代优化损失函数。只用于 L2。

● sag：随机平均梯度下降，是梯度下降法的变种，和普通梯度下降法的区别是每次迭代仅仅用一部分的样本来计算梯度，适合样本数据多的时候。只用于 L2。

● saga：线性收敛的随机优化算法的变种。只用于 L2。

（12）tol：停止求解的标准，float 类型，默认为 1e-4。就是求解到数值时停止，即已经求出最优解。

（13）verbose：日志冗长度，int 类型，默认为 0。就是不输出训练过程，为 1 时偶尔输出结果，大于 1 时对于每个子模型都输出。

（14）warm_start：热启动参数，bool 类型，默认为 False。如果为 True，则下一次训练以追加树的形式进行（重新使用上一次的调用作为初始化）。

逻辑回归类中的方法有多种，最常用的是 fit 和 predict。fit(X,Y)用来训练 LR 分类器，其中 X 是训练样本，Y 是对应的标记向量；predict(X)则用来预测测试样本的标记，也就是分类，参数 X 表示测试样本集。

2. 支持向量机

支持向量机（SVM）在解决分类问题方面具有良好的效果，著名的软件包有 libsvm（支持多种核函数）和 liblinear。此外 Python 机器学习库 scikit-learn 也有 SVM 相关算法，sklearn.svm.SVC、sklearn.svm.NuSVC 和 sklearn.svm.LinearSVC 由 libsvm 和 liblinear 发展而来。

使用 SVM 的步骤如下。

（1）将原始数据转化为 SVM 算法软件或包所能识别的数据格式。

（2）将数据标准化（防止样本中不同特征数值相差较大影响分类器性能）。

（3）不知使用什么核函数，考虑使用 RBF。

（4）利用交叉验证网格搜索寻找最优参数（C，γ）（交叉验证防止过拟合，通过网格搜索在指定范围内寻找最优参数）。

（5）使用最优参数来训练模型。

（6）测试。

【例 12.2】使用 SVM 的示例。

示例如下。

```
import numpy as np
from sklearn import svm,datasets
iris=datasets.load_iris()
X=iris.data
Y=iris.target
clf1=svm.SVC()
print(clf1)
clf1.fit(X,Y)
print(clf1.predict([[1,2,3,4]]))
clf2=svm.NuSVC()
print(clf2)
```

```
clf2.fit(X,Y)
print(clf2.predict([[1,2,3,4]]))
clf3=svm.LinearSVC()
print(clf3)
clf3.fit(X,Y)
print(clf3.predict([[1,2,3,4]]))
```

程序运行结果如下。

```
SVC(C=1.0, cache_size=200, class_weight=None, coef0=0.0,
  decision_function_shape='ovr', degree=3, gamma='auto', kernel='rbf',
  max_iter=-1, probability=False, random_state=None, shrinking=True,
  tol=0.001, verbose=False)
[2]
NuSVC(cache_size=200, class_weight=None, coef0=0.0,
  decision_function_shape='ovr', degree=3, gamma='auto', kernel='rbf',
  max_iter=-1, nu=0.5, probability=False, random_state=None,
  shrinking=True, tol=0.001, verbose=False)
[2]
LinearSVC(C=1.0, class_weight=None, dual=True, fit_intercept=True,
    intercept_scaling=1, loss='squared_hinge', max_iter=1000,
    multi_class='ovr', penalty='l2', random_state=None, tol=0.0001,
    verbose=0)
[2]
```

上述三种 SVC 方法存在的区别是：对于多元分类问题，SVC 和 NuSVC 可以通过 decesion_function_shape 字段选择 ove 以使用 one against one，或选择 ovr 以使用 one against rest 策略（默认选择 ovr），而 Linear SVC 可以通过 multi_class 字段选择 ovr 以使用 one against rest，或选择 Crammer_Singer 以使用 Crammer&Singer 策略。在拟合以后，SVC 和 NuSVC 可以通过 support_vectors_、support_和 n_support 参数获得支持向量，而 Linear SVC 不可以。

3. 最近邻

scikit-learn 实现了两种不同的最近邻（Nearest Neighbors）分类器 KNeighborsClassifier 和 RadiusNeighborsClassifier。其中 KNeighborsClassifier 基于每个查询点的 k 个最近邻实现，k 是用户指定的整数值；RadiusNeighborsClassifier 基于每个查询点的固定半径 r 内的邻居实现，r 是用户指定的浮点数值。两者相比，前者的应用更多。

【例 12.3】简单的最近邻分类的示例。

示例如下。

```
import numpy as np
from sklearn import neighbors,datasets
iris=datasets.load_iris()
X=iris.data
Y=iris.target
kclf=neighbors.KNeighborsClassifier()
print(kclf)
kclf.fit(X,Y)
print(kclf.predict([[1,2,3,4]]))
```

程序运行结果如下。

```
KNeighborsClassifier(algorithm='auto', leaf_size=30, metric='minkowski',
```

```
               metric_params=None, n_jobs=1, n_neighbors=5, p=2,
               weights='uniform')
```
[1]

对于这两种最近邻分类器,用户可以分别通过 n_neighbors 与 radius 两个参数来设置 *k* 和 *r* 的值。K 近邻分类的 *k* 值的选择与数据相关,较大的 *k* 值能够减少噪声的影响,但是如果过大会影响分类效果。通过 weight 参数可以对近邻进项加权,默认为 uniform,即各个"邻居"权重相同;也可以申明为 distance,即按照距离给各个邻居权重,较近点产生的影响更大;还可以声明为一个用户自定义的函数给近邻加权。通过 algorithm 参数能够指定查找最近邻使用的算法,如 ball_tree、kd_tree、brute 和 auto 等。

4. 决策树

scikit-learn 用 tree.DecisionTreeClassifier 实现决策树分类,支持多分类。

【例 12.4】决策树分类的示例。

示例如下。

```
import numpy as np
from sklearn import tree,datasets
iris=datasets.load_iris()
X=iris.data
Y=iris.target
clf=tree.DecisionTreeClassifier()
print(clf)
clf.fit(X,Y)
print(clf.predict([[1,2,3,4]]))
```

程序运行结果如下。

```
DecisionTreeClassifier(class_weight=None, criterion='gini', max_depth=None,
           max_features=None, max_leaf_nodes=None,
           min_impurity_decrease=0.0, min_impurity_split=None,
           min_samples_leaf=1, min_samples_split=2,
           min_weight_fraction_leaf=0.0, presort=False, random_state=None,
           splitter='best')
```
[2]

5. 朴素贝叶斯

scikit-learn 支持高斯朴素贝叶斯、多项式分布朴素贝叶斯和伯努利朴素贝叶斯算法,分别由 native_bayes.GaussianNB 类、native_bayes.MultinomialNB 类与 native_bayes.BernoulliNB 类实现。

【例 12.5】朴素贝叶斯实现方法的示例。

示例如下。

```
import numpy as np
from sklearn import naive_bayes,datasets
iris=datasets.load_iris()
X=iris.data
Y=iris.target
gnb= naive_bayes.GaussianNB()
mnb= naive_bayes.MultinomialNB()
```

```
bnb= naive_bayes.BernoulliNB()
print(gnb.fit(X,Y))
print(mnb.fit(X,Y))
print(bnb.fit(X,Y))
print(gnb.predict([[1,2,3,4]]))
print(mnb.predict([[1,2,3,4]]))
print(bnb.predict([[1,2,3,4]]))
```

程序运行结果如下。

```
GaussianNB(priors=None)
MultinomialNB(alpha=1.0, class_prior=None, fit_prior=True)
BernoulliNB(alpha=1.0, binarize=0.0, class_prior=None, fit_prior=True)
[2]
[2]
[0]
```

native_bayes.GaussianNB、native_bayes.MultinomialNB 与 native_bayes.BernoulliNB 还提供了 partial_fit 方法来动态加载数据以解决大数据量的问题，与 fit 方法不同，partial_fit 方法需要传递一个所有期望的类标签的列表。

12.1.2　回归方法

回归方法是指预测与对象相关联的连续值属性，常见的算法有：最小二乘法、岭回归和 Lasso 等，常见的应用有：药物反应和预测股价。

1.　最小二乘法

linear_model.LinearRegression 实现了普通的最小二乘法。

【例 12.6】最小二乘法实现方法的示例。

示例如下。

```
import numpy as np
from sklearn import linear_model,datasets
diabetes=datasets.load_diabetes()
X=diabetes.data
Y=diabetes.target
reg= linear_model.LinearRegression()
print(reg.fit(X,Y))
print(reg.coef_)
```

程序运行结果如下。

```
LinearRegression(copy_X=True, fit_intercept=True, n_jobs=1, normalize=False)
[ -10.01219782 -239.81908937  519.83978679  324.39042769 -792.18416163
   476.74583782  101.04457032  177.06417623  751.27932109   67.62538639]
```

例 12.6 中使用自带的 diabetes 数据集，此数据集中含有 442 条包含 10 个特征的数据。

2.　岭回归

linear_model.Ridge 类实现的岭回归，通过对系数的大小施加惩罚来改进普通最小二乘法。

【例 12.7】岭回归实现方法的示例。

示例如下。

```
import numpy as np
from sklearn import linear_model,datasets
diabetes=datasets.load_diabetes()
X=diabetes.data
Y=diabetes.target
rid= linear_model.Ridge()
print(rid.fit(X,Y))
print(rid.coef_)
```

程序运行结果如下。

```
Ridge(alpha=1.0, copy_X=True, fit_intercept=True, max_iter=None,
    normalize=False, random_state=None, solver='auto', tol=0.001)
[  29.46574564  -83.15488546  306.35162706  201.62943384    5.90936896
  -29.51592665 -152.04046539  117.31171538  262.94499533  111.878718   ]
```

Ridge 类可通过 solver 参数指定优化方案，可选择 auto、svd、cholesky、lsqr 等，默认为 auto，即自动选择。

3. Lasso

Lasso 是估计稀疏系数的线性模型，在某些情况下是有用的，因为它倾向于在使用具有较少参数值的情况下，有效地减少所依赖变量的数量。scikit-learn 实现的 linear_model.Lasso 类使用了坐标下降算法来拟合数据。

【例 12.8】Lasso 实现方法的示例。

示例如下。

```
import numpy as np
from sklearn import linear_model,datasets
diabetes=datasets.load_diabetes()
X=diabetes.data
Y=diabetes.target
las= linear_model.Lasso()
print(las.fit(X,Y))
print(las.coef_)
```

程序运行结果如下。

```
Lasso(alpha=1.0, copy_X=True, fit_intercept=True, max_iter=1000,
    normalize=False, positive=False, precompute=False, random_state=None,
    selection='cyclic', tol=0.0001, warm_start=False)
[  0.          -0.          367.70185207    6.30190419   0.
   0.          -0.            0.          307.6057       0.        ]
```

在 scikit-learn 中还有一个使用 Lars（最小角回归）算法的 Lasso 模型。

【例 12.9】LassoLars 实现方法的示例。

示例如下：

```
import numpy as np
from sklearn import linear_model,datasets
diabetes=datasets.load_diabetes()
X=diabetes.data
Y=diabetes.target
las= linear_model.LassoLars()
print(las.fit(X,Y))
print(las.coef_)
```

程序运行结果如下。

```
LassoLars(alpha=1.0, copy_X=True, eps=2.220446049250313e-16,
    fit_intercept=True, fit_path=True, max_iter=500, normalize=True,
    positive=False, precompute='auto', verbose=False)
[  0.            0.          367.69961855    6.31274948  0.
   0.            0.            0.          307.60242913  0.          ]
```

12.1.3 聚类方法

聚类方法是将相似对象自动分组，常用的算法有：K-means 和 SpectralClustering，常见的应用有客户细分和分组实验结果。

1．K-means 算法

在 scikit-learn 中实现 K-means 算法的类有两个：cluster.K-means 类实现了一般的 K-means 算法，cluster.MiniBatchK-means 类实现了 K-means 算法的小批量变体。在每次迭代时进行随机抽样，减少了计算量和计算时间，并且最终聚类结果与正常的 K-means 算法差别不大。

【例 12.10】K-means 算法实现的示例。

示例如下。

```
import numpy as np
from sklearn import cluster,datasets
iris=datasets.load_iris()
X=iris.data
Y=iris.target
kms= cluster.K-means()
mbk=cluster.MiniBatchK-means()
print(kms.fit(X,Y))
print(kms.cluster_centers_)
print("————")
print(mbk.fit(X,Y))
print(mbk.cluster_centers_)
```

程序运行结果如下。

```
K-means(algorithm='auto', copy_x=True, init='k-means++', max_iter=300,
    n_clusters=8, n_init=10, n_jobs=1, precompute_distances='auto',
    random_state=None, tol=0.0001, verbose=0)
[[6.56818182 3.08636364 5.53636364 2.16363636]
 [5.25555556 3.67037037 1.5037037  0.28888889]
 [5.62272727 2.70909091 4.11818182 1.28636364]
 [6.43       2.94       4.59       1.435     ]
 [4.71304348 3.12173913 1.4173913  0.19130435]
 [5.2        2.36666667 3.38333333 1.01666667]
 [7.475      3.125      6.3        2.05      ]
 [6.02777778 2.73333333 5.02777778 1.79444444]]
————
MiniBatchK-means(batch_size=100, compute_labels=True, init='k-means++',
    init_size=None, max_iter=100, max_no_improvement=10, n_clusters=8,
    n_init=3, random_state=None, reassignment_ratio=0.01, tol=0.0,
    verbose=0)
[[4.81062092 3.21454248 1.4504902  0.22581699]
```

```
[6.01911765 2.71764706 5.03294118 1.77647059]
[7.48389831 3.13305085 6.30084746 2.06228814]
[5.46709184 2.54285714 3.87806122 1.1880102 ]
[5.37286585 3.83170732 1.51128049 0.27256098]
[6.5847769  3.07742782 5.52624672 2.16325459]
[5.99160584 2.83978102 4.43138686 1.39270073]
[6.65882353 3.03636364 4.67219251 1.47112299]]
```

这两种 K-means 算法实现在使用时都需要通过 n_clusters 指定聚类的个数，如果不指定，则默认为 8。如果给定足够的时间，K-means 算法总能够收敛，但有可能得到的是局部最小值，而质心初始化的方法将对结果产生较大的影响，通过 init 参数可以指定聚类质心的初始化方法，默认为 "k-means++"。可以使用一种较为智能的方法进行初始化，各个初始化质心彼此相距较远，能加快收敛速度；也可以选择 random 或指定为一个 ndarray，即初始化为随机的质心，或指定初始化为一个用户自定义的质心，另外指定 n_init 参数也能改善结果，算法将初始化 n_init 次，并选择结果最好的一次作为最终结果（默认为 3 次）。在使用 cluster.K-means 时，n_jobs 参数能指定该模型使用的处理器个数。若为正值，则使用 n_jobs 个处理器；若为负值，–1 代表使用全部处理器，–2 代表除了一个处理器以外的全部使用，–3 代表除了两个处理器以外的全部使用，以此类推。

2．SpectralClustering 算法

SpectralClustering 算法被认为是 K-means 算法的低维版，适用于聚类较少的情况，对于聚类较多的情况不适用。

【例 12.11】SpectralClustering 算法实现的示例。

示例如下。

```
import numpy as np
from sklearn import cluster,datasets
iris=datasets.load_iris()
X=iris.data
Y=iris.target
sc= cluster.SpectralClustering()
print(sc.fit(X,Y))
print(sc.labels_)
```

程序运行结果如下。

```
SpectralClustering(affinity='rbf', assign_labels='kmeans', coef0=1, degree=3,
          eigen_solver=None, eigen_tol=0.0, gamma=1.0, kernel_params=None,
          n_clusters=8, n_init=10, n_jobs=1, n_neighbors=10,
        random_state=None)
[0 3 3 3 0 0 3 3 3 3 0 3 3 3 0 0 0 0 0 0 0 0 3 0 3 3 0 0 0 3 3 0 0 0 3 3 0
 3 3 0 0 3 3 0 0 3 0 3 0 3 0 3 6 6 6 2 6 2 6 7 2 2 6 7 2 2 6 2 2 2 2 5 2 5 6
 6 6 6 2 7 7 7 2 5 2 6 6 6 2 2 2 6 2 7 2 2 6 7 2 4 5 4 4 4 1 2 1 4 1 4
 5 4 5 5 4 4 1 1 5 4 5 1 5 4 1 5 5 4 1 1 1 4 5 5 1 4 4 5 4 4 4 5 4 4 4 5 4
 4 5]]
```

用户可以设置 assign_labels 参数以使用不同的分配策略，默认的 K-means 算法可以匹配更精细的数据细节，但是可能不稳定。另外，除非设置 random_state，否则可能由于随机初始化的原因无法复现运行结果。

12.1.4 模型选择

模型选择是指比较、验证、选择参数和模型，常用的模块有交叉验证（Cross Validation，CV）。它的目标是通过参数调整提高精度。

CV 是用来验证分类器的性能的一种统计分析方法，基本思想是在某种意义下将原始数据（Data Set）进行分组，一部分作为训练集（Train Set），另一部分作为验证集（Validation Set）。首先用训练集对分类器进行训练，然后利用验证集来测试训练得到的模型（Model），以此作为评价分类器的性能指标。

【例 12.12】 交叉验证的实现方法的示例。

示例如下。

```
from sklearn.model_selection import cross_val_score
from sklearn.datasets import load_iris
from sklearn.linear_model import LogisticRegression
iris = load_iris()
logreg = LogisticRegression()
scores = cross_val_score(logreg, iris.data, iris.target, cv=5)
#默认 cv=3，没指定默认在训练集和测试集上进行交叉验证
scores
```

程序运行结果如下。

```
array([1.        , 0.96666667, 0.93333333, 0.9       , 1.        ])
```

上例没有指定数据切分方式，直接选用 cross_val_score 按默认切分方式进行交叉验证评估得分，数据切割方法如图 12-1 所示。

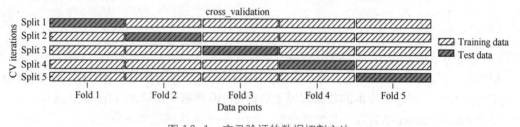

图 12-1 交叉验证的数据切割方法

12.2 机器学习案例——识别 Iris（鸢尾花）类别

本节主要是通过逻辑回归算法对鸢尾花类别的识别，让大家了解机器学习实现的整个过程。

鸢尾花识别是一个经典的机器学习分类问题，它的数据样本中包括 4 个特征变量、1 个类别变量，样本总数为 150。它的目标是根据花萼长度（Sepal Length）、花萼宽度（Sepal Width）、花瓣长度（Petal Length）、花瓣宽度（Petal Width）这四个特征来识别出鸢尾花属于山鸢尾（Iris-setosa）、变色鸢尾（Iris-versicolor）和维吉尼亚鸢尾（Iris-virginica）中的哪一种。

12.2.1 加载数据

加载数据的示例如下。

```
from sklearn import datasets
```

```
# 加载鸢尾花数据
iris = datasets.load_iris()

# 查看特征名称
print("feature_names: {0}".format(iris.feature_names))
# 查看目标标签名称
print("target_names: {0}".format(iris.target_names))

# 查看元数据（特征矩阵）形状
print("data shape: {0}".format(iris.data.shape))
# 查看元数据（特征矩阵）前五条
print("data top 5:\n {0}".format(iris.data[: 5]))
# 查看目标标签的类别标识
print("target unique: {0}".format(np.unique(iris.target)))
print("target top 5:\n {0}".format(iris.target[: 5]))
```

程序运行结果如下。

```
feature_names: ['sepal length (cm)', 'sepal width (cm)', 'petal length (cm)',
'petal width (cm)']
target_names: ['setosa' 'versicolor' 'virginica']
data shape: (150, 4)
data top 5:
 [[ 5.1  3.5  1.4  0.2]
 [ 4.9  3.   1.4  0.2]
 [ 4.7  3.2  1.3  0.2]
 [ 4.6  3.1  1.5  0.2]
 [ 5.   3.6  1.4  0.2]]
target unique: [0 1 2]
target top 5:
 [0 0 0 0 0]
```

很明显，元数据（特征矩阵）的形状是(n_samples, n_features)，即(150, 4)，从 target top 5 数据中可以看出，前五个样本的数据都属于目标 0，即都属于山鸢尾（Iris-Setosa）。

结合 data 和 target 中的第一条数据来看，当一个鸢尾花满足以下特征。

（1）花萼长度（Sepal Length）为 5.1 cm。

（2）花萼宽度（Sepal Width）为 3.5 cm。

（3）花瓣长度（Petal Length）为 1.4 cm。

（4）花瓣宽度（Petal Width）为 0.2 cm。

则该鸢尾花属于目标类别 0，即山鸢尾。

12.2.2　数据可视化

简单分析在不同花萼长度和宽度的情况下，对应的不同的鸢尾花的情况。程序运行示例如下。

```
import matplotlib.pyplot as plt

sepal_length_list = iris.data[:, 0] # 花萼长度
sepal_width_list = iris.data[:, 1] # 花萼宽度
```

```
# 构建 setosa、versicolor、virginica 索引数组
setosa_index_list = iris.target == 0 # setosa 索引数组
versicolor_index_list = iris.target == 1 # versicolor 索引数组
virginica_index_list = iris.target == 2 # virginica 索引数组

plt.scatter(sepal_length_list[setosa_index_list],
               sepal_width_list[setosa_index_list], color="red", marker='o',
label="setosa")
    plt.scatter(sepal_length_list[versicolor_index_list],
               sepal_width_list[versicolor_index_list], color="blue", marker="x",
label="versicolor")
    plt.scatter(sepal_length_list[virginica_index_list],
               sepal_width_list[virginica_index_list],color="green", marker="+",
label="virginica")
    # 设置 legend
    plt.legend(loc="best", title="iris type")
    # 设定横坐标名称
    plt.xlabel("sepal_length (cm)")
    # 设定纵坐标名称
```

程序运行结果如图 12-2 所示。

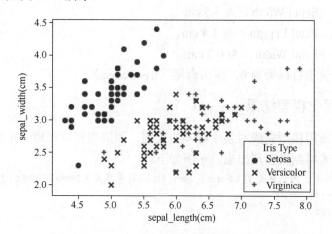

图 12-2　花萼长度和宽度对应的鸢尾花的情况图

从图 12-2 可以看出，该数据集由鸢尾属植物的三种花——Iris-Setosa、Iris-Versicolor 与 Iris-Virginica 的测量结果组成，其中 "·" 代表的是 Iris-Setosa，"×" 代表的是 Iris-Versicolor，而 "+" 代表的是 Iris-Virginica。

12.2.3　使用逻辑回归分类器识别

程序运行示例如下。

```
from sklearn import linear_model

# 指定训练数据 X
X = iris.data
# 指定训练目标 y
y = iris.target
```

```
# 创建一个逻辑回归分类器
clf = linear_model.LogisticRegression()

# 使用样本数据训练（喂养）分类器
clf.fit(X, y)

# 待预测样本
wait_predict_sample = X[np.newaxis, 0]
print("wait_predict_sample: {0}".format(wait_predict_sample))
# 预测所属目标类别
print("predict: {0}".format(clf.predict(wait_predict_sample)))
# 预测所属不同目标类别的概率
print("predict_proba: {0}".format(clf.predict_proba(wait_predict_sample)))
```

程序运行结果如下。

```
wait_predict_sample: [[ 5.1 3.5 1.4 0.2]]
predict: [0]
predict_proba: [[ 8.79681649e-01  1.20307538e-01  1.08131372e-05]]
```

上面的结果说明，经过训练后的分类器模型，如果一个鸢尾花满足以下特征。

（1）花萼长度（Sepal Length）为 5.1 cm。

（2）花萼宽度（Sepal Width）为 3.5 cm。

（3）花瓣长度（Petal Length）为 1.4 cm。

（4）花瓣宽度（Petal Width）为 0.2 cm。

则模型认为它属于目标类别 0，即山鸢尾（Iris-Setosa）。

12.2.4 可视化模型结果

上面已经能够使用模型完成对某个样本的预测，如果想要直观地看出模型的预测结果，可以使用可视化技术将结果表现出来。示例如下。

```
# 只考虑前两个特征，即花萼长度（Sepal Length）、花萼宽度（Sepal Width）
X = iris.data[:, 0:2]
y = iris.target

# 创建一个逻辑回归的模型，并用它训练（拟合, fit）数据
logreg = linear_model.LogisticRegression(C=1e5)
logreg.fit(X, y)

# 网格大小
h = .02
# 将 X 的第一列（花萼长度）作为 x 轴，并求出 x 轴的最大值与最小值
x_min, x_max = X[:, 0].min() - .5, X[:, 0].max() + .5
# 将 X 的第二列（花萼宽度）作为 y 轴，并求出 y 轴的最大值与最小值
y_min, y_max = X[:, 1].min() - .5, X[:, 1].max() + .5

# 使用 x 轴的最小值、最大值、步长生成数组，y 轴的最小值、最大值、步长生成数组
# 然后使用 meshgrid 函数生成一个网格矩阵 xx 和 yy（xx 和 yy 的形状都一样）
xx, yy = np.meshgrid(np.arange(x_min, x_max, h), np.arange(y_min, y_max, h))

# 调用 ravel() 函数将 xx 和 yy 平铺，然后使用 np.c_ 将平铺后的列表拼接
# 生成需要预测的特征矩阵，每一行表示一个样本，每一列表示每个特征的取值
```

```
pre_data = np.c_[xx.ravel(), yy.ravel()]
Z = logreg.predict(pre_data)

# Put the result into a color plot
# 将预测结果 Z 的形状转换为与 xx（或 yy）一样
Z = Z.reshape(xx.shape)
plt.figure(1, figsize=(8, 6))

# 使用 pcolormesh() 函数来填充颜色，对 xx 和 yy 的位置来填充颜色，填充方案为 Z
# cmap 表示使用的主题
plt.pcolormesh(xx, yy, Z, cmap=plt.cm.Paired)

# 将训练数据所表示的样本点填充上颜色
plt.scatter(X[:, 0], X[:, 1], c=y, edgecolors='k', cmap=plt.cm.Paired)

# 设置坐标轴 label
plt.xlabel("sepal length")
plt.ylabel("sepal width")

# 设置坐标轴范围
plt.xlim(xx.min(), xx.max())
plt.ylim(yy.min(), yy.max())

# 设置坐标轴刻度
plt.xticks(np.arange(x_min, x_max, h * 10))
plt.yticks(np.arange(y_min, y_max, h * 10))


plt.show()
```

程序运行结果如图 12-3 所示。

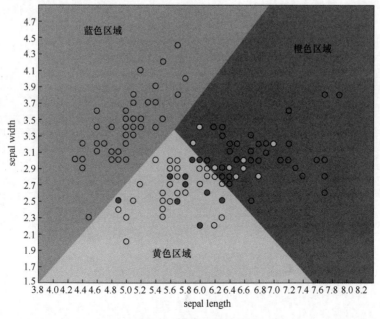

图 12-3　模型预测结果图

从图 12-3 可以看出，蓝色区域代表的是 Iris-Setosa，黄色区域代表的是 Iris-Versicolor，而橙色区域代表的是 Iris-Virginica。与图 12-3 对比，可知模型预测结果较为准确。

思考与练习

1. 分类方法的作用是什么？常用的算法有哪些？
2. 什么是回归方法？常见的算法有哪些？
3. 简述交叉验证的基本思想。
4. 请尝试完成本章第 3 节机器学习案例——识别 Iris（鸢尾花）类别。

第**13**章 综合案例

本章我们介绍两个案例，通过实际案例的数据分析过程进一步讲解大数据处理和分析的方法。

13.1 综合案例1——利用 USDA 食品数据库简单分析食品的营养成分

本案例内容主要使用简单的数据分析食品营养成分，涉及的内容包括逻辑回归、特征工程选取、利用测试集和训练集构建模型等。

13.1.1 数据介绍和任务要求

美国农业部（USDA）制作了一份有关食物营养信息的数据库。Ashley Williams 制作了该数据的 JSON 版。其中的记录如图 13-1 所示。

```
{
  "id": 21441,
  "description": "KENTUCKY FRIED CHICKEN, Fried Chicken, EXTRA CRISPY, Wi
  "tags": ["KFC"],
  "manufacturer": "Kentucky Fried Chicken",
  "group": "Fast Foods",
  "portions": [
    {
      "amount": 1,
      "unit": "wing, with skin",
      "grams": 68.0
    },
    ...
  ],
  "nutrients": [
    {
      "value": 20.8,
      "units": "g",
      "description": "Protein",
      "group": "Composition"
    },

    ...
  ]
}
```

图 13-1　记录 USDA 有关食物营养信息的 JSON 版的记录

每种食物都带有若干标识性属性以及两个有关营养成分和分量的列表。这种形式的数据不是很适合分析工作，因此我们需要将数据规整化，得到每种食物所对应的营养成分和分量的总列表。

首先下载并解压数据之后，你可以用任何喜欢的 JSON 库将其加载到 Python 中。本文用的是 Python 内置的 json 模块，将其保存在 db 中。

```
import json
db = json.load(open('./data/database.json'))
len(db)
```

程序运行结果如下。

```
6636
```

db 中的每个条目都是一个含有某种食物全部数据的字典。

```
db[0].keys()
```

程序运行结果如下。

```
dict_keys(['id', 'description', 'tags', 'manufacturer', 'group', 'portions',
'nutrients'])
```

条目中的 nutrients 字段是一个字典列表，其中每个字典对应一种营养成分。

```
db[0]['nutrients'][0]
```

程序运行结果如下。

```
{'value': 25.18,
 'units': 'g',
 'description': 'Protein',
 'group': 'Composition'}
```

13.1.2 数据预处理和数据拼接

了解 db 数据基本情况后，开始着手准备数据预处理。

```
import pandas as pd
from pandas import DataFrame, Series
nutrients = DataFrame(db[0]['nutrients'])
nutrients[:7]
```

显示 nutrients 营养成分表中前 7 行数据的详细信息，其中包括营养成分的名称、分类、单位及数量，输出结果如下。

	description	group	units	value
0	Protein	Composition	g	25.18
1	Total lipid (fat)	Composition	g	29.20
2	Carbohydrate, by difference	Composition	g	3.06
3	Ash	Other	g	3.28
4	Energy	Energy	kcal	376.00
5	Water	Composition	g	39.28
6	Energy	Energy	kJ	1573.00

在将字典列表转换为 DataFrame 时，可以只抽取其中一部分字段。这里，我们将获取食物的名称、分类、编号以及制造商等信息。

```
info_keys = ['description', 'group', 'id', 'manufacturer']
info = DataFrame(db, columns=info_keys)
info
```

程序运行结果如下。

	description	group	id	manufacturer
0	Cheese, caraway	Dairy and Egg Products	1008	
1	Cheese, cheddar	Dairy and Egg Products	1009	
2	Cheese, edam	Dairy and Egg Products	1018	
3	Cheese, feta	Dairy and Egg Products	1019	
4	Cheese, mozzarella, part skim milk	Dairy and Egg Products	1028	
5	Cheese, mozzarella, part skim milk, low moisture	Dairy and Egg Products	1029	
6635	...	...	...	...

6636 rows×4 columns

通过 value_counts，我们可以查看食物类别的分布情况。

```
pd.value_counts(info.group)[:10]
```

程序运行结果如下。

```
Vegetables and Vegetable Products   812
Beef Products                       618
Baked Products                      496
Breakfast Cereals                   403
Fast Foods                          365
Legumes and Legume Products         365
Lamb, Veal, and Game Products       345
Sweets                              341
Fruits and Fruit Juices             328
Pork Products                       328
Name: group, dtype: int64
```

现在，为了对全部营养数据做分析，最简单的办法是将所有食物的营养成分整合到一个大表中。我们分几个步骤来实现该目的。首先，将各食物的营养成分列表转换为一个 DataFrame，并添加一个表示编号的列，然后将该 DataFrame 添加到一个列表中。最后通过 concat 将所有 DataFrame 连接在这个列表中。

```
nutrients = []
for rec in db:
    fnuts = DataFrame(rec['nutrients'])
    fnuts['id'] = rec['id']
    nutrients.append(fnuts)
nutrients = pd.concat(nutrients, ignore_index=True)
nutrients
```

程序运行结果如下。

	description	group	units	value	id
0	Protein	Composition	g	25.180	1008
1	Total lipid (fat)	Composition	g	29.200	1008
2	Carbohydrate, by difference	Composition	g	3.060	1008
3	Ash	Other	g	3.280	1008
4	Energy	Energy	kcal	376.000	1008
...	...	...	...	...	...
389354	Fatty acids, total polyunsaturated	Other	g	0.041	43546

389355 rows×5 columns

我们可以发现 DataFrame 中无论如何都会有一些重复项，所以首先统计重复数量：

```
nutrients.duplicated().sum()
```

输出结果显示存在 14179 项重复项。

删除 DataFrame 中的重复项。

```
nutrients = nutrients.drop_duplicates()
nutrients
```

输出结果如下。

	description	group	units	value	id
0	Protein	Composition	g	25.180	1008
1	Total lipid (fat)	Composition	g	29.200	1008
2	Carbohydrate, by difference	Composition	g	3.060	1008
3	Ash	Other	g	3.280	1008
4	Energy	Energy	kcal	376.000	1008
5	Water	Composition	g	39.280	1008
...	...	...	...	...	...
389354	Fatty acids, total polyunsaturated	Other	g	0.041	43546

389354 rows×5 columns

由于两个 DataFrame 对象中都有"group"和"description"项，所以我们需要对它们重命名。对第一个 DataFrame 重命名。

```
col_mapping = {'description' : 'food','group' : 'fgroup'}
info = info.rename(columns=col_mapping, copy=False)
info
```

输出结果如下。

	food	fgroup	id	manufacturer
0	Cheese, caraway	Dairy and Egg Products	1008	
1	Cheese, cheddar	Dairy and Egg Products	1009	
2	Cheese, edam	Dairy and Egg Products	1018	
3	Cheese, feta	Dairy and Egg Products	1019	
4	Cheese, mozzarella, part skim milk	Dairy and Egg Products	1028	
5	Cheese, mozzarella, part skim milk, low moisture	Dairy and Egg Products	1029	
...	...	...	...	...
6635	Babyfood, banana no tapioca, strained	Baby Foods	43546	None

6636 rows×4 columns

对第二个 DataFrame 重命名。

```
col_mapping = {'description' : 'nutrient', 'group' : 'nutgroup'}
nutrients = nutrients.rename(columns=col_mapping, copy=False)
nutrients
```

输出结果如下。

	nutrients	nutgroup	units	value	id
0	Protein	Composition	g	25.180	1008
1	Total lipid (fat)	Composition	g	29.200	1008
2	Carbohydrate, by difference	Composition	g	3.060	1008
3	Ash	Other	g	3.280	1008
4	Energy	Energy	kcal	376.000	1008
5	Water	Composition	g	39.280	1008
...	...	...	...	...	...
389354	Fatty acids, total polyunsaturated	Other	g	0.041	43546

389354 rows×5 columns

做完这些事情之后，就可以将 info 与 nutrients 合并起来。

```
ndata = pd.merge(nutrients, info, on='id', how='outer')
ndata
```

输出结果如下。

	nutrients	nutgroup	units	value	id	food	fgroup	manufacturer
0	Protein	Composition	g	25.180	1008	Cheese, caraway	Dairy and Egg Products	
1	Total lipid (fat)	Composition	g	29.200	1008	Cheese, caraway	Dairy and Egg Products	
2	Carbohydrate, by difference	Composition	g	3.060	1008	Cheese, caraway	Dairy and Egg Products	
3	Ash	Other	g	3.280	1008	Cheese, caraway	Dairy and Egg Products	
4	Energy	Energy	kcal	376.000	1008	Cheese, caraway	Dairy and Egg Products	
5	Water	Composition	g	39.280	1008	Cheese, caraway	Dairy and Egg Products	
...	...	...	...	...	...	...	...	...
375175	Fatty acids, total polyunsaturated	Other	g	0.041	43546	Babyfood, banana no tapioca, strained	Baby Foods	None

375176 rows×8 columns

查看合并好的表格 id。

```
ndata.iloc[30000]
```

程序运行结果如下。

```
nutrients                                         Glycine
nutgroup                                      Amino Acids
units                                                   g
value                                                0.04
id                                                   6158
food            Soup, tomato bisque, canned, condensed
fgroup                     Soups, Sauces, and Gravies
manufacturer
Name: 30000, dtype: object
```

13.1.3　数据分析

接下来的工作就是利用学到的 scikit-learn 中简单的数据处理工具来处理这个数据集。例如查看各营养成分最为丰富的食物中的前 50 项结果。

```
by_nutrient = ndata.groupby(['nutgroup', 'nutrient'])
get_maximum = lambda x: x.xs(x.value.idxmax())
get_minimum = lambda x: x.xs(x.value.idxmin())
max_foods = by_nutrient.apply(get_maximum)[['value', 'food']]
# 让 food 小一点
print(max_foods)
max_foods.food = max_foods.food.str[:50]
max_foods.loc['Amino Acids']["food"]
```

程序运行结果如下。

```
                          value  \
nutgroup      nutrient
Amino Acids   Alanine         8.009
              Arginine        7.436
              Aspartic acid  10.203
              Cystine         1.307
              Glutamic acid  17.452
              Glycine        19.049
              Histidine       2.999
              Hydroxyproline  0.803
              Isoleucine      4.300
              Leucine         7.200
              Lysine          6.690
              Methionine      1.859
              Phenylalanine   4.600
              Proline        12.295
              Serine          4.600
              Threonine       3.300
              Tryptophan      1.600
              Tyrosine        3.300
```

13.2　综合案例2——利用泰坦尼克号数据进行生还者分析

本案例内容主要使用 scikit-learn 进行数据分析，涉及内容包括逻辑回归、特征工程选取、利用测试集和训练集构建模型等。

13.2.1　泰坦尼克号问题之背景

泰坦尼克号问题的背景归纳有以下 3 点。

（1）泰坦尼克号的故事是：豪华游艇被冰山撞倒了，大家都惊恐逃生，可是救生艇的数量有限，无法人人都有救生艇。副船长发话"女士和小孩优先"，所以是否获救其实并非随机，而是基于某些客观因素。

（2）训练和测试数据是一些乘客的个人信息以及存活状况，要尝试根据它生成合适的模型并预测其他人的存活状况。

（3）这是一个二分类问题，在逻辑回归所能处理的范畴。

13.2.2 问题解决方法

解决问题的方法如下。

（1）对数据的认识。

（2）数据中的特殊点/离群点的分析和处理。

（3）特征工程（Feature Engineering）。

（4）要做模型融合（Model Ensemble）。

13.2.3 读取和认识数据

Pandas 是常用的 Python 数据处理包，用于把 csv 文件读成 dataframe 格式。所以，需要从数据集中读取泰坦尼克号数据。

```
import pandas as pd #数据分析
import numpy as np #科学计算
from pandas import Series,DataFrame
# Load in the train and test datasets
data_train = pd.read_csv('datasets/train.csv')
data_train
```

结果如下，该数据集中共有 891 行数据。

	PassengerId	Survived	Pclass	Name	Sex	Age	SibSp	Parch	Ticket	Fare	Cabin	Embarked
0	1	0	3	Braund, Mr. Owen Harris	male	22.0	1	0	A/5 21171	7.2500	NaN	S
1	2	1	1	Cumings, Mrs. John Bradley (Florence Briggs Th…	female	38.0	1	0	PC 17599	71.2833	C85	C
2	3	1	3	Heikkinen, Miss. Laina	female	26.0	0	0	STON/O2. 3101282	7.9250	NaN	S
…	…	…	…	…	…	…	…	…	…	…	…	…
886	887	0	2	Montvila, Rev. Juozas	male	27.0	0	0	211536	13.0000	NaN	S
887	888	1	1	Graham, Miss. Margaret Edith	female	19.0	0	0	112053	30.0000	B42	S
888	889	0	3	Johnston, Miss. Catherine Helen "Carrie"	female	NaN	1	2	W./C. 6607	23.4500	NaN	S
889	890	1	1	Behr, Mr. Karl Howell	male	26.0	0	0	111369	30.0000	C148	C
890	891	0	3	Dooley, Mr. Patrick	male	32.0	0	0	370376	7.7500	NaN	Q

891 rows×12 columns

从上表中，我们可以看出 data_train 中的字段信息，各个字段对应的信息含义包括以下内容。

（1）PassengerId：乘客 ID。

（2）Pclass：乘客等级（1/2/3 等舱位）。

（3）Name：乘客姓名。

（4）Sex：性别。

（5）Age：年龄。

（6）SibSp：堂兄弟/姐妹个数。

（7）Parch：父母与小孩个数。

（8）Ticket：船票信息。

（9）Fare：票价。

（10）Cabin：客舱。

（11）Embarked：登船港口。

（12）Survived：是否获救。

可以看到，该数据集总共有 12 列，其中 Survived 字段表示的是该乘客是否获救，其余都是乘客的个人信息。DataFrame 还可以利用 info()函数告诉我们一些信息，语法格式如下。

```
data_train.info()
```

程序运行结果如下。

```
<class 'pandas.core.frame.DataFrame'>
RangeIndex: 891 entries, 0 to 890
Data columns (total 12 columns):
PassengerId    891 non-null int64
Survived       891 non-null int64
Pclass         891 non-null int64
Name           891 non-null object
Sex            891 non-null object
Age            714 non-null float64
SibSp          891 non-null int64
Parch          891 non-null int64
Ticket         891 non-null object
Fare           891 non-null float64
Cabin          204 non-null object
Embarked       889 non-null object
dtypes: float64(2), int64(5), object(5)
memory usage: 66.2+ KB
```

上面的程序运行结果告诉我们，训练数据中总共有 891 名乘客，但是很不幸，有些属性的数据不全，比如说：Age（年龄）属性只有 714 名乘客有记录，Cabin（客舱）更是只有 204 名乘客是已知的。通过属性还可以得到数值型数据的分布，比如姓名是文本型；而另外一些属性，比如登船港口，是类目型。接下来，我们利用 describe()函数进行简单的数据分析统计。

```
data_train.describe()
```

程序运行结果如图 13-2 所示。

	PassengerId	Survived	Pclass	Age	SibSp	Parch	Fare
count	891.000000	891.000000	891.000000	714.000000	891.000000	891.000000	891.000000
mean	446.000000	0.383838	2.308642	29.699118	0.523008	0.381594	32.204208
std	257.353842	0.486592	0.836071	14.526497	1.102743	0.806057	49.693429
min	1.000000	0.000000	1.000000	0.420000	0.000000	0.000000	0.000000
25%	223.500000	0.000000	2.000000	20.125000	0.000000	0.000000	7.910400
50%	446.000000	0.000000	3.000000	28.000000	0.000000	0.000000	14.454200
75%	668.500000	1.000000	3.000000	38.000000	1.000000	0.000000	31.000000
max	891.000000	1.000000	3.000000	80.000000	8.000000	6.000000	512.329200

图 13-2　数据分析统计

我们从输出结果可以看到更多的信息，例如：mean 字段告诉我们，大概 0.383838 的人最后获救了，2 等舱和 3 等舱的人数比 1 等舱要多，平均乘客年龄大概是 29.7 岁等信息。

1. 乘客各属性分布

下面通过画图来看看属性和结果之间的关系，示例如下。

```
# -*- coding: UTF-8 -*-
import matplotlib.pyplot as plt
plt.rcParams['font.sans-serif']=['SimHei']
plt.rcParams['axes.unicode_minus']=False

fig = plt.figure()
fig.set(alpha=0.2)  # 设定图表颜色 alpha 参数
# Windows 下配置 font 为中文字体，去该路径找到自己计算机自带的字体
font = FontProperties(fname=r"c:\windows\fonts\simsun.ttc", size=14)

plt.subplot2grid((2,3),(0,0))                    # 在一张大图里分列几个小图
data_train.Survived.value_counts().plot(kind='bar')  # 柱状图
plt.title(u"获救情况 (1 为获救)") # 标题
plt.ylabel(u"人数",fontproperties=font)

plt.subplot2grid((2,3),(0,1))
data_train.Pclass.value_counts().plot(kind="bar")
plt.ylabel(u"人数",fontproperties=font)
plt.title(u"乘客等级分布")

plt.subplot2grid((2,3),(0,2))
plt.scatter(data_train.Survived, data_train.Age)
plt.ylabel(u"年龄",fontproperties=font)     # 设定纵坐标名称
plt.grid(b=True, which='major', axis='y')
plt.title(u"按年龄看获救分布 (1 为获救)")

plt.subplot2grid((2,3),(1,0), colspan=2)
data_train.Age[data_train.Pclass == 1].plot(kind='kde')
data_train.Age[data_train.Pclass == 2].plot(kind='kde')
data_train.Age[data_train.Pclass == 3].plot(kind='kde')
plt.xlabel(u"年龄")# plots an axis lable
plt.ylabel(u"密度")
plt.title(u"各等级的乘客年龄分布")
plt.legend((u'1 等舱', u'2 等舱',u'3 等舱'),loc='best') # sets our legend for our graph.

plt.subplot2grid((2,3),(1,2))
data_train.Embarked.value_counts().plot(kind='bar')
plt.title(u"各登船口岸上船人数")
plt.ylabel(u"人数")
plt.show()
```

程序运行结果如图 13-3 所示。

从图 13-3 中可以看出来以下内容。

（1）被救的人只有 300 多人，不到半数。

（2）3 等舱乘客最多。

（3）遇难和获救的人年龄似乎跨度都很广。

（4）3 个不同的舱人口年龄总体趋势似乎一致，2 等舱和 3 等舱乘客年龄在 20～30 岁的人数最多，1 等舱 40 岁左右的最多（似乎符合财富和年龄的分配）。

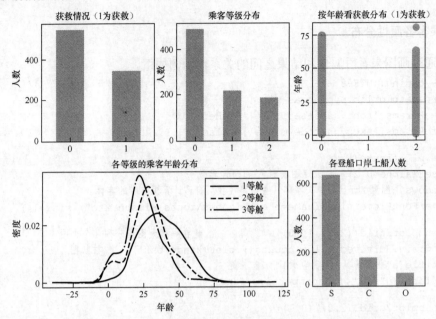

图 13-3　各属性与生还结果之间的关系图

（5）登船港口人数按照 S、C、Q 递减，而且 S 远多于另外两个港口。

这个时候我们可能会有以下一些假设。

（1）不同舱位/乘客等级可能和财富/地位有关系，最后获救概率可能会不一样。

（2）年龄对获救概率也一定是有影响的，毕竟副船长还说"小孩和女士先走"。

（3）和登船港口是不是有关系呢？

因此，我们需要进行进一步分析。

2．属性与获救结果的关联统计

（1）查看各乘客等级的获救情况。

```
fig = plt.figure()
fig.set(alpha=0.2)  # 设定图表颜色 alpha 参数

Survived_0 = data_train.Pclass[data_train.Survived == 0].value_counts()
Survived_1 = data_train.Pclass[data_train.Survived == 1].value_counts()
#print(Survived_0,Survived_1)
df=pd.DataFrame({u'获救':Survived_1, u'没获救':Survived_0})
df.plot(kind='bar', stacked=True)
plt.title(u"各乘客等级的获救情况",fontproperties=font)
plt.xlabel(u"乘客等级",fontproperties=font)
plt.ylabel(u"人数",fontproperties=font)
plt.show()
```

程序运行结果如下及图 13-4 所示。

```
3    372
2     97
1     80
Name: Pclass, dtype: int64 1    136
3    119
```

```
2     87
Name: Pclass, dtype: int64
```

图 13-4 所示的结果表明：等级为 1 的乘客，获救的概率高很多。这一定是影响最后获救结果的一个特征。

（2）查看性别和获救之间的关系。

```
fig = plt.figure()
fig.set(alpha=0.2)  # 设定图表颜色 alpha 参数

Survived_m = data_train.Survived[data_train.Sex == 'male'].value_counts()
Survived_f = data_train.Survived[data_train.Sex == 'female'].value_counts()
df=pd.DataFrame({u'male':Survived_m, u'female':Survived_f})
df.plot(kind='bar', stacked=True)
plt.title(u"按性别看获救情况")
plt.xlabel(u"获救或没获救")
plt.ylabel(u"人数")
plt.show()
```

程序运行结果如图 13-5 所示。

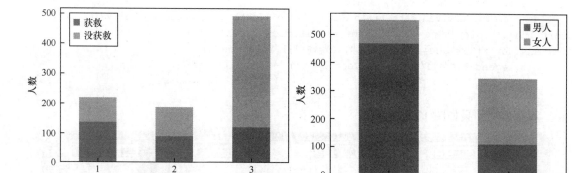

图 13-4　各乘客等级的获救情况　　　　　图 13-5　按性别看获救情况

图 13-5 所示结果表明：性别无疑也要作为重要特征加入模型之中。

（3）查看各种舱级别情况下各性别的获救情况。

```
import matplotlib.pyplot as plt
plt.rcParams['font.sans-serif']=['SimHei']
plt.rcParams['axes.unicode_minus']=False

# 查看各种舱级别情况下各性别的获救情况
fig=plt.figure()
fig.set(alpha=0.65) # 设置图像透明度，数值无所谓
plt.title(u"根据舱等级和性别的获救情况")

ax1=fig.add_subplot(141)
#print(data_train.Survived[data_train.Sex == 'female'][data_train.Pclass != 3].
value_counts())
data_train.Survived[data_train.Sex == 'female'][data_train.Pclass != 3].value_
counts().sort_index().plot(kind='bar', label="female, highclass", color='#FA2479')
ax1.set_xticklabels([u"未获救", u"获救"], rotation=0)
```

```
    ax1.legend([u"女性/高级舱"], loc='best')

    ax2=fig.add_subplot(142, sharey=ax1)
    #print(data_train.Survived[data_train.Sex == 'female'][data_train.Pclass == 3].
value_counts())
    data_train.Survived[data_train.Sex == 'female'][data_train.Pclass == 3].value_
counts().sort_index().plot(kind='bar', label='female, low class', color='pink')
    ax2.set_xticklabels([u"未获救", u"获救"], rotation=0)
    plt.legend([u"女性/低级舱"], loc='best')

    ax3=fig.add_subplot(143, sharey=ax1)
    #print(data_train.Survived[data_train.Sex == 'male'][data_train.Pclass != 3].
value_counts())
    data_train.Survived[data_train.Sex == 'male'][data_train.Pclass != 3].value_
counts().sort_index().plot(kind='bar', label='male, high class',color='lightblue')
    ax3.set_xticklabels([u"未获救", u"获救"], rotation=0)
    plt.legend([u"男性/高级舱"], loc='best')

    ax4=fig.add_subplot(144, sharey=ax1)
    data_train.Survived[data_train.Sex == 'male'][data_train.Pclass == 3].value_counts().
sort_index().plot(kind='bar', label='male, low class', color='steelblue')
    ax4.set_xticklabels([u"未获救", u"获救"], rotation=0)
    plt.legend([u"男性/低级舱"], loc='best')

    plt.show()
```
程序运行结果如图 13-6 所示。

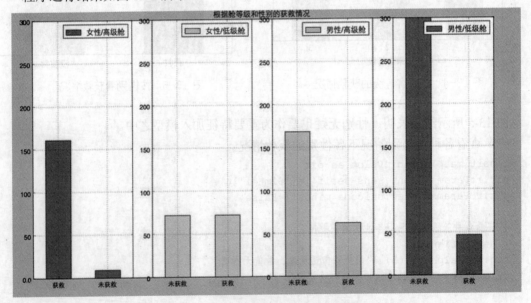

图 13-6　根据舱等级和性别的获救情况

图 13-6 所示结果表明：船舱级别越高，获救可能性越高，这坚定了之前的假设。
（4）查看各登船港口的获救情况。

```
fig = plt.figure()
fig.set(alpha=0.2)  # 设定图表颜色 alpha 参数
```

```
Survived_0 = data_train.Embarked[data_train.Survived == 0].value_counts()
Survived_1 = data_train.Embarked[data_train.Survived == 1].value_counts()
df=pd.DataFrame({u'获救':Survived_1, u'未获救':Survived_0})
df.plot(kind='bar', stacked=True)
plt.title(u"各登船港口乘客的获救情况")
plt.xlabel(u"登船港口")
plt.ylabel(u"人数")

plt.show()
```
程序运行结果如图 13-7 所示。

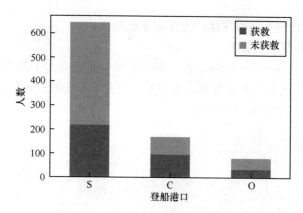

图 13-7　各登船港口乘客的获救情况

图 13-7 所示结果表明：港口 C 登船的乘客获救比例较高，超过 50%。

（5）查看堂兄弟/姐妹，孩子/父母有几人，对是否获救的影响。

```
g = data_train.groupby(['SibSp','Survived'])
df = pd.DataFrame(g.count()['PassengerId'])
print(df)

g = data_train.groupby(['SibSp','Survived'])
df = pd.DataFrame(g.count()['PassengerId'])
print(df)
```
程序运行结果如下所示。

```
SibSp Survived    PassengerId
0     0              398
      1              210
1     0               97
      1              112
2     0               15
      1               13
3     0               12
      1                4
4     0               15
      1                3
5     0                5
8     0                7
SibSp Survived    PassengerId
```

```
0       0               398
        1               210
1       0                97
        1               112
2       0                15
        1                13
3       0                12
        1                 4
4       0                15
        1                 3
5       0                 5
8       0                 7
```

从结果中没看出特别明显的规律，先作为备选特征。

（6）Cabin 对是否获救的影响。

ticket 是船票编号，应该是 unique 的，和最后的结果没有太大的关系，先不纳入考虑的特征范畴。Cabin 只有 204 个乘客有值，我们先看看它的分布情况。

```
data_train.Cabin.value_counts()
```

程序运行结果如下。

```
C23 C25 C27     4
B96 B98         4
G6              4
C22 C26         3
F33             3
F2              3
D               3
E101            3
B22             2
E33             2
E121            2
B58 B60         2
D17             2
C68             2
B18             2
D26             2
C123            2
C93             2
C65             2
D33             2
F4              2
E25             2
E44             2
B51 B53 B55     2
E67             2
C124            2
B20             2
C92             2
C2              2
D35             2
              ..
```

```
B38          1
A23          1
C62 C64      1
B50          1
B73          1
E31          1
D19          1
B101         1
E46          1
A24          1
C47          1
B80          1
C45          1
A31          1
D48          1
B41          1
A19          1
D30          1
C54          1
D47          1
E12          1
C99          1
C91          1
C85          1
A34          1
C7           1
B19          1
E34          1
A5           1
B94          1
Name: Cabin, Length: 147, dtype: int64
```

从上面的结果可以看出，其中的 ABCDE 指的是甲板位置，后面的编号是房间号。Cabin
应该算作类目型，本来缺失值就多，还如此不集中。我们如果将 Cabin 直接按照类目特征处
理的话，子化后的特征将没有多少权重。所以我们先把 Cabin 是否缺失作为条件，从有无
Cabin 信息这个粗粒度上看看 Survived 的情况。

```
fig = plt.figure()
fig.set(alpha=0.2)  # 设定图表颜色 alpha 参数

Survived_cabin = data_train.Survived[pd.notnull(data_train.Cabin)].value_counts()
Survived_nocabin =
data_train.Survived[pd.isnull(data_train.Cabin)].value_counts()
df=pd.DataFrame({u'有':Survived_cabin, u'无':Survived_nocabin}).transpose()
df.plot(kind='bar', stacked=True)
plt.title(u"按 Cabin 看有无获救情况")
plt.xlabel(u"Cabin 有无")
plt.ylabel(u"人数")
plt.show()
```

程序运行结果如图 13-8 所示。

图 13-8 所示结果表明：有 Cabin 记录的乘客似乎获救概率稍高一些。

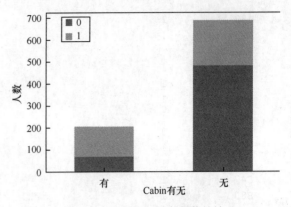

图 13-8　按 Cabin 看有无获救情况

3．简单数据预处理

先从最突出的数据属性 Cabin 和 Age 入手，数据丢失实在是对下一步工作影响太大了。

根据 Cabin 有无数据，可将这个属性处理成 Yes 和 No 两种类型。

通常 Age 遇到缺失值时，我们会有 3 种常见的处理方式。

（1）如果缺失值的样本占总数比例极高，我们可能就直接舍弃了，作为特征加入的话，反而带入干扰，影响最后的结果。

（2）如果缺失值的样本占总数比例适中，而该属性非连续值特征属性（比如说类目属性），那就把 NaN 作为一个新类别，加到类别特征中。

（3）如果缺失值的样本占总数比例适中，而该属性为连续值特征属性，有时候我们会考虑给定一个步长（比如这里的 Age，我们可以考虑每隔 2～3 岁为一个步长），然后把它离散化，之后把 NaN 作为一个 type 加到属性类目中。

缺失值的个数并不是特别多的情况下，可以试着根据已有的值，拟合一下数据，补充完整数据。scikit-learn 中的 RandomForest 先在原始数据中做不同采样，建立多棵 DecisionTree，再进行平均等操作来降低过拟合现象，实现示例如下。

```python
from sklearn import ensemble
rf = ensemble.RandomForestClassifier(n_estimators=n)
rf = ensemble.RandomForestRegressor(n_estimators=n)
rf.fit(X,y)
```

本案例用 scikit-learn 中的 RandomForest 来拟合缺失的年龄数据，具体方法如下。

```python
from sklearn.ensemble import RandomForestRegressor
### 使用 RandomForestClassifier 填补缺失的年龄属性
def set_missing_ages(df):
    # 把已有的数值型特征取出来丢进 RandomForestRegressor 中
    age_df = df[['Age','Fare', 'Parch', 'SibSp', 'Pclass']]
    # 把乘客分成已知年龄和未知年龄两部分
    known_age = age_df[age_df.Age.notnull()].values
    unknown_age = age_df[age_df.Age.isnull()].values
    # y 即目标年龄
    y = known_age[:, 0]
    # X 即特征属性值
    X = known_age[:, 1:]
    # 把 fit 放到 RandomForestRegressor 中
    rfr = RandomForestRegressor(random_state=0, n_estimators=2000, n_jobs=-1)
    rfr.fit(X, y)
    # 用得到的模型进行未知年龄结果预测
    predictedAges = rfr.predict(unknown_age[:, 1::])

    # 用得到的预测结果填补原缺失数据
    df.loc[ (df.Age.isnull()), 'Age' ] = predictedAges
    return df, rfr
```

```
def set_Cabin_type(df):
    df.loc[ (df.Cabin.notnull()), 'Cabin' ] = "Yes"
    df.loc[ (df.Cabin.isnull()), 'Cabin' ] = "No"
    return df
data_train, rfr = set_missing_ages(data_train)
data_train = set_Cabin_type(data_train)
data_train.head(10)
```

程序运行结果如图 13-9 所示。

	PassengerId	Survived	Pclass	Name	Sex	Age	SibSp	Parch	Ticket	Fare	Cabin	Embarked
0	1	0	3	Braund, Mr. Owen Harris	male	22.000000	1	0	A/5 21171	7.2500	No	S
1	2	1	1	Cumings, Mrs. John Bradley (Florence Briggs Th...	female	38.000000	1	0	PC 17599	71.2833	Yes	C
2	3	1	3	Heikkinen, Miss. Laina	female	26.000000	0	0	STON/O2. 3101282	7.9250	No	S
3	4	1	1	Futrelle, Mrs. Jacques Heath (Lily May Peel)	female	35.000000	1	0	113803	53.1000	Yes	S
4	5	0	3	Allen, Mr. William Henry	male	35.000000	0	0	373450	8.0500	No	S
5	6	0	3	Moran, Mr. James	male	23.838953	0	0	330877	8.4583	No	Q
6	7	0	1	McCarthy, Mr. Timothy J	male	54.000000	0	0	17463	51.8625	Yes	S
7	8	0	3	Palsson, Master. Gosta Leonard	male	2.000000	3	1	349909	21.0750	No	S
8	9	1	3	Johnson, Mrs. Oscar W (Elisabeth Vilhelmina Berg)	female	27.000000	0	2	347742	11.1333	No	S
9	10	1	2	Nasser, Mrs. Nicholas (Adele Achem)	female	14.000000	1	0	237736	30.0708	No	C

图 13-9 拟合缺失的年龄数据

因为逻辑回归建模时，需要输入的特征都是数值型特征，我们通常会先对类目型的特征因子化。以 Cabin 为例，原本是一个属性维度，因为其取值可以是 Yes 和 No，所以将其展平为 Cabin_yes, Cabin_no 两个属性。原本 Cabin 取值为 Yes 的，在此处的 "Cabin_yes" 下取值为 1，在 "Cabin_no" 下取值为 0；原本 Cabin 取值为 No 的，在此处的 "Cabin_yes" 下取值为 0，在 "Cabin_no" 下取值为 1。

使用 Pandas 的 get_dummies()函数实现 Cabin、Embarked、Sex 和 Pclass 因子化，并拼接在原来的 data_train 上，具体实现方法如下。

```
dummies_Cabin = pd.get_dummies(data_train['Cabin'], prefix= 'Cabin')
dummies_Embarked = pd.get_dummies(data_train['Embarked'], prefix= 'Embarked')
dummies_Sex = pd.get_dummies(data_train['Sex'], prefix= 'Sex')
dummies_Pclass = pd.get_dummies(data_train['Pclass'], prefix= 'Pclass')
df = pd.concat([data_train, dummies_Cabin, dummies_Embarked, dummies_Sex, dummies_
Pclass], axis=1)
df.drop(['Pclass', 'Name', 'Sex', 'Ticket', 'Cabin', 'Embarked'], axis=1, inplace=
True)
df.head()
```

输出的部分结果如图 13-10 所示。

	PassengerId	Survived	Age	SibSp	Parch	Fare	Cabin_No	Cabin_Yes	Embarked_C	Embarked_Q	Embarked_S	Sex_female	Sex_male	Pclass_1	Pclas
0	1	0	22.0	1	0	7.2500	1	0	0	0	1	0	1	0	
1	2	1	38.0	1	0	71.2833	0	1	1	0	0	1	0	1	
2	3	1	26.0	0	0	7.9250	1	0	0	0	1	1	0	0	
3	4	1	35.0	1	0	53.1000	0	1	0	0	1	1	0	1	
4	5	0	35.0	0	0	8.0500	1	0	0	0	1	0	1	0	

图 13-10 类目型的特征因子化

从图 13-10 所示结果可以看出，我们成功地把这些类目属性全都转成 0 和 1 数值属性了。

再仔细看看 Age 和 Fare 两个属性，乘客的数值幅度变化非常大。各属性值之间跨度差距太大，将对收敛速度有影响，甚至不收敛。所以我们先用 scikit-learn 中的 preprocessing 模块对这两个属性做特征化，就是将一些变化幅度较大的数值特征化到[-1,1]内。

```python
import sklearn.preprocessing as preprocessing
scaler = preprocessing.StandardScaler()
age_scale_param = scaler.fit(df['Age'].values.reshape(-1,1))
df['Age_scaled'] = scaler.fit_transform(df['Age'].values.reshape(-1,1), age_scale_param)
fare_scale_param = scaler.fit(df['Fare'].values.reshape(-1,1))
df['Fare_scaled'] = scaler.fit_transform(df['Fare'].values.reshape(-1,1), fare_scale_param)
df.head()
```

程序运行的部分结果如图 13-11 所示。

	PassengerId	Survived	Age	SibSp	Parch	Fare	Cabin_No	Cabin_Yes	Embarked_C	Embarked_Q	Embarked_S	Sex_female	Sex_male	Pclass_1	Pclas
0	1	0	22.0	1	0	7.2500	1	0	0	0	1	0	1	0	
1	2	1	38.0	1	0	71.2833	0	1	1	0	0	1	0	1	
2	3	1	26.0	0	0	7.9250	1	0	0	0	1	1	0	0	
3	4	1	35.0	1	0	53.1000	0	1	0	0	1	1	0	1	
4	5	0	35.0	0	0	8.0500	1	0	0	0	1	0	1	0	

图 13-11 对年龄的缺失值填充

接下来我们把需要的属性值提取出来，转成 scikit-learn 中 LogisticRegression 可以处理的格式，就可以进行逻辑回归建模了。

13.2.4 逻辑回归建模

首先把需要的特征字段取出来，并转成 NumPy 格式，使用 scikit-learn 中的 LogisticRegression 建模，具体实现方法如下。

```python
from sklearn import linear_model

# 用正则取出我们要的属性值
train_df = df.filter(regex='Survived|Age_.*|SibSp|Parch|Fare_.*|Cabin_.*|Embarked_.*|Sex_.*|Pclass_.*')
train_np = train_df.values

# y 即第 0 列: Survival 结果
y = train_np[:, 0]

# X 即第 1 列及以后: 特征属性值
X = train_np[:, 1:]

# 把 fit 放到 LogisticRegression 之中
clf = linear_model.LogisticRegression(solver='liblinear',C=1.0, penalty='l1', tol=1e-6)
clf.fit(X, y)

clf
```

程序运行结果如下。

```
LogisticRegression(C=1.0, class_weight=None, dual=False, fit_intercept=True,
          intercept_scaling=1, max_iter=100, multi_class='warn',
          n_jobs=None, penalty='l1', random_state=None, solver='liblinear',
          tol=1e-06, verbose=0, warm_start=False)
```

输出结果显示，我们得到了一个逻辑回归模型。

接着需要对 test_data 和 train_data 进行一样的预处理，程序示例如下。

```
data_test = pd.read_csv("datasets/test.csv")
data_test.loc[ (data_test.Fare.isnull()), 'Fare' ] = 0
# 对 test_data 做和 train_data 中一致的特征变换
# 用同样的 RandomForestRegressor 模型填上丢失的年龄
tmp_df = data_test[['Age','Fare', 'Parch', 'SibSp', 'Pclass']]
null_age = tmp_df[data_test.Age.isnull()].values
# 根据特征属性 X 预测年龄并补上
X = null_age[:, 1:]
predictedAges = rfr.predict(X)
data_test.loc[ (data_test.Age.isnull()), 'Age' ] = predictedAges

data_test = set_Cabin_type(data_test)
dummies_Cabin = pd.get_dummies(data_test['Cabin'], prefix= 'Cabin')
dummies_Embarked = pd.get_dummies(data_test['Embarked'], prefix= 'Embarked')
dummies_Sex = pd.get_dummies(data_test['Sex'], prefix= 'Sex')
dummies_Pclass = pd.get_dummies(data_test['Pclass'], prefix= 'Pclass')
df_test = pd.concat([data_test, dummies_Cabin, dummies_Embarked, dummies_Sex,
dummies_Pclass], axis=1)
df_test.drop(['Pclass', 'Name', 'Sex', 'Ticket', 'Cabin', 'Embarked'], axis=1,
inplace=True)
df_test['Age_scaled'] = scaler.fit_transform(df_test['Age'].values.reshape(-1,1),
age_scale_param)
df_test['Fare_scaled'] = scaler.fit_transform(df_test['Fare'].values.reshape(-1,1),
fare_scale_param)
df_test.head()
```

程序运行结果如图 13-12 所示。

	PassengerId	Age	SibSp	Parch	Fare	Cabin_No	Cabin_Yes	Embarked_C	Embarked_Q	Embarked_S	Sex_female	Sex_male	Pclass_1	Pclass_2	Pclas
0	892	34.5	0	0	7.8292	1	0	0	1	0	0	1	0	0	
1	893	47.0	1	0	7.0000	1	0	0	0	1	1	0	0	0	
2	894	62.0	0	0	9.6875	1	0	0	1	0	0	1	0	1	
3	895	27.0	0	0	8.6625	1	0	0	0	1	0	1	0	0	
4	896	22.0	1	1	12.2875	1	0	0	0	1	1	0	0	0	

图 13-12　数据预处理

下面利用模型预测获取结果，实现方法如下。

```
test = df_test.filter(regex='Age_.*|SibSp|Parch|Fare_.*|Cabin_.*|Embarked_.*
|Sex_.*|Pclass_.*')
predictions = clf.predict(test)
result = pd.DataFrame({'PassengerId':data_test['PassengerId'].values, 'Survived':
predictions.astype(np.int32)})
result.to_csv("logistic_regression_predictions.csv", index=False)
```

```
pd.read_csv("logistic_regression_predictions.csv").head()
```
程序运行结果如图 13-13 所示。

这只是简单分析处理后的基础模型，所以应该对模型进行优化。优化猜想包括以下内容。

（1）Name 和 Ticket 两个属性被我们完全舍弃了。

（2）年龄的拟合未必可靠。首先，我们不能很好地拟合预测出未知的年龄。其次，一般来说，小孩和老人可能得到的照顾会多一些。年龄作为一个连续值，给一个固定的系数，应该和年龄是一个正相关或者负相关，似乎体现不出小孩和老人受照顾的实际情况，所以如果我们把年龄离散化，按区段作为类别属性会更合适一些。

上面只是猜想，还是要先把得到的模型系数和特征关联起来。获取 LR 模型系数，示例如下。

```
pd.DataFrame({"columns":list(train_df.columns)[1:], "coef":list(clf.coef_.T)})
```
程序运行结果如图 13-14 所示。

	PassengerId	Survived
0	892	0
1	893	0
2	894	0
3	895	0
4	896	1

图 13-13　预测结果

	columns	coef
0	SibSp	[-0.34423569686463584]
1	Parch	[-0.10491613942223274]
2	Cabin_No	[-0.16627826554125325]
3	Cabin_Yes	[0.7358292239179128]
4	Embarked_C	[0.0]
5	Embarked_Q	[0.0]
6	Embarked_S	[-0.4172644748530422]
7	Sex_female	[2.1228508084308717]
8	Sex_male	[-0.5111406637588776]
9	Pclass_1	[0.3411580679913043]
10	Pclass_2	[0.0]
11	Pclass_3	[-1.1941313458824112]
12	Age_scaled	[-0.5237665515720241]
13	Fare_scaled	[0.08443513136481352]

图 13-14　LR 模型系数

首先，这些系数为正的特征和最后结果是一个正相关，反之为负相关。先看看在模型上那些权重绝对值非常大的特征。

（1）Sex 属性，如果是 female 会极大提高最后获救的概率，而 male 会很大程度降低这个概率。

（2）Pclass 属性，头等舱乘客最后获救的概率会上升，而 3 等舱的乘客会极大地降低这个概率。

（3）有 Cabin 值会大大提高最后获救的概率（这里似乎能看到一点端倪，从最上面的有无 Cabin 记录的 Survived 分布图可以看出，即使有 Cabin 记录的乘客也有一部分遇难了）。

（4）Age 是一个负相关，意味着在模型里，年龄越小，越有获救的优先权（还得回原数据看看这个是否合理）。

（5）有一个登船港口 S 很大限度地降低了获救的概率，另外两个港口根本就没起作用（实际上这非常奇怪，因为我们从之前的统计图中并没有看到 S 港口的获救率非常低，所以可以考虑把登船港口这个特征去掉）。

（6）Fare 有小幅度的正相关(并不意味着这个特征作用不大，有可能是我们细化的程度还不够，说不定我们得对其进行离散化，再分配至各乘客等级)。

13.2.5　交叉验证

通常情况下，交叉验证（Cross Validation）是把 train.csv 分成两个部分，一部分用于训练模型，另一部分用于评定模型。用 scikit-learn 的 cross_validation 可以实现交叉验证。

先简单查看交叉验证情况下的打分。

```
# from sklearn import cross_validation
# 改为下面的从 model_selection 直接 import cross_val_score 和 train_test_split
from sklearn.model_selection import cross_val_score, train_test_split
 #简单看看打分情况
clf = linear_model.LogisticRegression(solver='liblinear',C=1.0, penalty='l1',
tol=1e-6)
all_data = df.filter(regex='Survived|Age_.*|SibSp|Parch|Fare_.*|Cabin_.*|Embarked_.*
|Sex_.*|Pclass_.*')
X = all_data.values[:,1:]
y = all_data.values[:,0]
# print(cross_validation.cross_val_score(clf, X, y, cv=5))
scores=cross_val_score(clf, X, y, cv=5)
print("正确率: ",np.mean(scores))
```

结果显示模型的正确率为：0.8035755892200369。

接着我们做数据分割。

```
# 分割数据，按照训练数据:cv数据 = 7:3 的比例
# split_train, split_cv = cross_validation.train_test_split(df, test_size=0.3,
random_state=0)
split_train, split_cv = train_test_split(df, test_size=0.3, random_state=42)

train_df = split_train.filter(regex='Survived|Age_.*|SibSp|Parch|Fare_.*|Cabin_.*
|Embarked_.*|Sex_.*|Pclass_.*')
# 生成模型
clf = linear_model.LogisticRegression(solver='liblinear',C=1.0, penalty='l1',
tol=1e-6)
clf.fit(train_df.values[:,1:], train_df.values[:,0])

# 对 cross validation 数据进行预测

cv_df = split_cv.filter(regex='Survived|Age_.*|SibSp|Parch|Fare_.*|Cabin_.*
|Embarked_.*|Sex_.*|Pclass_.*')
predictions = clf.predict(cv_df.values[:,1:])

origin_data_train = pd.read_csv("datasets/train.csv")
bad_cases = origin_data_train.loc[origin_data_train['PassengerId'].isin(split_cv
[predictions != cv_df.values[:,0]]['PassengerId'].values)]
bad_cases.head(10)
```

程序运行结果图 13-15 所示。

	PassengerId	Survived	Pclass	Name	Sex	Age	SibSp	Parch	Ticket	Fare	Cabin	Embarked
23	24	1	1	Sloper, Mr. William Thompson	male	28.00	0	0	113788	35.5000	A6	S
25	26	1	3	Asplund, Mrs. Carl Oscar (Selma Augusta Emilia...	female	38.00	1	5	347077	31.3875	NaN	S
49	50	0	3	Arnold-Franchi, Mrs. Josef (Josefine Franchi)	female	18.00	1	0	349237	17.8000	NaN	S
55	56	1	1	Woolner, Mr. Hugh	male	NaN	0	0	19947	35.5000	C52	S
65	66	1	3	Moubarek, Master. Gerios	male	NaN	1	1	2661	15.2458	NaN	C
78	79	1	2	Caldwell, Master. Alden Gates	male	0.83	0	2	248738	29.0000	NaN	S
81	82	1	3	Sheerlinck, Mr. Jan Baptist	male	29.00	0	0	345779	9.5000	NaN	S
118	119	0	1	Baxter, Mr. Quigg Edmond	male	24.00	0	1	PC 17558	247.5208	B58 B60	C
139	140	0	1	Giglio, Mr. Victor	male	24.00	0	0	PC 17593	79.2000	B86	C
165	166	1	3	Goldsmith, Master. Frank John William "Frankie"	male	9.00	0	2	363291	20.5250	NaN	S

图 13-15　数据分割

现在有了 train_df 和 vc_df 两部分的数据，前者用于训练模型，后者用于评定模型。接着我们可以进一步优化模型，列举一些可以做的优化操作如下。

- Age 属性不使用现在的拟合方式，而是根据名称中的 Mr、Mrs、Miss 等平均值进行填充。

- Age 不做成一个连续值属性，而是使用一个步长进行离散化，变成离散的类目特征。

- Cabin 再细化一些，对于有记录的 Cabin 属性，我们将其分为前面的字母部分（猜测是位置和船层之类的信息）和后面的数字部分（房间号）。

- Pclass 和 Sex 可以组合成为一个组合属性，这也是另外一种程度的细化。

- 单加一个 Child 字段，Age<=12 的，设为 1，其余为 0（由数据可以看出，确实孩子优先程度很高）。

- 如果名字里面有 Mrs，而 Parch>1 的，我们猜测她可能是一个母亲，应该获救的概率也会提高，因此可以多加一个 Mother 字段，此种情况下设为 1，其余情况下设为 0。

- 登船港口可以考虑先去掉。

- 把堂兄弟/姐妹和 Parch 还有自己的个数加在一起组成一个 Family_size 字段（考虑到家族可能对最后的结果有影响）。

- Name 是一个一直没有触碰的属性，我们可以做一些简单的处理，比如男性中带某些字眼的（Capt、Don、Major、Sir）可以统一到同一字段中，女性也一样。

大家接着往下挖掘，还可以得到更多可能的结果，接下来我们可以使用已有的 train_df 和 cv_df 数据试验这些优化操作是否有效。

13.2.6　学习曲线

有一个很可能发生的问题是，我们不断地做特征工程（Feature Engineering），产生的特征越来越多，用这些特征去训练模型，会对我们的训练集拟合得越来越好，同时也可能逐步丧失泛化能力，从而在待预测的数据上，表现不佳，也就是产生过拟合（Overfitting/High Variace）问题。

从另一个角度上说，如果模型在待预测的数据上表现不佳，除了上面说的过拟合问题，也有可能产生欠拟合问题（Underfitting/High Bias），也就是说在训练集上，其实拟合的也不是那么好。

在机器学习的问题上，对于过拟合和欠拟合两种问题的优化方式是不同的。对过拟合而言，通常对结果优化有用的策略是：做特征筛选，挑出较好的特征的子集来做训练，提供更多的数据，从而弥补原始数据的问题，使得学习到的模型更准确。而对于欠拟合而言，我们通常需要更多的特征、更复杂的模型来提高准确度。

学习曲线（Learning Curve）可以帮我们判定模型所处的状态。以样本数为横坐标，训练和交叉验证集上的错误率为纵坐标，典型的过拟合和欠拟合状态如图 13-16 所示。

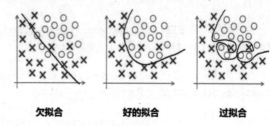

欠拟合　　　　好的拟合　　　　过拟合

图 13-16　过拟合和欠拟合图

下面画一下逻辑回归中得到的基础模型的学习曲线。

```python
import numpy as np
import matplotlib.pyplot as plt
# from sklearn.learning_curve import learning_curve  修改为 fix learning_curve
DeprecationWarning
from sklearn.model_selection import learning_curve


# 用 sklearn 的 learning_curve 得到 training_score 和 cv_score，使用 matplotlib 画出 learning
curve
def plot_learning_curve(estimator, title, X, y, ylim=None, cv=None, n_jobs=1,
                        train_sizes=np.linspace(.05, 1., 20), verbose=0, plot=True):
    """
    画出 data 在某模型上的 learning curve
    参数解释
    ----------
    estimator : 你用的分类器
    title : 表格的标题
    X : 输入的 feature, numpy 类型
    y : 输入的 target vector
    ylim : tuple 格式的（ymin, ymax），设定图像中纵坐标的最低点和最高点
    cv : 做 cross-validation 时，数据分成的份数，其中一份作为 cv 集，其余 n-1 份作为 training
（默认为 3 份）
    n_jobs : 并行的任务数（默认 1）
    """
    train_sizes, train_scores, test_scores = learning_curve(
        estimator, X, y, cv=cv, n_jobs=n_jobs, train_sizes=train_sizes, verbose=
verbose)

    train_scores_mean = np.mean(train_scores, axis=1)
    train_scores_std = np.std(train_scores, axis=1)
    test_scores_mean = np.mean(test_scores, axis=1)
    test_scores_std = np.std(test_scores, axis=1)

    if plot:
        plt.figure()
        plt.title(title)
        if ylim is not None:
            plt.ylim(*ylim)
        plt.xlabel(u"训练样本数")
```

```
            plt.ylabel(u"得分")
            plt.gca().invert_yaxis()
            plt.grid()

            plt.fill_between(train_sizes, train_scores_mean - train_scores_std,
train_ scores_mean + train_scores_std,
                            alpha=0.1, color="b")
            plt.fill_between(train_sizes, test_scores_mean - test_scores_std,
test_ scores_mean + test_scores_std,
                            alpha=0.1, color="r")
            plt.plot(train_sizes, train_scores_mean, 'o-', color="b", label=u"训练
集上得分")
            plt.plot(train_sizes, test_scores_mean, 'o-', color="r", label=u"交叉
验证集上得分")

            plt.legend(loc="best")

            plt.draw()
            plt.gca().invert_yaxis()
            plt.show()

        midpoint = ((train_scores_mean[-1] + train_scores_std[-1]) + (test_scores_
mean[-1] - test_scores_std[-1])) / 2
        diff = (train_scores_mean[-1] + train_scores_std[-1]) - (test_scores_mean[-1]
- test_scores_std[-1])
        return midpoint, diff

    plot_learning_curve(clf, u"学习曲线", X, y)
```
程序运行结果如图 13-17 所示。

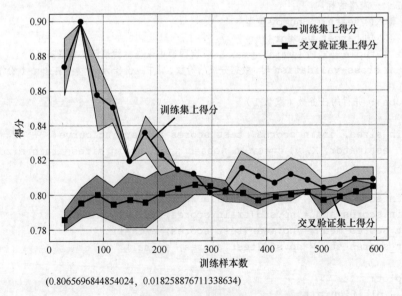

(0.8065696844854024, 0.018258876711338634)

图 13-17　学习曲线

在图 13-17 中，我们得到的学习曲线没有理论推导的那么光滑，但是可以大致看出来，训练集和交叉验证集上的得分曲线走势还是符合预期的。而且模型并不处于过拟合的状态，

因此我们可以再做些特征工程的工作，添加一些新产生的特征或者组合特征到模型中。

13.2.7　总结

对于任何机器学习问题，开始不要追求尽善尽美，要先用自己会的算法做一个基础模型，再进行后续的分析步骤，一步一步提高模型的准确度。本章用机器学习解决问题的过程如图 13-18 所示。

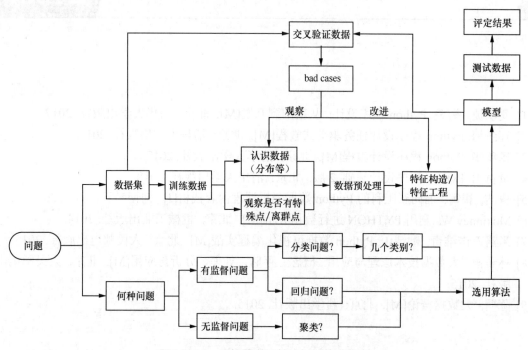

图 13-18　用机器学习解决问题的过程图

思考与练习

下载 data 文件夹，将其包含的数据按照综合案例 1 和综合案例 2 的过程执行一次，并仔细分析每步产生的结果。

参考文献

[1] 夏敏捷, 杨关. Python 程序设计: 从基础到开发[M]. 北京: 清华大学出版社, 2017.

[2] 郑凯梅. Python 程序设计任务驱动式教程[M]. 北京: 清华大学出版社, 2018.

[3] 杨年华. Python 程序设计教程[M]. 北京: 清华大学出版社, 2017.

[4] 董付国. Python 程序设计基础. 2 版. 北京: 清华大学出版社, 2018.

[5] 曹洁, 崔霄. 面向新工科的 Python 数据分析课程内容浅析[J]. 河南教育(高教), 2019(7).

[6] Mckinney W. 利用 PYTHON 进行数据分析[M]. 北京: 机械工业出版社, 2014.

[7] 米洛万诺维奇, 颛清山. Python 数据可视化编程实战[M]. 北京: 人民邮电出版社, 2015.

[8] 林子雨. 大数据技术原理与应用: 概念、存储、处理、分析与应用[M]. 北京: 人民邮电出版社, 2015.

[9] 陈明. 大数据概论[M]. 北京: 科学出版社, 2015.